U0249502

"十三五"职业教育国家规划教材

住房和城乡建设部"十四五"规划教材

全国住房和城乡建设职业教育教学指导委员会规划推荐教材

水泵与水泵站

（第四版）

（给排水工程技术专业适用）

于景洋　主　编

刘仁涛　副主编

边喜龙　主　审

中国建筑工业出版社

图书在版编目（CIP）数据

水泵与水泵站 / 于景洋主编；刘仁涛副主编. — 4
版. — 北京：中国建筑工业出版社，2023.1（2024.11重印）
住房和城乡建设部"十四五"规划教材 "十三五"
职业教育国家规划教材 全国住房和城乡建设职业教育教
学指导委员会规划推荐教材. 给排水工程技术专业适用
ISBN 978-7-112-28119-0

Ⅰ. ①水… Ⅱ. ①于… ②刘… Ⅲ. ①水泵－高等职
业教育－教材②泵站－高等职业教育－教材 Ⅳ.
①TV675

中国版本图书馆 CIP 数据核字（2022）第 206163 号

　　本书共分 7 个教学单元，主要介绍给水排水工程中常用叶片式水泵的类型、工作原理、基本构造、性能及运行工况调节；水泵选择与布置、视频、动画辅助设备的选择、管道布置；给水排水泵站设计、运行、管理与维护等内容。书中编入大量视频、动画、插图、例题、设计示例。

　　本书体现了高等职业技术教育的特点，针对性、实用性强。除可作为高职高专"给水排水工程技术""水工业技术""环境工程技术"专业教材外，还可作为职业培训教材，也可供本专业工程技术人员参考。

为了便于教学，作者特别制作了配套课件，任课教师可通过如下四种途径索取：
邮箱：jckj@cabp.com.cn；cabplvna@qq.com
电话：（010）58337285
建工书院 http://edu.cabplink.com

责任编辑：吕　娜　王美玲
责任校对：王　烨

"十三五"职业教育国家规划教材
住房和城乡建设部"十四五"规划教材
全国住房和城乡建设职业教育教学指导委员会规划推荐教材
水泵与水泵站
（第四版）
（给排水工程技术专业适用）
于景洋　主　编
刘仁涛　副主编
边喜龙　主　审

*

中国建筑工业出版社出版、发行（北京海淀三里河路 9 号）
各地新华书店、建筑书店经销
北京红光制版公司制版
天津安泰印刷有限公司印刷

*

开本：787 毫米×1092 毫米　1/16　印张：18¾　字数：414 千字
2023 年 5 月第四版　2024 年 11 月第四次印刷
定价：55.00 元（附数字资源及赠教师课件）
ISBN 978-7-112-28119-0
（40253）

出 版 说 明

党和国家高度重视教材建设。2016 年，中办国办印发了《关于加强和改进新形势下大中小学教材建设的意见》，提出要健全国家教材制度。2019 年 12 月，教育部牵头制定了《普通高等学校教材管理办法》和《职业院校教材管理办法》，旨在全面加强党的领导，切实提高教材建设的科学化水平，打造精品教材。住房和城乡建设部历来重视土建类学科专业教材建设，从"九五"开始组织部级规划教材立项工作，经过近 30 年的不断建设，规划教材提升了住房和城乡建设行业教材质量和认可度，出版了一系列精品教材，有效促进了行业部门引导专业教育，推动了行业高质量发展。

为进一步加强高等教育、职业教育住房和城乡建设领域学科专业教材建设工作，提高住房和城乡建设行业人才培养质量，2020 年 12 月，住房和城乡建设部办公厅印发《关于申报高等教育职业教育住房和城乡建设领域学科专业"十四五"规划教材的通知》（建办人函〔2020〕656 号），开展了住房和城乡建设部"十四五"规划教材选题的申报工作。经过专家评审和部人事司审核，512 项选题列入住房和城乡建设领域学科专业"十四五"规划教材（简称规划教材）。2021 年 9 月，住房和城乡建设部印发了《高等教育职业教育住房和城乡建设领域学科专业"十四五"规划教材选题的通知》（建人函〔2021〕36 号）。为做好"十四五"规划教材的编写、审核、出版等工作，《通知》要求：（1）规划教材的编著者应依据《住房和城乡建设领域学科专业"十四五"规划教材申请书》（简称《申请书》）中的立项目标、申报依据、工作安排及进度，按时编写出高质量的教材；（2）规划教材编著者所在单位应履行《申请书》中的学校保证计划实施的主要条件，支持编著者按计划完成书稿编写工作；（3）高等学校土建类专业课程教材与教学资源专家委员会、全国住房和城乡建设职业教育教学指导委员会、住房和城乡建设部中等职业教育专业指导委员会应做好规划教材的指导、协调和审稿等工作，保证编写质量；（4）规划教材出版单位应积极配合，做好编辑、出版、发行等工作；（5）规划教材封面和书脊应标注"住房和城乡建设部'十四五'规划教材"字样和统一标识；（6）规划教材应在"十四五"期间完成出版，逾期不能完成的，不再作为《住房和城乡建设领域学科专业"十四五"规划教材》。

住房和城乡建设领域学科专业"十四五"规划教材的特点，一是重点以修订教育部、住房和城乡建设部"十二五""十三五"规划教材为主；二是严格按照专业标准规范要求编写，体现新发展理念；三是系列教材具有明显特点，满足不同层次和类型的学校专业教学要求；四是配备了数字资源，适应现代化教学的要求。规划教材的出版凝聚了作者、主审及编辑的心血，得到了有关院校、出版单位的大力支持，教材建设管理过程有严格保障。希望广大院校及各专业师生在选用、使用过程中，对规划教材的编写、出版质量进行反馈，以促进规划教材建设质量不断提高。

住房和城乡建设部"十四五"规划教材办公室

2021 年 11 月

第四版序言

全国住房和城乡建设职业教育教学指导委员会市政工程专业指导委员会（以下简称"专业指导委员会"）是受教育部委托，由住房和城乡建设部牵头组建和管理，对市政工程专业职业教育和培训工作进行研究、咨询、指导和服务的专家组织，每届任期五年。专业指导委员会的主要职能包括，开展市政工程专业人才需求预测分析，提出市政工程专业技术技能人才培养的职业素质、知识和技能要求，指导职业院校教师、教材、教法改革，参与职业教育教学标准体系建设，开展产教对话活动，指导推进校企合作、职教集团建设，指导实训基地建设，指导职业院校技能竞赛，组织课题研究，实施教育教学质量评价，培育和推荐优秀教学成果，组织市政工程专业教学经验交流活动等。

专业指导委员会成立以来，在住房和城乡建设部人事司和全国住房和城乡建设职业教育教学指导委员会的领导下，组织了"市政工程技术专业""给排水工程技术专业"理论教材、实训教材以及市政工程类职教本科教材的编审工作。

本套教材的编审坚持贯彻以能力为本位，以实用为主导的指导思路，毕业的学生具备本专业必需的文化基础、专业理论知识、专业技能和职业素养，成为能胜任市政工程类专业设计、施工、监理、运维及物业设施管理的高素质技术技能人才；坚持以就业为导向，走产学研结合发展道路的办学方针，以提高质量为核心，以增强专业特色为重点，创新教材体系，深化教育教学改革，为我国建设行业发展提供具有爱岗敬业精神的人才支撑和智力支持。专业指导委员会在总结近几年教育教学改革与实践的基础上，通过开发新课程，更新课程内容，增加实训教材，构建了新的教材体系，充分体现了其先进性、创新性、适用性，反映了国内外最新技术和研究成果，突出高等职业教育的特点。

"市政工程技术""给排水工程技术"专业教材的编写工作得到了教育部、住房和城乡建设部人事司的支持，在全国住房和城乡建设职业教育教学指导委员会的领导下，专业指导委员会聘请全国各高职院校本专业多年从事"市政工程技术""给排水工程技术"专业教学、研究、设计、施工的副教授以上的专家担任主编和主审，同时吸收工程一线具有丰富实践经验的工程技术人员及优秀中青年教师参加编写。该系列教材的出版凝聚了全国各高职高专院校"市政工程技术""给排水工程技术"专业同行的心血，也是他们多年来教学、工作的结晶。值此教材出版之际，专业指导委员会谨向全体主编、主审及参编人员致以崇高的敬意。对大力支持这套教材出版的中国建筑工业出版社表示衷心的感谢，向在编写、审稿、出版过程中给予关心和帮助的单位和同仁致以诚挚的谢意。本套教材全部获评住房和城乡建设部"十四五"规划教材，得到了业内人士的肯定。深信本套教材将会受到高职高专院校和从事本专业工程技术人员欢迎，必将推动市政工程类专业的建设和发展。

全国住房和城乡建设职业教育教学指导委员会

市政工程专业指导委员会

第一版序言

全国高职高专教育土建类专业教学指导委员会建筑设备类专业指导分委员会（原名高等学校土建学科教学指导委员会高等职业教育专业委员会水暖电类专业指导小组）是建设部受教育部委托，并由建设部聘任和管理的专家机构。其主要工作任务是，研究建筑设备类高职高专教育的专业发展方向、专业设置和教育教学改革，按照以能力为本位的教学指导思想，围绕职业岗位范围、知识结构、能力结构、业务规格和素质要求，组织制定并及时修订各专业培养目标、专业教育标准和专业培养方案；组织编写主干课程的教学大纲，以指导全国高职高专院校规范建筑设备类专业办学，达到专业基本标准要求；研究建筑设备类高职高专教材建设，组织教材编审工作；制定专业教育评估标准，协调配合专业教育评估工作的开展；组织开展教学研究活动，构建理论与实践紧密结合的教学内容体系，构筑"校企合作、产学研结合"的人才培养模式，为我国建设事业的健康发展提供智力支持。

在建设部人事教育司和全国高职高专教育土建类专业教学指导委员会的领导下，2002年以来，全国高职高专教育土建类专业教学指导委员会建筑设备类专业指导分委员会的工作取得了多项成果，编制了建筑设备类高职高专教育指导性专业目录；制定了"供热通风与空调工程技术""建筑电气工程技术""给水排水工程技术"等专业的教育标准、人才培养方案、主干课程教学大纲、教材编审原则，深入研究了建筑设备类专业人才培养模式。

为适应高职高专教育人才培养模式，使毕业生成为具备本专业必需的文化基础、专业理论知识和专业技能、能胜任建筑设备类专业设计、施工、监理、运行及物业设施管理的高等技术应用性人才，全国高职高专教育土建类专业教学指导委员会建筑设备类专业指导分委员会，在总结近几年高职高专教育教学改革与实践经验的基础上，通过开发新课程，整合原有课程，更新课程内容，构建了新的课程体系，并于2004年启动了"供热通风与空调工程技术"、"建筑电气工程技术""给水排水工程技术"三个专业主干课程的教材编写工作。

这套教材的编写坚持贯彻以全面素质为基础，以能力为本位，以实用为主导的指导思想。注意反映国内外最新技术和研究成果，突出高等职业教育的特点，并及时与我国最新技术标准和行业规范相结合，充分体现其先进性、创新性、适用性。它是我国近年来工程技术应用研究和教学工作实践的科学总结，本套教材的使用将会进一步推动建筑设备类专业的建设与发展。

"供热通风与空调工程技术""建筑电气工程技术""给水排水工程技术"三个专业教材的编写工作得到了教育部、建设部相关部门的支持，在全国高职高专教育土建类专业教学指导委员会的领导下，聘请全国高职高专院校本专业享有盛誉、多年从事"供热通风与空调工程技术""建筑电气工程技术""给水排水工程技术"专业教学、科研、设计的副教授以上的专家担任主编和主审,同时吸收工程一线具有丰富实践经验的高级工程师及优秀中青年教师参加编写。可以说,该系列教材的出版凝聚了全国各高职高专院校"供热通风与空调工程技术""建筑电气工程技术""给水排水工程技术"三个专业同行的心血,也是他们多年来教学工作的结晶和精诚协作的体现。

各门教材的主编和主审在教材编写过程中认真负责,工作严谨,值此教材出版之际,全国高职高专教育土建类专业教学指导委员会建筑设备类专业指导分委员会谨向他们致以崇高的敬意。此外,对大力支持这套教材出版的中国建筑工业出版社表示衷心的感谢,向在编写、审稿、出版过程中给予关心和帮助的单位和同仁致以诚挚的谢意。衷心希望"供热通风与空调工程技术""建筑电气工程技术""给水排水工程技术"这三个专业教材的面世,能够受到各高职高专院校和从事本专业工程技术人员的欢迎,能够对高职高专教学改革以及高职高专教育的发展起到积极的推动作用。

全国高职高专教育土建类专业教学指导委员会

建筑设备类专业指导分委员会

2004 年 9 月

第四版前言

本教材是按照全国高职高专教育土建类教学指导委员会 2012 年 12 月出版的《高等职业技术教育给排水工程技术专业教学基本要求》编写修改的。教学时数为 40~60 学时。

本教材共分为 7 个教学单元,其中教学单元 1、2、3 为水泵的定义与分类、构造、工作原理、性能、使用等内容;教学单元 4、6、7 为给水泵站、排水泵站的类型、设备的选择与布置及泵站工艺设计;教学单元 5 为给水排水泵站的安装与泵站运行管理。为满足学生自学的需要及技术应用能力训练需要,本教材内容结合了最新的规范与标准,附有大量思考题与习题、插图和例题、动画、视频综合性设计实例、知识链接,反映了本专业技术领域内新的技术成果。

本教材力求体现高等职业教育的特点,从培养技术技能型人才出发,教材内容体现针对性、实用性和先进性。实现教材内容理论与工程实际相结合,有利于学生知识的积累、技术能力的提高和基本技能的培养。

本书为高职院校"给排水工程技术""环境工程技术""水工业技术"等专业的教学用书,也可作为以上专业培训教材,还可供相关专业技术人员参考。

本书教学单元 1 由宁波第二技师学院许晓宁编写;教学单元 5 由黑龙江建筑职业技术学院刘仁涛、哈尔滨供水集团有限责任公司鲍春海编写;教学单元 2~教学单元 4、教学单元 6 及教学单元 7 由黑龙江建筑职业技术学院于景洋编写;由黑龙江建筑职业技术学院于景洋主编。全书由黑龙江建筑职业技术学院边喜龙主审。

由于编者水平所限,书中难免有错,敬请读者给予批评指正。

编 者
2022 年 9 月于哈尔滨

第三版前言

本教材是按照全国高职高专教育土建类教学指导委员会 2012 年 12 月出版的《高等职业技术教育给排水工程技术专业教学基本要求》编写修改的。教学时数为 40～60 学时。

本教材共分为 7 个教学单元，其中教学单元 1、2、3 为水泵的定义与分类、构造、工作原理、性能、使用等内容；教学单元 4、6、7 为给水泵站、排水泵站的类型、设备的选择与布置及泵站工艺设计；教学单元 5 为给排水泵站的安装与泵站运行管理。为满足学生自学的需要及技术应用能力训练需要，本教材内容结合了最新的规范与标准，附有大量思考题与习题、插图和例题、综合性设计实例、知识链接，反映了本专业技术领域内新的技术成果。

本教材力求体现高等职业教育的特点，从培养技术技能型人才出发，教材内容体现针对性、实用性和先进性。实现教材内容理论与工程实际相结合，有利于学生知识的积累、技术能力的提高和基本技能的培养。

本书为高职院校"给水排水工程技术""环境工程技术""水工业技术"等专业的教学用书，也可作为以上专业培训教材，还可供相关专业技术人员参考。

本书教学单元 1、教学单元 2 由宁波第二技师学院许晓宁编写；教学单元 3 由谷峡编写；教学单元 4 由黑龙江建筑职业技术学院张斌阁编写；教学单元 5 由黑龙江建筑职业技术学院刘仁涛编写；教学单元 6 及 7 由黑龙江建筑职业技术学院于景洋编写；由黑龙江建筑职业技术学院于景洋、谷峡主编。全书由黑龙江建筑职业技术学院边喜龙主审。

由于编者水平所限，书中难免有错，敬请读者给予批评指正。

编　者
2018 年 3 月于哈尔滨

第二版前言

本书是按照全国高职高专教育土建类专业教学指导委员会市政工程类专业分指导委员会于 2012 年 12 月出版的《高等职业教育给排水工程技术专业教学基本要求》编写修改的。教学时数为 60 学时。

本书从培养生产一线实用性人才的目标出发，突出体现了针对性、实用性和先进性，职业教育特色鲜明；在基本理论的阐述上力求简明扼要，深入浅出；教材内容紧密结合工程实际，有利于学生职业技术能力的培养。本书根据《室外排水设计规范》GB 50014—2006（2014 年版）、《泵站设计规范》GB 50265—2010 修订，在内容上符合国家现行规范、标准的要求。教材适当反映了本专业技术领域的新技术、新设备。

为方便学生自学及进行技术应用能力训练，各教学单元附有大量的插图和必要的例题、习题与思考题，以及综合性设计实例和施工图示例。书后附有课程设计任务书示例和附录，以供教学参考。

本书教学单元 4、5 由黑龙江建筑职业技术学院侯音编写，教学单元 6 中 6.6、6.7、6.8、附录由宁波第二技师学院许晓宁编写，其余部分由黑龙江建筑职业技术学院谷峡修订。全书由谷峡教授主编、徐州建筑职业技术学院刘家春教授副主编，黑龙江建筑职业技术学院边喜龙教授主审。

本书可作为高等学校高职高专给排水工程技术专业、水工业技术专业教学用书，也可作为本专业职业教育培训教材，还可供本专业工程技术人员参考。

由于编者水平有限，书中缺点和不足之处，恳请读者批评指正。

第一版前言

本书是按照全国高职高专教育土建类专业教学指导委员会建筑设备类专业指导分委员会于 2004 年通过的"给水排水工程技术"专业教学文件要求编写的，教学时数为 60 学时。

本书从培养生产一线实用性人才的目标出发，突出体现了针对性、实用性和先进性。教材内容紧密结合工程实际，突出专业应用技术，有利于培养学生的应用能力；在基本理论的阐述上力求简明扼要，深入浅出；教材适当反映了本专业技术领域新技术、新设备；在内容上符合国家现行的规范、标准要求。

为了便于学生加深对教材内容的理解，书中编入了大量的插图、复习思考题、例题、工程实例。

本书为高职高专给水排水工程技术专业、水工业技术专业的教学用书，也可作为本专业职业教育培训教材，还可供相关工程技术人员参考。

本书第一、二、三章由徐州建筑职业技术学院刘家春编写，第四章由平顶山工学院朱伟萍编写，第五章中第七、八节由黑龙江建筑职业技术学院许晓宁编写，其余部分由谷峡编写。

全书由谷峡主编、刘家春副主编。由哈尔滨工业大学张景成主审。

由于编者水平有限，书中缺点和不足之处，恳请读者批评指正。

目　　录

扫一扫
看本书数字资源

教学单元**1**

Chapter 01

水泵的定义与分类

通过学习本教学单元的内容，使学生：

1. 了解水泵及水泵站在社会经济生活中的地位和作用。
2. 掌握水泵的定义与分类。
3. 了解各种类型水泵的工作原理。

1.1　水泵的作用与发展

水泵是一种广泛应用的水力通用机械，它对人们的衣、食、住、行贡献很大，无论是在航天、航空、矿山、发电、冶金、钢铁、机械等轻工业、重工业，还是农业、交通运输业、服务业方面都有着广泛的应用，发挥着重要的作用。

在城市建设中，给水排水工程是不可缺少的公共设施，是城市生活、生产的可靠保证，是城市赖以生存的基础设施。水泵是城镇给水工程和排水工程中的重要组成部分，是保证给水、排水系统正常运行的重要设施，在给水工程、排水工程中具有举足轻重的作用。

图 1-1 所示为城镇给水、排水系统的基本组成示意图，由图可以看出，城镇给水系统从天然水体取水输送到给水处理厂，再输送到城市的各个用水户，就要靠一系列不同功能的水泵站的正常运行给水增加压力来完成。取水泵站从水源取水将其送至给水处理厂，净化后的清水由送水泵站通过城镇管网送到城市用户。城市排水系统中的排水管道是靠重力流流动的，但是仍然需要中途提升泵站、总提升泵站以及雨水提升泵站的连续工作才能把城市污水和雨水输送到污水处理厂或天然水体。

图例：——给水管线　－－－排水管线

图 1-1　城镇给水、排水系统的基本组成
1—取水构筑物；2—取水泵站；3—澄清池；4—过滤池；5—清水池；6—吸水井；7—送水泵站；
8—给水管网；9—加压泵站；10—中途提升泵站；11—排水管网；12—污水总提升泵站；
13—污水处理厂；14—排水总渠

在净水工程中，水泵也起到非常重要的作用。图 1-2 为某净水厂工艺流程图，在取水时，用深井泵（1）把水从地下取出输送至净水厂的絮凝池，在强化过滤池有反冲洗泵（2）进行冲洗滤池，供水泵（3）把水从清水池送至配水管网，污泥泵（4）把污泥从污泥池输送至脱水机，回流泵（5）把从污泥脱出的水输送回进水管重新处理，加药泵（6、7、8）把药剂输送至絮凝池，消毒剂由加药泵（9）输送至清水池。从净水工程中可看出，水泵在自来水处理过程中多次使用。

水泵与水泵站在我国许多城市的长距离引水给水工程中发挥着巨大的作用。例如"引滦入津"是一项规模较大的跨流域引水工程。它将滦河流域的水调往海

3

图 1-2 某净水厂工艺流程图

1—深井泵；2—反冲洗泵；3—供水泵；4—污泥泵；5—回流泵；6—高锰酸钾加药泵；7—复合PAC加药泵；8—活化硅酸加药泵；9—加药泵

图例

F —— 给水管
W —— 反冲洗管
K —— 污泥管
Al —— 高锰酸钾溶液加药管
Si —— 复合PAC溶液加药管
cl —— 活化硅酸溶液加药管
—— 二氧化氯加药管

河流域的天津市，该工程全长 234km，年引水量达 10 余亿 m³。工程中修建了 11.39km 的引水隧洞，加固了于桥水库，建设了日产水能力为 50 万 t 的新开河水厂，修建了 4 座大型泵站，分别采用了多台叶片可调的大型轴流泵和高压离心泵，总装机容量为 2×10^4 kW。

在火力发电厂中，有向锅炉供水的锅炉给水泵。锅炉将水加热变为蒸汽，推动汽轮机旋转并带动发电机发电。泵在火力发电厂中的应用如图 1-3 所示。从汽轮机排出的废汽到冷凝器冷却成水，需要冷凝泵将冷凝水压入加热器进行再次循环，冷凝器用的冷却循环水由循环水泵供给。此外，还有输送各种润滑油、排除锅炉灰渣的特殊专用泵等。泵在火电厂中应用极为广泛，而且它的工作对火电厂的安全和经济运行，起着重要作用。

图 1-3　泵在火力发电厂中应用示意图

在农田灌溉与防洪排涝方面，水泵的使用也极为广泛。有大流量低扬程的排涝泵站，有高扬程的梯级灌溉泵站，有跨流域调水泵站，还有开采地下水的井泵站以及解决边远地区人、畜饮水的供水泵站。农田灌溉和排水泵站在我国国民经济各领域的泵站中所占的比例最大，工程规模也大。如江都水利枢纽由四座泵站组成，共装机 4.98×10^4 kW，设计流量为 $473 \text{m}^3/\text{s}$，抽送江水至大运河及苏北灌溉总渠，灌溉沿线农田，并排除里下河地区的内涝，同时又是南水北调工程东线第一级泵站的组成部分。我国高扬程、多梯级的灌溉泵站主要分布在西北高原地区，如陕西合阳县东雷引黄泵站设计流量 $60 \text{m}^3/\text{s}$，分 8 级提水，总静扬程 311m，总装机容量为 12×10^4 kW。

水泵及水泵站的运行要消耗大量的能源，在给水排水系统中的经常运行、维护费用中占有相当大的比例。对一般城镇水厂来说，泵站运行所消耗的电费，一般占自来水制水成本的 40%～70%，有的甚至更多。因此，降低泵站运行的电耗对降低自来水的制水成本非常重要。近年来，国内许多水厂采取了节能降耗措施。如北京市的水源九厂，从怀柔水库取水，一期工程日供水能力 50 万 m³，有两台取水泵和两台配水泵采用了从德国西门子公司引进的变频电动机调速装置，单台电动机的功率达 2500kW。这是国内首次在大容量水泵机组采用变频调速装置，每年节电达 940 万 kW·h。三年节约的电费就可以把购买这套变频调速装置的成本收回来。除此之外，泵站中还采用了多种形式的节能措施，如采用微阻缓闭式止回阀、液压自控蝶阀等方式，均收到了良好的节能效果。

总之，无论是飞机、火箭、坦克、潜艇、还是钻井、采矿、火车、船舶，或者是日常的生活，到处都需要用泵，到处都有水泵与水泵站在运行。水泵站经常作为一个多功能构筑物服务于各行各业，发挥着巨大的作用。

因此，要学习水泵与水泵站的知识，从选型、安装、运行维护上考虑，减少水泵能量的浪费，适用各类农业、工业和市政工程的需要，保证水泵的安全运行。

1.2　水泵的定义与分类

1.2.1　水泵的定义

水泵是能量转换的机械，它将动力机的机械能转换（或传递）给水体，从而将水体提升或输送到所需之处。简言之输送液体的流体机械称为泵。

1.2.2　水泵的分类

水泵的品种繁多、结构各异，对其分类的方法也各不相同，按其工作原理通常可将其分为叶片式、容积式和其他类型等，水泵的分类如图1-4所示。

1-1 水泵的分类微课

图1-4　水泵的分类

1. 叶片式水泵

叶片泵是靠泵内高速旋转的叶轮将机械能转换给被抽送的液体。属于这一类的泵有离心泵、轴流泵、混流泵等。

（1）离心泵是靠叶轮高速旋转产生的惯性离心力而工作的水泵。由于其扬程高，流量范围大，因而获得广泛应用。

（2）轴流泵是靠叶轮高速旋转产生的轴向推力而工作的水泵。其扬程较低（一般在10m以下），流量较大，多用于低扬程大流量的抽水场合。

（3）混流泵是靠叶轮高速旋转既产生惯性离心力又产生轴向推力而工作的水泵。其适用范围介于离心泵与轴流泵之间。

2. 容积式水泵

顾名思义，它是靠泵工作室容积周期性的变化来转换能量的。容积式泵根据工作室容积改变的方式又分为往复泵和回转泵两种。

（1）往复泵利用柱塞（或活塞）在泵缸内做往复运动来改变工作室的容积而输送液体。如拉杆活塞泵是靠拉杆带动活塞作往复运动进行提水的。

（2）回转泵利用转子做回转运动来输送液体。如单螺杆泵是利用单螺杆旋转，与泵体啮合空间（工作室）的周期性变化来输送液体的。

3. 其他类型水泵

其他类型泵是指除叶片式水泵和容积式水泵以外的水泵。属于这一类的主要有螺旋泵、射流泵（又称水射器）、水锤泵、水轮泵以及气升泵（又称空气扬水机）等。上述水泵除螺旋泵是利用螺旋推进原理提升液体外，其他各种水泵都是利用高速液流或气流的能量来输送液体的。在给水排水工程中，结合工程的具体情况，应用这些特殊泵来输送水或药剂（混凝剂、消毒药剂等）时，常常收到良好的效果。

上述各种类型的水泵均有各自的使用范围。图1-5所示为常用泵的使用范围，由图可见，往复泵的使用范围侧重于高扬程、小流量。轴流泵和混流泵的使用范围侧重于低扬程、大流量。而离心泵的使用范围介于两者之间，工作范围最广，产品的品种、系列和规格也最多。

图1-5 常用泵使用范围

1.3 水泵发展趋势

水泵在各行各业中用途愈来愈广，越来越受到大家的关注，所以应该使水泵向着标准化、通用化、节能化等方向发展。

（1）大型化、大容量化。通常泵的容量越大效率越高，因而这种发展趋势很明显。如国外 $130 \times 10^4 kW$ 汽轮发电机组（单机）配套的锅炉给水泵，功率已达到 $5 \times 10^4 kW$。城市给水工程中单级双吸离心泵的单机功率已达到 5500kW，巨型轴流泵的叶轮直径可达 7m，潜水泵直径可达 1.6m。

1-2 水泵的发展
趋势微课

（2）高速化、高扬程化。目前，国内锅炉给水泵的单级扬程已有突破千米大关的记录。要实现泵的高速化、高扬程化，势必要提高水泵转数。提高水泵转数主要受泵体与叶轮的材料的限制。随着现代科学技术的全面进步，水泵的优化设计，水泵所使用材料耐气蚀性能和强度的进一步提高，已使泵的高速化、高扬程化方向发展变为现实。

（3）系列化、标准化、通用化。产品的三化是用户对产品的要求，也是对现代工业生产的必然要求。为了实现三化，我国已建立了自己的三化体系，三化程度不断提高，并且有部分产品已与国际接轨，如我国已按国际标准化协会制订的 ISO2858—1975E 标准设计与生产单级单吸离心泵，作为标准水泵出现在国际市场。

（4）自动与节能。泵与风机的启动、运行、停机、监控、流量压力调节，全过程的自动化应用愈来愈广泛，从而已被多数生产制造厂与用户接受和采用。尤其是近年来泵的运行采用了变频调速机组，不仅提高了水泵高效工作范围，减小了扬程浪费，节约电能，更节约了人力、时间，提高了运行的安全性。

随着计算机在管理中应用愈来愈普遍，泵的设计理论、现代计算与模拟试验技术、测试手段等的改进，材料性能的发展与创新，加工工艺的革新，可以预见泵的各项性能指标会得到进一步的提高。

思 考 题 与 习 题

1. 以实际生活为例，叙述水泵在给水排水工程中的地位和作用。
2. 水泵的定义是什么？水泵是如何分类的？
3. 水泵的发展趋势是什么？

知 识 拓 展

水的提升对于人类生活和生产都十分重要。古代已有各种提水器具，如埃及的链泵（前 17 世纪）、中国的桔槔（前 17 世纪）、辘轳（前 11 世纪）、水车（公元 1世纪），以及公元前 3 世纪古希腊阿基米德发明的螺旋杆等，如图 1-6～图 1-9 所示。

图 1-6 《天工开物》中的桔槔图

图 1-7 阿戈斯蒂诺·拉梅利关于
链泵的插图

图 1-8 辘轳

图 1-9 阿基米德螺杆

1-3 水泵的历史
微课

最早的泵是在大约公元前 300 年出现的，阿基米德发明了一种泵，称为阿基米德吸管（又叫阿基米德螺杆）。

希腊人克特西比乌斯发明的压力泵是一种最原始的活塞泵。主要用来生产水柱以及从井口举起水。

中国历史上南北朝时期出现的方板链泵作为一种链泵，是泵类机械的一项重要发明。

1475年，意大利文艺复兴时期的工程师弗朗西斯科·迪·乔治·马丁尼在论文中提出了离心泵原始模型。

大约在1590～1600年，齿轮泵被发明。

1635年，德国学者Daniel Schwenter描述了齿轮泵。

1680年，约旦出现简单的离心泵。

1685年，法国物理学家丹尼斯·帕潘进行空气压缩泵高压实验。

1689年，丹尼斯·帕潘发明了直叶片的蜗壳离心泵，而弯曲叶片是由英国发明家John Appold于1851年发明的。

1738年，荷兰人丹尼尔·伯努利著作《流体力学》出版，提出伯努利方程；1755年，瑞士人莱昂哈德·欧拉著作《流体运动的一般原理》出版，提出理想流体基本方程和连续方程，奠定了离心泵设计的理论基础。

1746年，H. A. Wirtz设计出使用阿基米德螺旋用于提升水的螺旋泵。

1768年，威廉·科尔在船舶舱底中改进和引入链泵。

大约在1781～1782年，绳泵的发明被首次描述。

1868年，Stork Pompen公司在荷兰亨厄洛成立，发明了混凝土蜗壳泵。

1870年，英国人威廉·汤姆森提出了射流泵的设计。

1892年，美国Worthington公司制造用于世界上第一条油管（从宾夕法尼亚州至纽约）的油泵。

1900年，哈里斯（Harris）制造出空气压力泵。

1904年，美国拜伦·杰克逊公司生产出潜水式电机泵。

1909年，盖德（W. Gaede）发明旋片泵并取得德国专利。

1912年，瑞士苏黎世安装了世界上第一个水源热泵系统，以河水作为低位热源的热泵设备用于供暖，并获得专利。

1916年，Aldrich公司制造出电机驱动的往复式泵。

1924年，美国Durco公司生产出专门设计用于化学加工的泵。

1927年，美国Aldrich公司生产出变冲程多气缸往复式泵。

1929年，荷兰Houttuin公司制造了欧洲第一台双螺杆泵。Byron Jackson公司生产出电厂中使用的双壳进给泵。

1936年，米顿罗公司发明马达驱动计量泵。气镇泵发明出现。

1953年，美国拜伦·杰克逊公司制造鹦鹉螺号核潜艇的再循环泵。Durco公司生产出后拉式化学流程泵，是ANSI标准的前身。

1958年，联邦德国的W.贝克首次提出有实用价值的涡轮分子泵，以后相继出现了各种不同结构的分子泵。

1960年，美国拜伦·杰克逊公司制造了在地下液化石油气（LPG）存储设施中应用的潜水式电机泵。

1969年，美国英格索兰·德莱赛公司设计制造了当时世界上最大的锅炉给水泵，功率为52200kW（70000马力）。

19世纪70年代，Kobe公司制造出商用旋喷泵。

1972 年，美国 Pacific 公司制造适用于原子能发电，已锻造外壳的核反应堆进给泵。

1987 年，美国拜伦·杰克逊公司制造出安装在世界上最大的石油存储洞的 1120kW（1500hp）潜水式电机泵。

2000 年，美国 HMD 公司制造出屏蔽磁力驱动泵，是一种无泄漏泵。

1-4 中国古代的高扬程"水泵"

课后拓展——中国古代的高扬程"水泵"

中国古代的高扬程"水泵"，源自元代王祯《农书》中的记载，高转筒车外形如龙骨车，运水部件如井车，其上、下木架各装一个木轮，用竹索相连；上轮转动带动竹索及下轮转动，水筒也随筒索上下运动，先兜满水，到达上轮高处时，水倾而下，如此循环往复。可扫描二维码查阅更多内容。

1-5 汉字"泵"

课后拓展——汉字"泵"

bèng

Chapter 02

教学单元 2

叶片泵构造与性能

知识目标

通过学习本教学单元的内容，使学生：

1. 理解叶片泵工作原理、基本构造、基本方程式。
2. 掌握叶片泵的主要性能参数。
3. 学习叶片泵性能曲线、水泵叶轮的相似定律、比例率和比转数。

技能目标

通过学习本教学单元的内容，使学生：

1. 能够正确分析叶片泵的工作过程。
2. 能识读叶片泵的性能曲线。
3. 会应用水泵叶轮的相似定律、比例律进行水泵的参数换算。
4. 会利用比转数分析水泵的特征。

叶片式水泵的特点都是依靠水泵中叶轮的高速旋转把动力机的机械能转换为被抽送液体的动能和压能。根据叶轮旋转时叶片与液体相互作用所产生的力的不同，叶片式水泵主要有离心泵、轴流泵、混流泵三种类型。

2.1　离心泵的工作原理与构造

2.1.1　离心泵的工作原理

在介绍离心泵的工作原理之前，首先来看两个生活中常见的现象：

（1）在雨天，旋转雨伞，水滴就会沿伞边切线方向飞出，旋转的雨伞给水滴以能量，旋转的离心力把雨滴甩走，如图 2-1 所示。

（2）两只敞口的圆筒中间由管子连接，2 号敞口圆筒绕中心轴做旋转运动，圆筒中的液体受到离心力作用，圆筒内的水面呈抛物线上升的旋转凹面，1 号圆筒中水面会下降，如图 2-2 所示。圆筒半径越大，转速越快，液体沿筒壁上升的高度就越大。

从上述的两个例子可以看出，旋转的离心力能给水增加能量。

离心泵就是根据离心力甩水的原理设计出来的。离心泵的各个部件都是经过专门水力计算和水力实验设计完成的。

离心泵工作原理就是利用高速旋转的水泵叶轮产生的离心力甩水，使得水的能量增加，具有能量的水通过泵壳和水泵出口流出水泵，再经过压水管输往目的地。

2.1.2　离心泵基本构造

根据工作时各部件所处的工作状态，可以将其分为三大类型：转动部件（叶轮、泵轴、键）、固定部件（泵壳、底座）和交接部件（轴封装置、减漏装置、轴承等）。

图 2-1　旋转的伞　　　图 2-2　离心作用实例

2-1 旋转的伞动画

2-2 离心作用实例动画

图 2-3 所示为给水排水工程中常用的单级单吸式离心泵的基本构造示意图。水泵包括叶轮 1、蜗形泵壳 2 和带动叶轮旋转的泵轴 3。蜗形泵壳的吸水口与水泵的吸水管 4 相连，出水口与水泵的压水管 7 相连。具有弯曲型叶片的叶轮安装在

13

2-3 轴流泵与
混流泵动画

图 2-3　单级单吸式离心泵的构造
1—叶轮；2—泵壳；3—泵轴；4—吸水管；
5—底阀；6—扩散锥管；7—压水管

固定不动的泵壳内，叶轮的进口与水泵吸水管道连通。

为了增大离心力，并保证水泵进口产生足够的真空，离心泵启动前要向泵体（泵壳和吸水管道）里灌满水；离心泵的工作过程是一个能量转化的过程，它把电动机的机械能转化为被抽升液体的动能和势能；转化过程伴随能量的损失，损失越大，离心泵的性能就越差，工作效率就越低。

不同形式的离心泵在结构上存在着一定的差异，这决定了不同类型的离心泵在提升水量上、提升高度上和提升效率上并不一致，请查阅水泵生产厂家的水泵样本。

2.1.3　水泵工作过程

开泵前，先在泵内灌满要输送的液体。

开泵后，当动力机通过泵轴带动叶轮高速旋转时，叶轮中的水随着一起高速旋转，由于水的内聚力和叶片与水之间的摩擦力不足以形成维持水流作旋转运动的向心力，因此，泵轴带动叶轮一起高速旋转产生将产生一定的离心力，叶轮中水流逐渐向叶轮外缘流去。液体在此作用下，从叶轮中心被抛向叶轮外周，压力增高，并以很高的速度流入泵壳。在泵壳中由于流道的不断扩大，液体的流速减慢，使大部分动能转化为压力能。最后液体以较高的静压强从排出口流入排出管道。泵内的液体被抛出后，叶轮中心处由于水被甩出而形成真空，在液面压强（大气压）与泵内压力（负压）的压差作用下，液体便经吸入管路进入泵内，填补了被排除液体的位置，并最终沿吸水管源源不断地流入叶轮，叶轮的连续旋转，水被不断地甩出和吸入，就形成了离心泵的连续输水。

离心泵启动时，如果泵壳内存在空气，由于空气的密度远小于液体的密度，叶轮旋转所产生的离心力很小，叶轮中心处产生的低压不足以造成吸上液体所需要的真空度，这样，离心泵就无法工作。为了使启动前泵内充满液体，在吸入管道底部装一止逆阀。此外，在离心泵的出口管路上也装一调节阀，用于开停车和调节流量。

2.2　离心泵的主要零件

离心泵是由许多零件组成的，下面以单级单吸卧式离心泵（图 2-4）为例，来讨论各主要零件的作用、材料和组成。

2.2.1　叶轮

叶轮又称为工作轮或转轮，是转换能量的部件。它的几何形状、尺寸对水泵的性能有着决定性的影响，是通过水力计算来确定的。选择叶轮材料时，除考虑离心力作用下的机械强度外，还要考虑材料的耐磨和耐腐蚀性能。目前多数叶轮用铸铁、铸钢和青铜制成。

图 2-4　单级单吸卧式离心泵

1—泵体；2—叶轮；3—轴套；4—轴承体；5—泵轴；6—轴承端盖；7—支架；8—挡水圈；9—减漏环

叶轮按结构分为单吸式和双吸式两种。单吸式叶轮如图 2-5 所示，它单侧吸水，叶轮的前后盖板不对称。单吸式叶轮用于单吸离心泵。双吸式叶轮如图 2-6 所示两侧吸水，叶轮盖板对称。双吸式离心泵用双吸式叶轮。

离心泵的叶轮按其盖板的情况分为封闭式、敞开式和半开式三种形式。具有两个盖板的叶轮，称为封闭式叶轮，如图 2-7

图 2-5　单吸式叶轮

1—前盖板；2—后盖板；3—叶片；4—叶槽；
5—吸水口；6—轮毂；7—泵轴

（a）所示。盖板之间装有 6~12 片向后弯曲的叶片，这种叶轮效率高，应用最广。只有后盖板，而没有前盖板的叶轮，称为半开式叶轮，如图 2-7（b）所示。只有叶片而没有盖板的叶轮称为敞开式叶轮，如图 2-7（c）所示。半开式和敞开式叶轮叶片较少，一般仅有 2~5 片，多用于输送含有固体、纤维状、悬浮物的污水泵中。

图 2-6　双吸式叶轮

1—吸水口；2—盖板；3—叶片；4—轴孔

图 2-7　离心泵叶轮

（a）封闭式；（b）半开式；（c）敞开式

2.2.2　泵轴

泵轴的作用是用来支承并带动叶轮旋转。要求泵轴端直且具有足够的强度、刚度，以免泵运行中由于轴的弯曲而引起叶轮摆动导致叶轮与泵壳相磨而损坏。泵轴一般由碳素钢或不锈钢制成。泵轴的一端用平键和反向螺母固定叶轮，在旋转时，使叶轮处于拧紧状态；在大、中型水泵中，叶轮的轴向位置采用轴套和并紧轴套的螺母来定位。泵轴的另一端装联轴器。

2.2.3 泵壳

离心泵的泵壳是包容和输送液体的蜗壳形。它主要由泵盖和蜗形体组成。泵盖为泵的吸入室，其作用是将吸水管中的水以最小的损失均匀地引向叶轮。蜗形体由蜗室和扩散锥管组成。蜗室的主要作用是汇集叶轮甩出的水流并借助其过水断面的不断增大来保持蜗室中水流速度为一常数，以减少水头损失。水由蜗室排出后，经扩散锥管流入压力管。扩散锥管的作用是降低水流的速度，把水流的部分动能转化为压能。

泵壳的进、出水接管法兰各有一钻孔，用以安装量测泵进口和出口压力的真空表和压力表。泵壳顶部设有灌水（或抽气）孔，以便在水泵启动前用来充水或抽走泵壳内空气。泵壳底部设有放水孔，用以停泵后放空泵内积水，防止冬季结冻。泵壳底部设有与基础固定用的螺栓孔。除固定水泵的螺栓孔外，其他螺孔在水泵运行中暂时不用时，需用带螺纹的丝堵栓紧。

在上述零件中，叶轮和泵轴是离心泵的转动部件，泵壳是固定部件。这两者之间有 3 个交接处：泵轴与泵壳之间的轴封装置、叶轮与泵壳内壁接缝处的减漏环、泵轴与泵座之间的转动连接处的轴承。

2.2.4 轴封装置

泵轴穿出泵壳处，旋转的泵轴和固定的泵壳之间必然有间隙存在，如不采取相应的措施，从叶轮流出的高压水会通过此间隙大量流出；如果间隙处的压力为真空，则空气会从该处进入泵内。因此，必须设置轴封装置。

图 2-8　填料轴封装置
1—底衬环；2—水封管；3—填料；4—填料压盖；
5—螺母；6—双头螺栓；7—水封环

轴封装置有多种形式，叶片泵最常使用的是填料密封。它由底衬环、填料、水封环、填料压盖等零件组成，如图 2-8 所示。常用的填料是浸油、浸石墨的石棉绳。近年来出现了各种耐高温、耐磨损及耐腐蚀的新型填料，如用碳素纤维、不锈钢纤维及合成树脂纤维编织成的填料等。为了提高密封效果，填料一般做成矩形断面。填料的压紧程度，用压盖上的螺母来调节。如压得过紧，泵轴与填料的机械磨损增大，机械损失也增大，严重时产生抱轴现象；如压的过松，达不到密封的效果。因此，填料应压得松紧合适，一般以水封管内水能通过填料缝隙呈滴状渗出为宜。目前有些离心泵采用了橡胶圈密封、机械密封等新的轴封装置。

2.2.5 减漏环

离心泵叶轮进口外缘与泵盖内缘存在有间隙。此间隙是高低压的交界面，间隙过大，从叶轮流出的高压水通过此间隙漏回到叶轮进水侧，减少泵的出水量，降低泵的效率。但间隙过小时，又会引起机械磨损。所以，为了延长叶轮和泵盖的使用寿命，通常在泵盖上镶嵌一个金属口环，此口环称为减漏环，如图 2-9 所示。减漏环的另一作用是用来承磨，在运行中，这个部位的摩擦是难免的，当发生摩擦间隙过大后，只需更换减漏环而不致使叶轮和泵盖报废。因此，减漏环又称承磨环，是易损零件。

2.2.6 轴承

轴承装于轴承座内用以支承转动部分的重量和承受转动部分在运转中产生的轴向和径向荷载，并减小泵轴转动的摩擦力。轴承分为滚动轴承和滑动轴承两大类。单级单吸离心泵通常采用单列向心球轴承，如图 2-10 所示。它由外圈、内圈、滚动体和保持架组成。内圈装在轴颈上，与轴一起旋转。外圈上有滚道，当内外圈相对旋转时，滚动体沿着滚道滚动，保持架的作用是把滚动体均匀地隔开。轴承用稀油或甘油润滑。

图 2-9　减漏环

1—泵壳；2—泵盖上的减漏环；3—叶轮

图 2-10　向心球轴承

1—外圈；2—内圈；3—滚动体；4—保持架

2.2.7 联轴器

联轴器把水泵和电动机的轴连接起来，使之一起转动，并传递扭矩。联轴器又称"靠背"轮，有刚性和弹性两种。

刚性联轴器实际上是用两个圆法兰盘连接，它对泵轴与电动机轴的同心度要求高，在连接和运行中无调节的余地。因此，安装精度高。多用于立式机组的连接。

弹性联轴器有圆柱销和爪形两种，如图 2-11 和图 2-12 所示。

图 2-11　圆柱销弹性联轴器

1—半联轴器；2—挡圈；3—弹性圈；4—柱销

图 2-12　爪形弹性联轴器

1—泵联轴器；2—弹性块；3—动力机联轴器

图 2-13 　液力联轴器

圆柱销联轴器由半联轴器、圆柱销、挡圈和用橡胶或皮革制成的弹性圈组成，运转时允许产生少量的变形，能够补偿两轴线间的少量偏移。

爪形弹性联轴器由两半爪形联轴器和用橡胶制成的星形弹性块组成，结构简单，装卸方便，传递扭矩较小，适用于小型卧式机组。

液力联轴器是一种液力传动装置。液力耦合器其结构主要由壳体、泵轮、涡轮三个部分组成，如图 2-13 所示。液力耦合器工作时，电动机的动能通过泵轮传给液压油，液压油在循环流动的过程中又将动能传给涡轮输出。液力耦合器启动平稳，有过载保护及无级调速等功能，一般均用于大功率或工况需经常改变的大泵。

2.2.8　轴向力平衡装置

单级单吸式离心泵，由于叶轮前后盖板的不对称，水泵工作时，叶轮两侧作用的压力不相等，在叶轮上产生了一个指向入口方向的轴向推力 ΔP，如图 2-14 所示。这种轴向力对于多级式离心泵来说，数值较大，必须采用专门的轴向力平衡装置来解决。对于单级单吸式离心泵而言，一般采取在叶轮后盖板靠近轮毂处开平衡孔，并在后盖板上加装减漏环。高压水

图 2-14 　轴向推力

经此减漏环后，压力下降，并经平衡孔流回叶轮中去，使叶轮前后盖板上的压力相接近，这样，消除了大部分轴向力，少部分未被消除的轴向力由轴承承受。此方法的优点是构造简单，缺点是水泵的效率有所降低。这种方法单级单吸离心泵采用较多。此外，还可在叶轮后盖板处用加做平衡筋板的方法，使叶轮两侧的压力趋于平衡。

2.3　轴流泵和混流泵的构造与工作原理

轴流泵与混流泵是叶片式水泵中流量较大、扬程较低的泵型。在给水排水工程中广泛应用于城镇雨水防洪泵站、大中型污水泵站以及大型钢厂、火力发电厂中的循环泵站等。

2.3.1　轴流泵的构造

轴流泵按结构形式可分为立式、卧式和斜式三种。在给水排水工程中采用较多的是立式轴流泵。图 2-15 为立式轴流泵的结构图，其基本部件有喇叭管 1、叶轮 2、上下橡胶导轴承 3 和 7、导叶体 4、泵轴 5、出水弯管 6、轴封装置 8、联轴器 9 等。

（1）喇叭管　为了改善叶轮进口处的水力条件，一般采用符合流线型的喇叭管，大中型轴流泵由进水流道代替喇叭管。

（2）叶轮　是轴流泵的主要部件。叶轮通常由叶片、轮毂体、导水锥等几部分组成，用铸铁或铸钢制成。根据叶片的安装角度是否可调节，轴流泵的形式又可分为固定式、半调节式和全调节式三种。固定式轴流泵的叶片和轮毂体铸成一体，叶片的安装角度不能调节。半调节式轴流泵其叶片是用螺母拴紧在轮毂体上，在叶片的根部刻有基准线，而在轮毂体上刻有几个相应安装角度的位置线，如图 2-16 所示。叶片的安装角度不同，轴流泵的性能也不同。根据使用要求把叶片安装在某一位置上，在使用过程中，根据需要调节叶片安装角度，把叶轮卸下来，将螺母松开转动叶片，改变叶片定位销的位置，使叶片的基准线对准轮毂体上的某一要求角度线，然后再把螺栓拧紧，装好叶轮即可。全调节式轴流泵可以根据不同的流量和扬程要求，在停机或不停机的情况下，通过油压调节机构改变叶片的安装角度，从而改变水泵的性能。这种全调节式轴流泵调节机构比较复杂，一般应用于大型轴流泵。

图 2-15　立式轴流泵结构图
1—喇叭管；2—叶轮；3、7—橡胶导轴承；4—导叶体；5—泵轴；6—出水弯管；8—轴封装置；9—联轴器

（3）导叶体　导叶体由导叶、导叶毂、扩散管组合而成，用铸铁制成。导叶固定在泵壳上不动。导叶体的作用是把叶轮出口的液体收集起来输送到出水弯管；消除液体从叶轮流出的旋转运动，并把部分动能转换成压力能。

图 2-16　半调节式轴流泵的叶片
1—叶片；2—轮毂体；3—调节
螺母；4—导水锥

（4）泵轴和轴承　泵轴用碳钢制成，泵轴是用来传递扭矩的。在大型轴流泵中，为了布置调节、操作机构，泵轴常做成空心的。

轴流泵的轴承按其功能有导轴承和推力轴承两种。导轴承用来承受泵轴的径向力，起径向定位作用。中、小型轴流泵大多采用水润滑的橡胶导轴承，如图 2-15 中的 3、7 所示。推力轴承主要用来承受水流作用于叶片上向下的轴向水压力、水泵转动部分的重量，并将这些荷载传到电动机的基础上去。推力轴承还能调节转子的轴向位置。

（5）轴封装置　在轴流泵出水弯管的轴孔处需要设置轴封装置，其构造与离心泵的轴封装置相似。

2.3.2　轴流泵的工作原理

轴流泵的工作是以空气动力学中机翼的升力理论为基础的。其叶片与飞机机翼具有相似形状的剖面，一般称叶片剖面为翼型。如图 2-17 所示，翼型的前端圆钝，后端尖锐，上表面（工作面）曲率小，下表面（背面）曲率大。当叶轮在水

图 2-17　作用在翼型上的力

中旋转时，水流以速度 W 与翼弦（连接翼前、后端点的直线）成 α 角流过，在翼型的前端分成两股水流，它们经过翼型的上、下表面，然后同时在翼型的末端汇合。由于上表面的路径短，下表面的路径长，沿翼型下表面的流速要比沿翼型上表面的流速大，相应的翼型下表面的压力要比上表面小，因而水流对翼型产生方向向下的作用力 R。同样，翼型对水流产生一个反作用力 R'，其大小与 R 相等、方向相反，作用在水流上，在此力的作用下，水沿泵轴方向上升。叶轮不停地旋转，水就被不断地提升。

2.3.3　混流泵

混流泵根据其压水室的不同，通常分为蜗壳式和导叶式两种，如图 2-18 和图 2-19 所示。从外形上看，蜗壳式混流泵与单级单吸式离心泵相似，导叶式混流泵与立式轴流泵相似。其部件也无太大区别，所不同的是叶轮的形状和支承方式。混流泵的工作原理是离心力和升力的共同作用将机械能传递给被抽送的水。

图 2-18　蜗壳式混流泵构造图

1—泵壳；2—泵盖；3—叶轮；4—轴承；5—减漏环；6—轴承盒；7—轴套；8—填料压盖；9—填料；10—滚动轴承；11—出水口；12—皮带轮；13—双头螺栓

图 2-19　导叶式混流泵结构图

1—进水喇叭管；2—叶轮；3—导叶体；4—出水弯管；5—泵轴；6—橡胶轴承；7—轴封装置

2.4　叶片泵的性能参数

叶片泵的性能参数是用来表征叶片泵性能的一组数据，即水泵工作能力大小和工作性能的好坏。包括流量、扬程、功率、效率、允许吸上真空高度或必需气蚀余量、转速等。

2.4.1　流量（输水量）

流量（输水量）是指水泵单位时间内输送液体的体积或重量。用 Q 表示水泵输水能力大小的参数。常用体积流量，法定单位是立方米每秒（m^3/s），工程中常用的单位是立方米每小时（m^3/h）或升每秒（L/s），也可以是质量单位吨每小时（t/h）或吨每天（t/d）。

2.4.2　扬程

扬程是指受单位重力作用的水从水泵的进口到水泵的出口所增加的能量，也即单位重力的水经过水泵后获得的能量。用 H 表示水泵输水高度的参数。法定单位为帕斯卡（简称帕，Pa），千帕（kPa）、兆帕（MPa）是帕斯卡的 10^3、10^6 倍数单位。工程上常把它折算成米水柱（mH_2O，$10mH_2O \approx 0.1MPa$），或用工程大气压千克力每平方厘米（kgf/cm^2）。

扬程是表征液体经过水泵后比能增值的一个参数，水流进入水泵时所具有的比能为 E_1，流出水泵时所具有的比能为 E_2，则水泵的扬程为

$$H = E_2 - E_1 \tag{2-1}$$

2.4.3　功率

功率是水泵单位时间内所做的功。法定单位为瓦特（简称瓦，W），千瓦（kW）是瓦的 10^3 倍数单位。工程中常用马力（1 米制马力＝735.499W；1 英制马力＝745.700W）。

1. 有效功率

有效功率又称输出功率，是指单位时间内流过水泵的液体从水泵那里得到的能量，用 N_u 表示。可用下式计算：

$$N_u = \frac{\rho g Q H}{1000} \tag{2-2}$$

式中　N_u——水泵的有效功率，kW；

ρ——液体的密度，清水为 $1000kg/m^3$；

g——重力加速度，m/s^2。

2. 轴功率

轴功率又称输入功率，是指泵轴从动力机那里得到的功率，用 N 表示。

3. 配套功率

配套功率是指为水泵配套的动力机功率，用 $N_配$ 表示。

2.4.4　效率

效率是指水泵的有效功率与轴功率之比的百分数，用 η 表示。轴功率不可能

全部传递给被输送的液体，在水泵内部存在能量损失。因此，水泵的有效功率总是小于轴功率。效率标志着水泵转换能量的有效程度，是水泵的重要技术经济指标。

$$\eta = \frac{N_u}{N} \times 100\% \tag{2-3}$$

2.4.5　允许吸上真空高度或必需气蚀余量

允许吸上真空高度或必需气蚀余量是表征水泵吸水性能的参数，用 H_S 或 $(NPSH)_r$ 表示，单位是米。详细内容将在第 3.7 节中详细介绍。

允许吸上真空高度（H_S）：指水泵在标准状态下（即水温 20℃、表面压力 1.013×10^5 Pa）运转时，水泵所允许的最大吸上真空高度，单位以"mH_2O"表示。

气蚀现象：水泵在运行过程中，当内部液体局部位置的压力降低到水的饱和蒸汽压力（汽化压力），水就开始汽化生成大量的气泡，气泡随水流向前运动，运动到压力较高的部位时，迅速凝结、溃灭。泵内水流中气泡的生成、溃灭过程涉及物理、化学现象，并产生噪声、振动和对过流部件的侵蚀。

气蚀余量：是指在水泵进口处，单位重力的水所具有的大于饱和蒸汽压力的富余能量，以"mH_2O"表示。NPSH 表示轴流泵、立式混流泵、锅炉给水泵吸水性能。

临界气蚀余量（$NPSH)_c$：指叶轮内压力最低点的压力刚好等于所输送水流水温下的饱和蒸汽压力时的气蚀余量，其实质是水泵进口处的水在流到叶轮内压力最低点，压力下降为饱和蒸汽压力时的能量损失相应的水头损失。

2.4.6　转速

转速是指水泵的叶轮每分钟转动的圈数，用 n 表示。单位是"r/min"。

转速是影响水泵性能的一个重要参数，各种水泵都是按一定的转速设计的，当水泵的实际转速不同于设计转速时，水泵的其他性能参数将按一定的规律变化。

在往复泵中转速通常以活塞往复的次数来表示，单位是"次/min"。

上述六个性能参数之间有其内在的联系，水泵厂通常用性能曲线来表示。在泵产品样本中，除了对每种型号水泵的构造、用途、安装尺寸做出说明外，更主要的是提供了一套水泵的性能参数及各性能参数之间相互关系的特性曲线，以便于用户全面了解水泵的性能及选择水泵。

为了便于用户使用水泵，每台水泵的泵壳上都有一块铭牌，铭牌上简明列出了该水泵在设计转速下运行，效率为最高时水泵的性能参数值。铭牌上所列出的这些数值，是该水泵设计工况下的参数值，它只是反映在特性曲线上效率最高点的参数值。

另外，叶片泵的品种与规格很多，为便于技术上的应用和商业上的销售，对不同品种、规格的水泵，按其基本结构、形式特征、主要尺寸和工作参数的不同，分别制定为各种型号。通常用汉语拼音字母表示泵的名称、形式及特征，用数字表示泵的主要尺寸和工作参数；也有单纯用数字组成的。如 IS50-32-125 型水泵、IS—单级单吸离心泵，50——泵的进口直径为 50mm；32——泵的出口直径为 32mm；125——叶轮的名义直径为 125mm。

2.5　叶片泵的基本方程式

叶片式水泵是靠叶轮的旋转来输送水的。那么，水流是如何在旋转的叶轮中运动的呢？叶轮如何把能量传递给被抽送的水呢？这些规律是本节讨论的主要内容。

2.5.1　液体在叶轮中的运动状况

在研究叶片泵的基本方程之前，必须了解液体在叶轮中的运动状况。液体流过水泵时，泵的吸入室和压出室是固定不动的，液体的运动状况比较容易分析研究。而液体在叶轮内一方面从叶槽进口流向出口，另一方面又随叶轮一起旋转。所以液体在叶轮内的运动为复合运动。

图 2-20 所示为液体在封闭式离心泵叶轮内运动的剖面图。液体质点随叶轮一起旋转的运动称牵连运动或圆周运动，其速度称牵连速度或圆周速度，用 u 表示，如图 2-20（a）所示。液体质点相对于旋转叶轮的运动称相对运动，其速度称相对速度，用 W 表示，如图 2-20（b）所示。液体质点相对于静止坐标系的运动称绝对运动，其速度称绝对速度，用 C 表示。绝对速度 C 等于牵连速度 u 和相对速度 W 的向量和，即

$$\vec{C}=\vec{u}+\vec{W} \tag{2-4}$$

图 2-20　液体在叶轮内的运动

（a）液体的圆周运动；（b）液体的相对运动；（c）液体的绝对运动

液体质点牵连速度的方向与质点在叶轮中所在处的圆周切线方向一致。液体质点相对速度的方向与该质点所在处的叶片表面相切。液体质点绝对速度的速度方向，用速度四边形法确定，如图 2-20（c）所示。实际应用时只画速度三角形，如图 2-21 所示。图中 α 是绝对速度和圆周速度之间的夹角，β 是相对速度方向和圆周速度方向之间的夹角。绝对速度可分解为两个相互垂直的分速度 C_u、C_r，即

图 2-21　速度三角形

$$C_u = C\cos\alpha \tag{2-5}$$

$$C_r = C\sin\alpha \qquad (2-6)$$

C_u 为圆周分速度，它和牵连速度的方向一致。C_r 对离心泵来说是径向分速度；对轴流泵来说是轴向分速度。

叶槽内任意一点，在给定条件下均可做出速度三角形，但在分析和解决问题时，主要应用叶片进、出口处的速度三角形。为区别起见，分别用下脚标"1"和"2"表示叶片进、出口处参数。

图 2-22 所示为离心泵、轴流泵叶片进、出口速度三角形。

图 2-22　叶片进、出口速度三角形
(a) 离心泵；(b) 轴流泵

2.5.2　叶片泵的基本方程式

叶片泵的基本方程式是反映叶片泵理论扬程与液体运动状况变化的关系式。

液体在叶轮内的运动非常复杂，为便于研究及简化分析，对叶轮构造和液体的性质作三点基本假定。

（1）液体在叶轮内处于恒定的流动状态。

（2）液体运动是均匀一致的，即认为叶轮的叶片为无限多而又无限薄，液体的运动与叶片的形状完全一致。

（3）液体为理想液体，也即不显示黏滞性，不考虑叶轮内液体运动的水头损失，而且密度不变。

在上述假定下，应用动量矩定理把叶轮对液体做的功与叶轮进、出口液体运动状况联系起来，即可推导出叶片泵的基本方程为

$$H_T = \frac{1}{g}(u_2 C_{u2} - u_1 C_{u1}) \qquad (2-7)$$

式（2-7）表明液体流经旋转的叶轮时，叶轮传递给受单位重力作用水的能量就是扬程。故上式为叶片泵的基本能量方程式，又称为叶片泵的理论扬程方程式。

2.5.3　基本方程式的分析讨论

（1）为提高水泵的扬程和改善吸水性能，大多数离心泵在水流进入叶片时，$\alpha_1 = 90°$，也即 $C_{u1} = 0$，此时，基本方程式可写成

$$H_T = \frac{1}{g} u_2 C_{u2} \tag{2-8}$$

由上式可知，为了获得正值扬程（$H_T > 0$），必须使 $\alpha_2 < 90°$，α_2 越小，水泵的理论扬程越大，实践中水泵厂一般选用 $\alpha_2 = 6° \sim 15°$ 左右。

（2）水流通过水泵时，理论扬程与圆周速度 u_2 有关，而 $u_2 = \frac{\pi D_2 n}{60}$，因此，水泵的扬程与叶轮的转速 n、叶轮的外径 D_2 有关。增加叶轮的转速或加大叶轮直径，均可提高水泵的扬程。

（3）基本方程式只与叶片进、出口速度三角形有关，与叶片形状无关，因此，它适用于一切叶片泵。

（4）基本方程式与被抽送的液体种类无关，因此，它适用于一切流体。对于同一台泵输送不同的流体（如水、空气）时，所产生的理论扬程是相同的。但因流体的重度不同，泵产生的压力不同。所以安装在水面以上的泵，启动前必须充水，否则开机后所抽空气柱折合成水柱相当微小，泵是吸不上水来的。

（5）由叶片进、出口速度三角形，根据余弦定理可得

$$W_1^2 = u_1^2 + C_1^2 - 2u_1 C_{u1} \tag{2-9}$$

$$W_2^2 = u_2^2 + C_2^2 - 2u_2 C_{u2} \tag{2-10}$$

将上两式除以 $2g$ 并相减得

$$H_T = \frac{u_2^2 - u_1^2}{2g} + \frac{W_1^2 - W_2^2}{2g} + \frac{C_2^2 - C_1^2}{2g} \tag{2-11}$$

由水力学的理想液体相对运动能量方程式得

$$\frac{u_2^2 - u_1^2}{2g} + \frac{W_1^2 - W_2^2}{2g} = \left(Z_2 + \frac{p_2}{\rho g}\right) - \left(Z_1 + \frac{p_1}{\rho g}\right) \tag{2-12}$$

式（2-12）等号的右边为水泵叶轮产生的势扬程，$\frac{C_2^2 - C_1^2}{2g}$ 为水泵叶轮产生的动扬程。由此可见，理论扬程是由势扬程和动扬程两部分组成的。在实际应用中，由动能转化为压能的过程中，伴有能量的损失，因此，动扬程这一项在水泵总扬程中所占的比例越小，泵内的水头损失就越小，水泵的效率就越高。

（6）基本方程式不仅广泛地应用于叶片泵的水力设计中，而且还可以定性地分析水流现象对水泵运行的影响。例如当水泵吸水井或吸水管中水流出现漩涡时，若漩涡的旋转方向与叶轮的旋转方向相反，由图 2-23 可以看出，C_{r1} 增加到 C_{r1}'，而 C_{u1} 为负值，运用基本方程式

图 2-23　漩涡对叶片进口速度三角形的影响

$$H_T' = \frac{u_2 C_{u2}' - (-u_1 C_{u1}')}{g} = \frac{u_2 C_{u2} + u_1 C_{u1}}{g}$$

$$Q' = A_1 C'_{r1}$$

式中 A_1 为叶轮进口过水断面面积，其理论扬程和流量均增加，泵的轴功率也相应地增加。

若漩涡的旋转方向与叶轮的旋转方向相同，水泵的扬程和流量均减小。

若漩涡不稳定，时生时灭、时弱时强，还会引起机组振动，致使机组不能正常工作。

（7）用基本方程式可以分析离心泵叶片的形式。图 2-24 为离心泵叶片的三种形式。可以看出，离心泵出水角 $\beta_2 \geqslant 90°$ 时，出口绝对速度的圆周分速度大，动扬程所占比例增大，槽道短而弯度大，致使水头损失大。为减少能量损失，提高泵的效率，实践中对离心泵叶轮的叶片都采用向后弯曲的形式。

图 2-24　离心泵叶片的形式

2.5.4　基本方程式的修正

在推导基本方程式时，曾作了三点假定。

假定 1　关于液体是恒定流问题。当叶轮转速不变时，叶轮外的绝对运动可以认为是恒定的。在水泵启动一段时间后，如果外界条件不变，这一假定基本上可以认为与实际相符。

假定 2　关于液体运动均匀一致的问题。只有在叶片为无限多而又无限薄的理想情况下，液体的运动才能完全均匀一致。这与实际叶轮有较大的差异。实际水泵的叶轮一般有 2～12 片叶片，在叶槽中，水流有着一定程度的自由。当叶轮带着水流一起旋转时，水流质点因惯性的作用，趋于保持水流的原来位置，因而产生了与叶轮旋转方向相反的旋转运动，即"反旋现象"。图 2-25 中（b）所示为水流在封闭叶槽中的反旋现象。

图 2-25　反旋现象对流速分布的影响

图 2-25 中（a）表示无反旋情况下的流速分布。水泵运转中，叶槽内的实际相对速度将等于图 2-25 中（a）与（b）所示的速度叠加，如图 2-25 中（c）所示。

由图 2-25 可以看出，叶轮内水流的实际运动与水流运动均匀一致的假定是相矛盾的。因此，叶槽中流速的分布是不均匀的，如图 2-25 中（d）所示。需对基本方程式进行修正：

$$H'_T = \frac{H_T}{1+p}\tag{2-13}$$

式中　　H'_T——修正后的理论扬程；

　　　　p——修正系数。

假定 3　关于理想液体的问题。由于水泵所输送的水在流经水泵时具有水头损失。因此，水泵的实际扬程将永远小于其理论扬程值。可用下式表示：

$$H = \eta_h H'_T = \eta_h \frac{H_T}{1+p}\tag{2-14}$$

式中　　H——水泵的实际扬程；

　　　　η_h——水力效率，%。

2.6　叶片泵的性能曲线

叶片泵的性能参数标志着水泵的性能。各性能参数不是孤立的、静止的，而是相互联系和相互制约的。对一台既定的水泵来说，这种联系和制约具有一定的规律，一般用曲线来表示。通常将泵的转速 n 作为常量，扬程 H、轴功率 N、效率 η 和允许吸上真空高度 H_S 或必需气蚀余量 $(NPSH)_r$ 随流量 Q 而变化的关系绘制成 Q-H、Q-N、Q-η、Q-H_S 或 Q-$(NPSH)_r$ 曲线。

深入了解水泵的性能，掌握其变化规律及特点，对合理选型配套、确定泵的安装高度、调节水泵运行时的工况，以及科学的运行管理等极为重要。

水泵厂在实测水泵的性能时，通常保持水泵在设计转速下运行，调节出水管道上闸阀的开度，改变水泵的运行工况，测出各种数据，经过计算得到一系列的性能参数值，将这些数据绘制在图上，即可得出在一定转速下的 Q-H、Q-N、Q-η、Q-H_S 或 Q-$(NPSH)_r$（由气蚀实验得出）曲线。我们把这些性能曲线称为水泵的实验性能曲线或基本性能曲线。

图 2-26～图 2-28 分别为离心泵、混流泵和轴流泵实验性能曲线，其特点各不相同，分述如下。

图 2-26　离心泵实验性能曲线

图 2-27 混流泵实验性能曲线

1. Q-H 曲线

三种泵的 Q-H 曲线都是下降曲线，即扬程随流量的增加而逐渐减小，但离心泵的 Q-H 曲线下降较平缓。轴流泵的下降较陡，而且许多轴流泵在其设计流量的 $40\%\sim60\%$ 时出现拐点，这是一段不稳定的工作范围；当流量为零时，扬程出现最大值，约为额定扬程的 2 倍。混流泵的 Q-H 曲线介于离心泵与轴流泵之间。

在 Q-H 曲线上有 2 条波形线，此段称为水泵的高效段。泵运行时的流量和扬程应落在高效段范围内。

图 2-28 轴流泵实验性能曲线

2. Q-N 曲线

离心泵的 Q-N 曲线是一条上升的曲线，即轴功率随流量的增加而增加。当流量为零时，轴功率最小，约为设计轴功率的 30%。轴流泵的 Q-N 曲线是一条下降的曲线，即轴功率随流量的增大而减小。当流量为零时，轴功率为最大，约为设计轴功率的 2 倍。在小流量区，Q-N 曲线也出现拐点。混流泵的 Q-N 曲线比较平坦，当流量变化时，轴功率变化很小。

从轴功率随流量而变化的特点可知，离心泵应闭阀启动，以减小动力机启动负载。轴流泵则应开阀启动，一般在轴流泵出水管道上不装闸阀。

另外，水泵样本中所给出的 Q-N 曲线，指的是抽送水或某种液体时的轴功率与流量之间的关系，如果所抽送液体的重度不同，则水泵样本中的 Q-N 曲线就不能使用，此时，泵的轴功率要按 $N=\dfrac{\rho g Q H}{\eta}$ 进行计算。

3. Q-η 曲线

三种泵 Q-η 曲线的变化趋势都是从最高效率点向两侧下降。但离心泵的效率曲线变化比较平缓，高效段范围较宽，使用范围较大。轴流泵的效率曲线变化较陡，高效段范围较窄，使用范围较小。混流泵的效率曲线介于离心泵和轴流泵之间。

4. Q-H_s 或 Q-(NPSH)$_r$ 曲线

Q-H_s 或 Q-(NPSH)$_r$ 是表征水泵吸水性能的 2 条曲线，但两者的变化规律不同，前者是一条下降的曲线；后者对于轴流泵在对应于最高效率点处是具有最小值的曲线。

此外，水泵所输送的液体的黏度越大，泵内部的能量损失越大，水泵的流量和扬程都要减小，效率下降，而轴功率增大，即水泵的性能曲线将发生变化。故在输送黏度大的液体（如石油、化工液体等）时，泵的性能曲线要经过专门的换算后才能使用。

2.7 相似定律及比转数

由于泵内液体运动非常复杂，单凭理论计算不能准确地算出叶片泵的性能。可以运用流体力学中的相似理论和实验等手段，将水泵叶轮不同尺寸以及叶轮在某一转速下的性能换算成它在其他转速下的性能。

2.7.1 相似定律

水泵叶轮的相似定律是基于几何相似、运动相似和动力相似的基础之上的。凡是两台水泵满足几何相似、运动相似和动力相似，则称为工况相似的水泵。

几何相似的条件是：两个叶轮主要过流部分任何对应尺寸的比值都相等，对应点的安放角相等，如图 2-29 所示。则有

$$\frac{b_1}{b_{1m}}=\frac{b_2}{b_{2m}}=\frac{D_1}{D_{1m}}=\frac{D_2}{D_{2m}}=\cdots\cdots=\lambda \tag{2-15}$$

$$\beta_1=\beta_{1m}, \quad \beta_2=\beta_{2m} \tag{2-16}$$

式中 b_1、b_{1m}——分别为实际泵与模型泵叶轮的进口宽度；

b_2、b_{2m}——分别为实际泵与模型泵叶轮的出口宽度；

D_1、D_{1m}——分别为实际泵与模型泵叶轮的进口直径；

D_2、D_{2m}——分别为实际泵与模型泵叶轮的出口直径；

λ——任一线性尺寸的比值或称为模型比；

β_1、β_{1m}——分别为实际泵与模型泵叶片的进水角；

β_2、β_{2m}——分别为实际泵与模型泵叶片的出水角。

运动相似的条件是：两个叶轮对应点上同名速度的方向一致，大小互成比例。即对应点上水流的速度三角形相似，故在几何相似的前提下，运动相似就是工况相似。如图2-29所示，可以得出

$$\frac{C_{r2}}{C_{r2m}}=\frac{C_{u2}}{C_{u2m}}=\frac{u_2}{u_{2m}}=\frac{nD_2}{n_m D_{2m}}=\lambda\frac{n}{n_m} \tag{2-17}$$

图 2-29　两叶轮几何相似与运动相似

动力相似的条件是：两叶轮对应点所受力的性质和方向相同，大小成比例。

$$\frac{p}{p_\mathrm{m}} = 常数 \tag{2-18}$$

满足上述条件的两台泵，其主要参数之间的关系称为水泵的相似定律。

1. 第一相似律

对于满足相似条件的两台水泵

$$\frac{Q}{Q_\mathrm{m}} = \lambda^3 \frac{\eta_\mathrm{v}}{(\eta_\mathrm{v})_\mathrm{m}} \cdot \frac{n}{n_\mathrm{m}} \tag{2-19}$$

2. 第二相似律

对于满足相似条件的两台水泵

$$\frac{H}{H_\mathrm{m}} = \lambda^2 \frac{\eta_\mathrm{h}}{(\eta_\mathrm{h})_\mathrm{m}} \cdot \left(\frac{n}{n_\mathrm{m}}\right)^2 \tag{2-20}$$

3. 第三相似律

对于满足相似条件的两台水泵

$$\frac{N}{N_\mathrm{m}} = \lambda^5 \frac{(\eta_\mathrm{m})_\mathrm{m}}{\eta_\mathrm{m}} \cdot \left(\frac{n}{n_\mathrm{m}}\right)^3 \cdot \frac{\rho g}{\rho_\mathrm{m} g_\mathrm{m}} \tag{2-21}$$

如果实际水泵与模型水泵尺寸相差不大，且转速相差也不大时，可近似地认为三种局部效率相等。若 $\rho g = \rho_\mathrm{m} g_\mathrm{m}$，则相似定律可写为

$$\frac{Q}{Q_\mathrm{m}} = \lambda^3 \frac{n}{n_\mathrm{m}} \tag{2-22}$$

$$\frac{H}{H_\mathrm{m}} = \lambda^2 \left(\frac{n}{n_\mathrm{m}}\right)^2 \tag{2-23}$$

$$\frac{N}{N_\mathrm{m}} = \lambda^5 \left(\frac{n}{n_\mathrm{m}}\right)^3 \tag{2-24}$$

2.7.2　比例律

把相似定律应用于不同转速运行的同一台叶片泵时，就可以得到

$$\frac{Q_1}{Q_2} = \frac{n_1}{n_2} \tag{2-25}$$

$$\frac{H_1}{H_2} = \left(\frac{n_1}{n_2}\right)^2 \qquad (2\text{-}26)$$

$$\frac{N_1}{N_2} = \left(\frac{n_1}{n_2}\right)^3 \qquad (2\text{-}27)$$

以上三个公式是相似定律的特例，称为比例律。说明同一台叶片泵，当转速改变时，其他性能参数将按上述比例关系变化。对于水泵的使用者来说，比例律是非常有用的。

2.7.3 比转数

目前，叶片泵的叶轮构造和水力性能是多种多样的，尺寸的大小也各不相同，为了对叶片泵进行分类，将同类型的泵组成一个系列，这就需要有一个能够反映叶片泵共性的综合的特征参数，作为水泵规格化的基础。这个特征参数称为叶片泵的比转数，用 n_S 表示。

1. 比转数的定义

在最高效率下，把水泵的尺寸按照一定的比例缩小（或扩大），使得有效功率 $N_u = 0.7355\text{kW}$，扬程 $H_m = 1\text{m}$，流量 $Q_m = 0.075\text{m}^3/\text{s}$。这时，该模型泵的转速，就叫作与它相似的实际泵的比转数。

2. 比转数的计算公式

假设有一台模型泵，它的各项参数均以下脚标 m 表示，模型泵的转速即为比转数 n_S，按相似定律可写出

$$n_S = \frac{3.65n\sqrt{Q}}{H^{3/4}} \qquad (2\text{-}28)$$

上式为比转数的计算公式。

3. 应用比转数公式应注意的问题

（1）Q 和 H 是指最高效率时的流量和扬程，n 为设计转速。对同一台泵来说比转数为一定值。

（2）式（2-28）中的 Q、H 是指单吸单级泵的设计流量和设计扬程。对于双吸泵以 $Q/2$ 代入计算；对于多级泵，应以一级叶轮的扬程代入计算。

（3）比转数是根据抽升 20℃ 左右的清水时得出的。

（4）采用与公式不同的单位时，比转数值不同。

4. 对比转数的讨论

（1）对于任一台水泵而言，比转数不是无因次数，它的单位是"r/min"。由于它并不是实际的转速，它只是用来比较各种水泵性能的一个共同标准。因此，它本身的单位含义无多大用处，一般均略去不写。

（2）比转数虽然是按相似关系得出，但其中包含了实际原型泵的主要参数 Q、H、n、η_{max} 值。因此，它反映了实际水泵的主要性能。从式（2-28）可以看出：当转速一定时，n_S 越大，表示这种水泵的流量越大、扬程越低。反之，比转数越小，表示这种泵的流量越小、扬程越高。

（3）叶片泵叶轮的形状、尺寸、性能和效率都随比转数而变化。用比转数可

对叶片泵进行分类，如表 2-1 所示。

叶片泵按比转数分类 　　表 2-1

离 心 泵			混流泵	轴流泵
低比转数	中比转数	高比转数		
$n_S = 50 \sim 100$	$n_S = 100 \sim 200$	$n_S = 200 \sim 350$	$n_S = 350 \sim 500$	$n_S = 500 \sim 1200$

（4）水泵的性能随比转数而变。因此，比转数的不同，反映了水泵性能曲线的形状也不同，比转数可以分析水泵的性能。

2.7.4　实际应用

【例 2-1】型号为 IS80-65-160 的离心式清水泵铭牌上标识的性能参数为：$\eta_0 = 2900\text{r/min}$，流量 $Q_0 = 50\text{m}^3/\text{h}$，扬程 $H_0 = 32\text{m}$，轴功率 $N_0 = 5.97\text{kW}$，效率 $\eta_0 = 73\%$，如果该泵在 $n = 1450\text{r/min}$ 情况下运行，试问相应的流量 Q、扬程 H、轴功率 N 各为多少？

【解】根据式（2-25）～式（2-27）得

$$Q = \frac{n}{n_0} Q_0 = \frac{1450}{2900} \times 50 = 25 \text{ m}^3/\text{h}$$

$$H = \left(\frac{n}{n_0}\right)^2 H_0 = \left(\frac{1450}{2900}\right)^2 \times 32 = 8 \text{ m}$$

$$N = \left(\frac{n}{n_0}\right)^3 N_0 = \left(\frac{1450}{2900}\right)^3 \times 5.97 = 0.75\text{kW}$$

【例 2-2】已知某模型泵在直径 $D_{2m} = 162\text{mm}$，转速 $n_m = 2900\text{r/min}$ 下的 $Q\text{-}H$ 曲线 I，如图 2-30 所示。图中 A_I、B_I 和 C_I 为水泵高效区三点，其所对应的 $Q\text{-}H$ 参数为：A_I（$Q_{AI} = 12.5\text{m}^3/\text{h}$，$H_{AI} = 34$ m）、B_I（$Q_{BI} = 25\text{m}^3/\text{h}$，$H_{BI} = 28\text{m}$）、$C_I$（$Q_{CI} = 32.5\text{m}^3/\text{h}$，$H_{CI} = 22\text{m}$）。试按相似律换算出同一系列相似泵当轮径 $D_2 = 120\text{mm}$，$n_2 = 2600\text{r/min}$ 情况下的 $Q\text{-}H$ 曲线 II。

图 2-30　相似泵 $Q\text{-}H$ 曲线的换算

【解】根据相似律只适用于相似工况点的原则，首先在曲线 I 上工况点 A，该工况点所对应的 Q_{AI} 和 H_{AI} 值。

$$Q_{AI} = 12.5\text{m}^3/\text{h}$$

$$H_{AI} = 34\text{m}$$

根据式（2-22）和式（2-23）即可求出在 D_2 及 n_2 条件下的 Q_{AII} 和 H_{AII} 值：

$$Q_{AII} = \lambda_n \lambda_L^3 Q_m$$

$$H_{AII} = \lambda_n^2 \lambda_L^2 L H_m$$

式中：　$\lambda_n = \dfrac{n_2}{n_m} = \dfrac{2600}{2900} = 0.9$

$$\lambda_L = \frac{D_2}{D_{2m}} = \frac{120}{160} = 0.75$$

所以：　$Q_{AII} = 0.9 \times (0.75)^3 \times 12.5 = 4.75\text{m}^3/\text{h}$

$$H_{AII} = (0.9)^2 \times (0.75)^3 \times 34 = 15.48\text{m}$$

于是，在图上就可以找到与 A_I 点机对应的相似工况点 A_{II}。

用同样的方法，在曲线 I 上另取一工况点 B_I（$Q_{BI}=25m^3/h$，$H_{BI}=28m$），求出其对应的相似工况点 B_{II}（$Q_{BII}=9.49m^3/h$，$H_{BII}=12.76m$），循此方法，再从曲线 I 上的 C_I（$Q_{CI}=32.5m^3/h$，$H_{CI}=22m$）找到对应的 C_{II}（$Q_{CII}=12.34m^3/h$，$H_{CII}=10.02m$）……最后将 A_{II}、B_{II}、C_{II}……各点用光滑曲线连接起来，便得出该相似泵在 D_2 及 n_2 条件下的 Q-H 曲线 II。

Q-η 曲线的换算利用相似工况点之间的效率 η 相等的性能很容易得到。从 A_I 点所对应的效率 η_{AI} 作水平线，与相似点 A_{II} 引的垂线的交点，就是相似点 A_{II} 的效率。照此办法即可绘出对应的 Q-η 曲线（参见图 2-28）。

【例 2-3】试求型号为 IS80-65-160 离心式清水泵的比转数。

【解】根据【例 2-1】可知 IS80-65-160 离心式清水泵铭牌上的性能参数为：$n_0=2900r/min$，流量 $Q_0=50m^3/h$，扬程 $H_0=32m$，轴功率 $N_0=5.97kW$，效率 $\eta_0=73\%$。根据式（2-28）得

$$n_s=\frac{3.65\times2900\times\sqrt{50\times\frac{1}{3600}}}{32^{3/4}}=93r/min$$

即 IS80-65-160 离心式清水泵的比转数为 93 r/min。

思 考 题 与 习 题

1. 根据自己的实际生活体验，举例说明离心泵的工作原理。

2. 绘制简图说明离心泵的基本构造。

3. 离心泵各主要零件的作用是什么？

4. 叙述离心泵、轴流泵是如何工作的？

5. 轴流泵各主要零件的作用是什么？

6. 水泵各性能参数的定义是什么？

7. 实验性能曲线的变化规律是怎样的？离心泵和轴流泵 Q-H、Q-N 曲线有何异同？

8. 叶片泵性能参数与其转速的关系如何？

9. 当水泵的转速发生变化时，比转数是否发生变化？

10. 试求型号为 IS50-32-200 离心式清水泵的比转数？

11. 型号为 IS100-80-160 离心式清水泵铭牌上表示的性能参数为：$n_0=2900r/min$，流量 $Q=100m^3/h$，扬程 $H=32m$，轴功率 $N=11.2kW$，效率 $\eta_0=78\%$，如果该泵在 $n=1450r/min$ 情况下运行，试问相应的流量 Q、扬程 H、轴功率 N 各为多少？

知 识 拓 展

气 蚀

当离心泵壳内存有空气，因空气的密度比液体的密度小得多而产生较小的离心力。从而，贮槽液面上方与泵吸入口处之压力差不足以将贮槽内液体压入泵内，即离心泵无自吸能力，使离心泵不能输送液体，此种现象称为"气蚀现象"。

液体在一定温度下，降低压力至该温度下的汽化压力时，液体便产生气泡。把这种产生气泡的现象称为气蚀。气蚀时产生的气泡，流动到高压处时，其体积减小以致破灭。这种由于压力上升气泡消失在液体中的现象称为气蚀溃灭。

泵在运转中，若其过流部分的局部区域（通常是叶轮叶片进口稍后的某处）因为某种原因，抽送液体的绝对压力降低到当时温度下的液体汽化压力时，液体便在该处开始汽化，产生大量蒸汽，形成气泡，当含有大量气泡的液体向前经叶轮内的高压区时，气泡周围的高压液体致使气泡急剧地缩小以至破裂。在气泡凝结破裂的同时，液体质点以很高的速度填充空穴，在此瞬间产生很强烈的水击作用，并以很高的冲击频率打击金属表面，冲击应力可达几百至几千个大气压，冲击频率可达每秒几万次，严重时会将壁厚击穿。

在水泵中产生气泡和气泡破裂使过流部件遭受到破坏的过程就是水泵中的气蚀过程。水泵产生气蚀后除了对过流部件会产生破坏作用以外，还会产生噪声和振动，并导致泵的性能下降，严重时会使泵中液体中断，不能正常工作。

提高离心泵本身抗气蚀性能的措施

（1）改进离心泵的吸入口至叶轮附近的结构设计。增大过流面积；增大叶轮盖板进口段的曲率半径，减小液流急剧加速与降压；适当减少叶片进口的厚度，并将叶片进口修圆，使其接近流线型，也可以减少绕流叶片头部的加速与降压；提高叶轮和叶片进口部分表面光洁度以减小阻力损失；将叶片进口边向叶轮进口延伸，使液流提前接受做功，提高压力。

（2）采用前置诱导轮，使液流在前置诱导轮中提前做功，以提高液流压力。

（3）采用双吸叶轮，让液流从叶轮两侧同时进入叶轮，则进口截面增加一倍，进口流速可减少一半。

（4）设计工况采用稍大的正冲角，以增大叶片进口角，减小叶片进口处的弯曲，减小叶片阻塞，以增大进口面积；改善大流量下的工作条件，以减少流动损失。但正冲角不宜过大，否则影响效率。

（5）采用抗气蚀的材料。实践表明：材料的强度、硬度、韧性越高，化学稳定性越好，抗气蚀的性能越强。

提高进液装置有效气蚀余量的措施

（1）增加离心泵前贮液罐中液面的压力，以提高有效气蚀余量。

（2）减小上吸装置泵的安装高度。

（3）将上吸装置改为倒灌装置。

（4）减小离心泵前管路上的流动损失。如在要求范围尽量缩短管路，减小管路中的流速，减少弯管和阀门，尽量加大阀门开度等。

教学单元 **3**

叶 片 泵 的 运 行

Chapter **03**

知识目标

通过学习本教学单元的内容，使学生：

1. 掌握叶片泵装置的总扬程的组成。

2. 掌握确定叶片泵运行工况点的方法。

3. 了解调节叶片泵运行工况点的方法（叶片泵装置调速运行、叶片泵装置变径运行调节、混流泵装置变角运行调节等）。

4. 掌握离心泵并联及串联运行工况分析方法。

技能目标

通过学习本教学单元的内容，使学生能够：

1. 使用图解法确定叶片泵运行工况点。

2. 根据使用条件用切削定律对叶片泵运行工况进行变径调节。

3. 用"相似工况抛物线"法对叶片泵运行工况进行变速运行调节。

4. 进行混流泵装置运行变角调节。

5. 计算水泵安装高程。

每一台叶片式水泵在特定的转速下，都有它自己固有的特性曲线，该曲线反映了水泵本身所具有的潜在的工作能力。在水泵装置中，其工作能力就是水泵运行时的实际工作能力。

3.1　离心泵装置的总扬程

水泵特性曲线是水泵本身具有的一种特性。在实际工程中，水泵的运行要与管道系统及外界条件（如河水水位、管网压力、水塔高度等）联系在一起。由动力机、管道以及一切附件组成的系统称为水泵装置。水泵的固有特性是如何在水泵装置中发挥能力的呢？发挥的能力有多大呢？如何依据原始资料确定水泵装置的总扬程和选泵？

3.1.1　水泵装置的工作扬程

水泵工作扬程就是指水泵站工程建成后实际运行的水泵的扬程。图 3-1 所示为离心泵装置。

以吸水井水面 0—0 为基准面，列出水泵进口断面 1—1 及出口断面 2—2 的能量方程式。则扬程为

$$H = E_2 - E_1$$
$$= Z_2 + \frac{p_2}{\rho g} + \frac{v_2^2}{2g} - \left(Z_1 + \frac{p_1}{\rho g} + \frac{v_1^2}{2g} \right)$$
$$= (Z_2 - Z_1) + \left(\frac{p_2 - p_1}{\rho g} \right) + \frac{v_2^2 - v_1^2}{2g} \quad (3\text{-}1)$$

图 3-1　离心泵装置

式中　Z_1、$\frac{p_1}{\rho g}$、$\frac{v_1^2}{2g}$——相应于断面 1—1 处的位置水头、绝对压力水头和速度水头，mH_2O；

Z_2、$\frac{p_2}{\rho g}$、$\frac{v_2^2}{2g}$——相应于断面 2—2 处的位置水头、绝对压力水头和速度水头，mH_2O；

ρ——水的密度，kg/m^3；

g——重力加速度，m/s^2。

为了监视水泵的运行状况，按要求在水泵的进、出口断面处分别安装真空表和压力表。真空表和压力表的读数为相对压力。如真空表和压力表的读数折合成米水柱高度，并分别用 H_v、H_d 表示时，则式（3-1）可写成

$$H = \left(\frac{p_a + p_d}{\rho g} - \frac{p_a - p_v}{\rho g} \right) + \frac{v_2^2 - v_1^2}{2g} + \Delta Z$$
$$= \frac{p_d}{\rho g} + \frac{p_v}{\rho g} + \frac{v_2^2 - v_1^2}{2g} + \Delta Z$$
$$= H_d + H_v + \frac{v_2^2 - v_1^2}{2g} + \Delta Z \quad (3\text{-}2)$$

37

式中 p_v、p_d——分别为真空表、压力表读数。

一般水厂中水泵运行时，$\left(\dfrac{v_2^2-v_1^2}{2g}+\Delta Z\right)$ 值较小，则式（3-2）可写为

$$H=H_d+H_v \tag{3-3}$$

由式（3-3）可知，运行中水泵装置的总扬程为压力表和真空表读数（以米水柱计）之和。

3.1.2 水泵装置的设计扬程

水泵装置的设计扬程就是指进行泵站设计时，依据工程实际条件计算得到的水泵扬程。

水泵装置工作时，除了将液体提升一定高度外，还要克服液体在管道中流动时产生的水头损失，因此，水泵的扬程可以用提升液体的高度及水头损失来计算。

列出基准面 0—0 和断面 1—1 的能量方程式，以及断面 2—2 和断面 3—3 的能量方程式，经整理可得

$$H_v=H_{SS}+\sum h_S+\frac{v_1^2}{2g}-\frac{\Delta Z}{2} \tag{3-4}$$

$$H_d=H_{Sd}+\sum h_d-\frac{v_2^2}{2g}-\frac{\Delta Z}{2} \tag{3-5}$$

式中 H_{SS}——水泵的吸水高度，m，即水泵吸水井（池）水面的测压管水面至泵轴线之间的垂直距离（如果吸水井是敞开的，H_{SS} 为吸水井水面至泵轴线之间的高差）；

H_{Sd}——水泵的压扬程，m，即泵轴线至水塔最高水位或密闭水箱水面的测压管水面之间的垂直距离。

$\sum h_S$、$\sum h_d$——分别为水泵装置吸水管道和压水管道的水头损失，m。

将式（3-4）、式（3-5）代入式（3-2），并整理得

$$H=H_{SS}+H_{Sd}+\sum h_S+\sum h_d \tag{3-6}$$

也即

$$H=H_{ST}+\sum h \tag{3-7}$$

$$H_{ST}=H_{SS}+H_{Sd}$$

$$\sum h=\sum h_S+\sum h_d$$

式中 H_{ST}——水泵的静扬程，m，即水泵的吸水井设计水位与水塔（或密闭水箱）最高水位之间的测压管水面的高差；

$\sum h_S$——水泵吸水管道的水头损失，m；

$\sum h_d$——水泵压水管道的水头损失，m；

$\sum h$——水泵装置管道的总水头损失，m。

由式（3-7）可以看出，在泵站设计时，水泵的扬程一方面是将水提升至水塔或密闭水箱中（即静扬程 H_{ST}）；另一方面是用来克服管道的水头损失（$\sum h$）。该公式表达了如何根据外界条件，计算水泵应具有的扬程。

水泵扬程的计算公式（3-7），虽然是按离心式水泵装置的吸入式推求得到的，但是它适用于一切叶片泵装置及自灌式水泵装置。

3.2　叶片泵运行工况的确定

水泵工况就是指水泵装置在某个瞬时的实际工作状态，可以用水泵的特性参数：扬程 H、流量 Q、轴功率 N、效率 η 及吸水性能等表示。

实际工程中水泵在特定抽水系统中运行时的扬程 H、流量 Q、轴功率 N、效率 η 及吸水性能等工作参数在不同的环境中都是不同的。因此，水泵的型号、水泵运行时的转速、输配水管道系统、水池、水源、水塔水位及变化等边界条件等都是决定水泵装置运行工况的因素。

3.2.1　管道系统特性曲线

由水力学知，水流经过管道时，存在着水头损失。其值可由下式计算

$$\sum h = \sum h_f + \sum h_j \tag{3-8}$$

式中　$\sum h$——管道总水头损失，m；

$\sum h_f$——管道沿程水头损失之和，m；

$\sum h_j$——管道局部水头损失之和，m。

对于特定的管道系统来说，管道长度 l、管径 D、比阻 A 以及局部阻力系数 ξ 等均为已知。具体计算时可查《给水排水设计手册》中的管渠水力计算表。

采用比阻公式时：

对于钢管

$$\sum h_f = \sum A k_1 k_2 l Q^2$$

式中　k_1——由钢管壁厚不等于 10mm 引入的修正系数；

k_2——由管中平均流速小于 1.2m/s 引入的修正系数。

对于铸铁管

$$\sum h_f = \sum A k_3 l Q^2$$

这时式（3-8）可写为

$$\sum h = \left[\sum A k l + \sum \xi \frac{1}{2g(\pi D^2/4)^2} \right] Q^2 \tag{3-9}$$

式（3-9）中 k 为系数，对于钢管 $k = k_1 k_3$，对于铸铁管 $k = k_3$。中括号 [ ] 内的参数，对于特定的管道系统均为常数。因此，式（3-9）可写为

$$\sum h = S Q^2 \tag{3-10}$$

式中　S——管道的沿程阻力系数与局部阻力系数之和，s^2/m^5。

式（3-10）可用一条顶点在原点的二次抛物线来表示，即 Q-$\sum h$ 曲线。该曲线反映了管道水头损失与通过管道流量之间的规律，被称为管道水头损失特性曲线，如图 3-2 所示。曲线的曲率取决于管道的长度、直径、类型及局部阻力的类型等。

在泵站设计及泵站的运行管理中，需要确定水泵的运行状况，我们将利用管道水头损失特性曲线，并将它与水泵工作的外界条件结合起来，按式（3-7），

$H = H_{ST} + \sum h$可以画出如图 3-3 所示的曲线。该曲线上任意一点表示水泵输送某一流量并将其提升 H_{ST} 高度时，管道中受单位重力作用的液体所需要消耗的能量。因此，我们称该曲线为水泵装置的需要扬程曲线或称为水泵装置的管道系统特性曲线。这时，式（3-7）可写为

$$H_需 = H_{ST} + \sum h \tag{3-11}$$

图 3-2　管道水头损失特性曲线

图 3-3　管道系统特性曲线

3.2.2　叶片泵工况点的确定

叶片泵的 $Q\text{-}H$ 曲线与管道系统的特性曲线 $Q\text{-}H_需$ 的交点称为水泵的工作状况点，简称工况点或工作点。

叶片泵工况点的确定有图解法和数解法两种，分述如下。

1. 图解法确定叶片泵工况点

图 3-4　水泵工况点

将水泵的性能曲线 $Q\text{-}H$ 和管道系统特性曲线 $Q\text{-}H_需$ 绘在同一 Q、H 坐标系内，两条曲线相交于 M 点，则 M 点即为水泵运行时的工况点，如图 3-4 所示。M 点表明，当流量为 Q_M 时，水泵所提供的能量恰好等于管道系统所需要的能量。因此，M 点称为能量供与需矛盾的平衡点。如果外界条件不发生变化，水泵将稳定地在 M 点工作，其出水量为 Q_M，扬程为 H_M。

假定工况点不在 M 点，而在 B 点，从图 3-4 可以看出，此时流量为 Q_B，水泵供给的能量为 H_B，大于管道系统所需要的能量 $H_{B需}$，供需失去平衡，多余的能量（$H_B - H_{B需}$）会使管道中水流流速增大，流量增加，直到工作点移至 M 点达到能量供需平衡为止。另外，假设工作点在 C 点，则水泵供给的能量 H_C 小于管道系统所需要的能量 $H_{C需}$，则能量供不应求，管道中水流流速变小，流量减少，减至 Q_M 为止。因此，M 点是水泵的工况点。只要泵的性能、管道水头损失及有关水位等因素不变，水泵将稳定地在 M 点工作。如果水泵在 M 点工作时，管道上的所有闸阀是全开的，那么，M 点称为该水泵的极限工作点。也就是说，在这个水泵装置中，静扬程 H_{ST} 保持不变时，管道中通过的最大流量为 Q_M。工况点确定后，其对应的轴功率、效率、吸水性能等参数可从其相应的性能曲线上查得。在实际工程中，水泵运行时的工况点，如

能经常落在该水泵的设计参数值上，这时，水泵的工作效率最高，工作最经济。

水泵的工况点还可用折引特性曲线的方法求得。如图 3-5 所示，先在沿 Q 坐标轴的下面画出该管道水头损失特性曲线 Q-$\sum h$，再在水泵的 Q-H 特性曲线上减去相应流量下的水头损失，得 $(Q$-$H)'$ 曲线。此 $(Q$-$H)'$ 曲线称为折引特性曲线。此曲线上各点的纵坐标值，表示水泵在扣除了管道中相应流量时的水头损失以后，尚剩余的能量。这部分能量仅用来改变被抽升水的位能，即它把水提升到 H_{ST} 的高度上去。$(Q$-$H)'$ 曲线与静扬程 H_{ST} 水平横线相交于 M' 点，再由 M' 点向上引垂线与 Q-H 曲线相交于 M 点，M 点称为水泵的工况点。

图 3-5　折引特性曲线法求工况点

2. 数解法确定叶片泵工况点

水泵装置工况点的数解法，是由水泵 Q-H 曲线方程式及装置的管道系统特性曲线方程式解出流量 Q 及扬程 H 值。也即由下列两个方程式求解 Q、H 值。

$$H=f(Q) \tag{3-12}$$

$$H_{需}=H_{ST}+SQ^2 \tag{3-13}$$

由上两式可知，由两个方程式求解两个未知数是完全可以的，关键是如何确定水泵的 $H=f(Q)$ 函数关系。

水泵的 Q-H 曲线可用下列抛物线方程式表示：

$$H=H_0+A_1Q+B_1Q^2 \tag{3-14}$$

式中 H_0 为正值系数；A_1 和 B_2 为系数，是正值还是负值，取决于水泵性能曲线的形状。

系数 H_0、A_1 和 B_1 值的确定可用选点法，即利用水泵规格性能表中的 3 组流量、扬程参数或在已知水泵的实验性能曲线上选取 3 个不同点，将其对应的 Q 和 H 值分别代入式（3-14），即可得三元一次方程组，进而计算出 H_0、A_1 和 B_1。

对离心泵来说，在 Q-H 曲线的高效段，可表示为

$$H=H_x-S_xQ^2 \tag{3-15}$$

式中　H_x——水泵在 $Q=0$ 时所产生的虚总扬程，m；

　　　　S_x——泵内虚阻耗系数，s^2/m^5。

图 3-6 为式（3-15）的表示形式，它将水泵的高效段视为 S_xQ^2 曲线的一个组成部分，将其延长与纵轴相交得到 H_x。在高效段内任意选择 2 点坐标，代入式（3-15），即可求得 H_x、S_x。

图 3-6　离心泵虚扬程

式（3-13）是装置的管道系统特性曲线方程，

这时利用水泵的扬程方程式（3-14）或式（3-15）就可以用数解法来确定水泵的工况点。

在工况点 $H=H_{需}$，因此，联解方程（3-13）和式（3-14）或式（3-13）和式（3-15），就可以计算出工况点对应的流量：

$$Q=\frac{-A_1\pm\sqrt{A_1^2-4(B_1-S)(H_0-H_{ST})}}{2(B_1-S)}\quad(\text{m}^3/\text{s})\tag{3-16}$$

或

$$Q=\sqrt{\frac{H_x-H_{ST}}{S_x+S}}\quad(\text{m}^3/\text{s})\tag{3-17}$$

进而可以计算出水泵的扬程。

3.2.3 离心泵工况点的改变

水泵的工况点是建立在水泵和管道系统能量供需关系平衡之上的。那么，只要两者之一发生变化，其工况点就会发生改变，这种暂时的平衡点就会被新的平衡点所代替。这样的情况，在城镇供水系统中随时都在发生着。例如，在离心泵供水的城镇管网中设有对置水塔，晚上管网中用水量减少，一部分水输入水塔，水塔水箱中的水位不断上升，对离心泵装置来说，静扬程不断增加，如图3-7所示，水泵的工况点将沿 Q-H 曲线由 A 点向左移动至 C 点，供水量减少。与此相反，在白天，城镇用水量增大，管网内压力下降，水塔向管网输水，水塔水

图 3-7 离心泵工况点随水压变化

箱中水位下降，离心泵装置的工况点就将自动向右侧移动。因此，水泵工作过程中，只要城镇管网中用水量是变化的，管网中水压就会发生变化，致使水泵的工况点也发生相应的变化，并按能量供求关系，自动地去建立新的平衡。所以水泵装置的工况点，实际上是在一定的区间内移动着的。水泵具有这种自动调节工况点的能力。当管网中水压的变化幅度太大时，水泵的工况点将会移出其高效段外，在较低效率下运行。针对这种情况，在泵站的运行管理中，常需要人为地对水泵装置的工况点进行必要的改变和控制，我们把这种改变和控制工况点的过程称为水泵工况点的"调节"。

通常采用闸阀调节工况点的方法称为节流调节，即改变水泵出水管路上的闸阀的开度来进行调节。如图3-8所示，图中工况点 A 表示闸阀全开时的极限工况点。关小闸阀，管道局部水头损失增加，管道系统的特性曲线变陡，使工况点向左移动，水泵的出水量减少。闸阀全关时，局部阻力系数相当于无穷大，水流被切断。也就是说，利用闸阀的开度可使水泵装置的工况点在零到极限工况点 Q_A 之间变化。从经济的角度看，闸阀调节流量，很明显是靠增大水头损失来实现。这样，工况点改变，水泵

图 3-8 闸阀调节流量

运行中将增加能量的消耗，其消耗的功率为 $\Delta N=\dfrac{\rho g Q\Delta H}{1000\eta}$（kW）。在泵站设计和运行中，一般不宜采用闸阀调节流量。但是，由离心泵的 $Q\text{-}N$ 曲线可知，使用闸阀调节流量时，随着流量的减小，水泵的轴功率也减小，对动力机无过载危害。而且使用闸阀调节流量简便易行，因此，在泵站实际运行中，闸阀调节仍是一种常用的方法。

3.3　叶片泵装置调速运行

由水泵的比例律可知，当水泵的转速改变时，水泵的流量 Q、扬程 H、轴功率 N 将发生变化。且在一定的转速变化范围内，水泵的效率 η 将保持不变。这样，可根据城镇管网中用水量的变化，充分利用水泵的调速特性，使之满足用户的要求，并保持水泵在较高效率下运行。因此，调速运行不但扩大了水泵的有效工作范围，而且使水泵在较高效率下运行，是泵站运行中非常经济合理的运行方式。

叶片泵调速运行也称为变速调节，在泵站设计和运行管理中，最常遇到三种情况：①已知水泵转速为 n_1 时的 $(Q\text{-}H)_1$ 曲线，如图 3-9 所示，但所需的工况点，并不在 $(Q\text{-}H)_1$ 曲线上，而在坐标点 $A_2(Q_2，H_2)$ 处。这时，如果水泵在 A_2 点工作，其转速 n_2 应为多少？②根据水泵的静扬程和水泵最高效率点确定水泵的运行转速；③已知转速 n_1 时的 $(Q\text{-}H)_1$ 曲线，画出 n_2 时的 $(Q\text{-}H)_2$ 曲线。以上三种情况均可应用图解法和数解法求解。

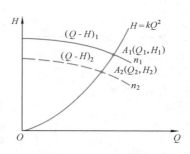

图 3-9　根据用户需要确定水泵转速

3.3.1　调速运行工况的图解法

1. 根据用户需求确定转速

如图 3-9 所示，采用图解法求转速 n_2 值时，必须在转速 n_1 的 $(Q\text{-}H)_1$ 曲线上，找出与 $A_2(Q_2，H_2)$ 点工况相似的 A_1 点。下面采用"相似工况抛物线"法求 A_1 点。

由式（2-25）、式（2-26），消去转速可得

$$\frac{H_1}{H_2}=\left(\frac{Q_1}{Q_2}\right)^2$$

$$\frac{H_1}{Q_1^2}=\frac{H_2}{Q_2^2}=k$$

则有 $\qquad\qquad\qquad H=kQ^2 \qquad\qquad\qquad$（3-18）

式中 k 为常数。式（3-18）所表示的是通过坐标原点的抛物线簇的方程，它是由比例律推求得到的，所以在抛物线上各点具有相似的工况，此抛物线称为相似工

况抛物线。如果水泵变速前后的转速相差不大，则相似工况点对应的效率可以认为是相等的。因此，相似工况抛物线又称为等效率曲线。

将 A_2 点的坐标值（Q_2，H_2）代入式（3-18），可求出 k 值，则 $H=kQ^2$ 代表与 A_2 点工况相似的抛物线。它与转速为 n_1 时的 $(Q\text{-}H)_1$ 曲线相交于 A_1 点，此点就是所要求的与 A_2 点工况相似的点。把 A_1 点和 A_2 点的坐标值代入式（2-25），可得

$$n_2 = \frac{n_1}{Q_1}Q_2$$

2. 根据水泵最高效率点确定转速

如图 3-10 所示，水泵工作时的静扬程为 H_{ST}，泵运行时的工况点 A_1 不在最高效率点，为了保持水泵在最高效率点运行，可改变水泵的转速来满足要求。

通过水泵最高效率点 $A(Q_A，H_A)$ 的相似工况抛物线方程为

$$H = \frac{H_A}{Q_A^2}Q^2$$

图 3-10 根据最高效率点确定转速

上式所表示的曲线与管道系统特性曲线 $Q\text{-}H_{需}$ 的交点为 $B(Q_B、H_B)$，A 点和 B 点的工作状况相似。则水泵的转速 n_2 为

$$n_2 = \frac{n_1}{Q_A}Q_B$$

3. 翻画水泵的特性曲线

求出转速 n_2 后，再利用比例律，可画出 n_2 时的 $(Q\text{-}H)_2$ 曲线。此时式（2-25）和式（2-26）中的 n_1 和 n_2 均为已知值。这时利用 n_1 的 $(Q\text{-}H)_1$ 曲线上几组相对应的流量和扬程参数代入式（2-25）和式（2-26），即可得出转速为 n_2 时的 $(Q\text{-}H)_2$ 曲线上几组相对应的流量和扬程，将其点绘在坐标系中，并用光滑的曲线连接可得出 $(Q\text{-}H)_2$ 曲线，如图3-11虚线所示。

同理，也可按 $\dfrac{N_1}{N_2} = \left(\dfrac{n_1}{n_2}\right)^3$ 来求得各相应于 N_1 的 N_2 值。这样，也可画出转速为 n_2 时的 $(Q\text{-}N)_2$ 曲线。

此外，在应用比例律时，认为相似工况下对应点的效率是相等的。因此，只要已知图 3-11 中 1、2、3 等点的效率，即可按等效率原理求出转速为 n_2 时相应的点 $1'$、$2'$、$3'$ 等点的效率，连接成 $(Q\text{-}\eta)_2$ 曲线，如图3-11所示。

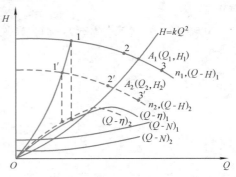

图 3-11 转速改变时特性曲线变化

　　水泵调速运行时，在一定的调速范围内调速前后的效率是相等的，但超过了一定的调速范围，调速前后的效率不相等。尽管如此，在工程实际中采用调速的方法，还是扩大了叶片泵的高效率工作范围。

　　综上所述，在输配水管网系统中，当管网中的用水量由 Q_{A1} 减小到 Q_{A2} 时，如果泵站是定速运行，那么，水泵装置的工况点将由 A_1 点自动移动至 A_2 点，如图 3-12 所示。此时管网中静压由 H_{ST} 增大为 H'_{ST}，轴功率为 N_{B2}。如果泵是调速运行，那么，水泵装置的工况点将由 A_1 点移动至 A'_2 点。管网中静压仍为 H_{ST}，轴功率为 N'_{B2}。因此，水泵调速运行的优点是：在保持管网等压供水（即 H_{ST} 基本不变）的情况下，可以节省电能（即 $N'_{B2} < N_{B2}$）。

图 3-12　定速与调速运行工况点对比图

3.3.2　调速运行工况的数解法

1. 根据用户要求确定转速

　　由图 3-9 可知，相似工况抛物线 $H=kQ^2$ 与转速为 n_1 时的 $(Q\text{-}H)_1$ 曲线的交点 $A_1(Q_1，H_1)$ 是与所需的工况点 $A_2(Q_2，H_2)$ 相似的工况点。求出 A_1 点的 $(Q_1，H_1)$ 值，即可应用比例律求出转速 n_2 值。

　　由式（3-15）及式（3-18）得

$$H=H_x-S_xQ^2=kQ^2$$

即

$$Q=\sqrt{\frac{H_x}{S_x+k}}=Q_1 \tag{3-19}$$

$$H=k\cdot\frac{H_x}{S_x+k}=H_1 \tag{3-20}$$

上式中 $k=\dfrac{H_2}{Q_2^2}$。因此，由比例律可求出 n_2 值。

$$n_2=n_1\frac{Q_2}{Q_1}=\frac{n_1Q_2}{\sqrt{\dfrac{H_x}{S_x+k}}}=\frac{n_1Q_2\sqrt{S_x+k}}{\sqrt{H_x}} \tag{3-21}$$

2. 根据水泵最高效率点确定转速

　　由图 3-10 知，通过最高效率点 $A(Q_A，H_A)$ 的相似工况抛物线方程为

$$H=\frac{H_A}{Q_A^2}Q^2$$

上式与水泵装置的管道系统特性曲线方程 $H=H_{ST}+SQ^2$ 联解，得到变速后水泵最高效率点的 Q、H 值为

$$Q=Q_A\sqrt{\frac{H_{ST}}{H_A-SQ_A^2}} \tag{3-22}$$

45

$$H = H_A \frac{H_{ST}}{H_A - SQ_A^2} \tag{3-23}$$

因此，由比例律可求出转速 n_2 值为

$$n_2 = n_1 \sqrt{\frac{H_{ST}}{H_A - SQ_A^2}} \tag{3-24}$$

3. 翻画水泵的特性曲线

已知转速为 n_1 时的 $(Q\text{-}H)_1$ 曲线方程 $H_1 = H_x - S_x Q_1^2$，当水泵转速为 n_2 时的 $(Q\text{-}H)_2$ 曲线方程被确定后，即可翻画水泵的特性曲线。下面介绍 $(Q\text{-}H)_2$ 曲线方程的确定方法。

设转速为 n_2 时，水泵 $(Q\text{-}H)_2$ 曲线的方程为 $H_2 = H_x' - S_x' Q_2^2$。为了确定 H_x' 和 S_x' 值，可先假设在 $(Q\text{-}H)_2$ 曲线上取两点 (Q_A', H_A') 和 (Q_B', H_B')。与之相似的并位于转速为 n_1 时的 $(Q\text{-}H)_1$ 曲线上的两点为 (Q_A, H_A) 和 (Q_B, H_B)，应满足

$$\begin{cases} \dfrac{Q_A'}{Q_A} = \dfrac{n_2}{n_1}; \quad \dfrac{H_A'}{H_A} = \left(\dfrac{n_2}{n_1}\right)^2 \\[3mm] \dfrac{Q_B'}{Q_B} = \dfrac{n_2}{n_1}; \quad \dfrac{H_B'}{H_B} = \left(\dfrac{n_2}{n_1}\right)^2 \end{cases} \tag{3-25}$$

转速为 n_1 时的 $H_1 = H_x - S_x Q_1^2$，式中的 H_x、S_x 值可由下式计算

$$\begin{cases} S_x = \dfrac{H_A - H_B}{Q_B^2 - Q_A^2} \\[3mm] H_x = H_A + S_x Q_A^2 \end{cases} \tag{3-26}$$

同样也可得转速为 n_2 时 $H_2 = H_x' - S_x' Q_2^2$，式中的 H_x'、S_x' 值可由下式计算

$$\begin{cases} S_x' = \dfrac{H_A' - H_B'}{Q_B'^2 - Q_A'^2} \\[3mm] H_x' = H_A' + S_x' Q_A'^2 \end{cases} \tag{3-27}$$

将式（3-25）代入式（3-27）得

$$\begin{cases} S_x' = \dfrac{H_A \left(\dfrac{n_2}{n_1}\right)^2 - H_B \left(\dfrac{n_2}{n_1}\right)^2}{Q_B^2 \left(\dfrac{n_2}{n_1}\right)^2 - Q_A^2 \left(\dfrac{n_2}{n_1}\right)^2} = \dfrac{H_A - H_B}{Q_B^2 - Q_A^2} \\[4mm] H_x' = \left(\dfrac{n_2}{n_1}\right)^2 (H_A + S_x' Q_A^2) = H_A \left(\dfrac{n_2}{n_1}\right)^2 + S_x' Q_A^2 \left(\dfrac{n_2}{n_1}\right)^2 \end{cases} \tag{3-28}$$

因此，
$$\begin{cases} S_x' = S_x \\[2mm] H_x' = \left(\dfrac{n_2}{n_1}\right)^2 H_x \end{cases} \tag{3-29}$$

求出 H_x' 和 S_x' 值后，即可推求出转速为 n_2 时水泵 $(Q\text{-}H)_2$ 曲线的方程

$$H_2 = \left(\frac{n_2}{n_1}\right)^2 H_x - S_x Q_2^2 \tag{3-30}$$

需要指出的是式（3-30）在水泵的高效段具有较高的精度，工况点偏离高效

【例 3-1】 某工厂的给水泵站装有两台 12Sh-9 型双吸离心泵，其中一台备用。管道的阻力系数为 $S=161.5\text{s}^2/\text{m}^5$，静扬程 $H_{ST}=49.0\text{m}$，试求：

（1）水泵装置的工况点；

（2）当供水量减少 10% 时，为节电水泵的转速应降为多少？

（3）当转速降为 1350r/min 时，水泵的出水量为多少？

12Sh-9 型泵的性能参数如表 3-1。

水泵的性能参数表　　　　表 3-1

型　号	流量 Q （L/s）	扬程 H （m）	转速 n （r/min）	轴功率 N （kW）	效率 η （%）	允许吸上真空高度 H_S（m）
12Sh-9	160 220 270	65 58 50	1470	127.5 150.0 167.5	80.0 83.5 79.0	4.5

【解】

（1）管道系统特性曲线方程为

$$H=49+161.5Q^2$$

水泵 Q-H 曲线高效段的方程为 $H=H_x-S_xQ^2$，H_x 和 S_x 值为

$$S_x=\frac{65-58}{0.22^2-0.16^2}=307.02\text{s}^2/\text{m}^5$$

$$H_x=65+307.02\times0.16^2=72.86\text{m}$$

则转速为 $n_1=1470\text{r/min}$ 时，$(Q\text{-}H)_1$ 曲线的方程为 $H=72.86-307.02Q^2$

管道系统特性曲线与 $(Q\text{-}H)_1$ 曲线的交点即为水泵的工况点，则有

$$49+161.5Q^2=72.86-307.02Q^2$$

解得 $Q=0.2257\text{m}^3/\text{s}$；$H=57.22\text{m}$。

（2）当供水量减少 10% 时，此时水泵的流量、扬程分别为

$$Q_2=0.2257(1-10\%)=0.2031\text{m}^3/\text{s}$$

$$H_2=49+161.5\times0.2031^2=55.66\text{m}$$

由式（3-18）得：

$$k=\frac{H_2}{Q_2^2}=\frac{55.66}{0.2031^2}=1349.35\text{s}^2/\text{m}^5$$

代入式（3-21）可求得：

$$n_2=\frac{1470\times0.2031\sqrt{307.02+1349.35}}{\sqrt{72.86}}=1424\text{r/min}$$

（3）由式（3-29），$S'_x = S_x = 307.02$；$H'_x = H_x \left(\dfrac{n_2}{n_1}\right)^2 = 72.86 \times \left(\dfrac{1350}{1470}\right)^2 = 61.45$。因此，水泵的转速降为 $n_2 = 1350\text{r/min}$ 时，$(Q\text{-}H)_2$ 曲线高效段方程为 $H = H'_x - S'_x Q^2 = 61.45 - 307.02Q^2$，该方程与管道特性曲线方程 $H = 49 + 161.5Q^2$ 的交点即水泵转速降为 1350r/min 时的水泵的工况点，即

$$61.45 - 307.02Q^2 = 49 + 161.5Q^2$$

得 $Q = 0.1630\text{m}^3/\text{s}$。

3.3.3 调速应注意的问题

水泵调速运行的最终目的是在满足用户用水要求的前提下实现节能，但是，调速运行必须以安全运行为前提。因此，在确定水泵调速范围时，应注意如下问题：

（1）水泵机组的转子与其他轴系一样，机组固定在基础上后，都有自己固有的振动频率。当机组的转子调至某一转速值时，转子旋转出现的振动频率如果正好接近固有的振动频率，水泵机组就会产生强烈振动。水泵产生共振时的转速称为临界转速（n_c）。调速泵安全运行的前提是调速后的转速不能与其临界转速重合、接近或成倍数。通常，单级离心泵的设计转速都低于其轴的临界转速。一般设计转速约为临界转速的 75%～80%。对多级泵而言，临界转速有第一临界转速和第二临界转速。水泵的设计转速 n 值一般大于第一临界转速的 1.3 倍，小于第二临界转速的 70%。因此，大幅度地调速必须慎重，最好能征得水泵厂的同意。

（2）水泵转速下调不能过大，如降速过大，实际等效率曲线将偏离相似工况抛物线较远，泵效率下降较大，应用比例律公式将引起较大误差，一般降速不宜超过额定转速的 30%～50%。水泵提高转速时，叶轮、泵轴及电动机转子的离心应力将会增加，可能造成机组转子或轴承的机械损坏。另外，动力机还可能超载。因此，水泵的转速一般不能轻易地调高。

（3）调速装置价格昂贵，泵站一般采用调速泵与定速泵并联工作的方式。当管网中用水量变化时，采用启闭定速泵来进行大调，利用调速泵进行细调。调速泵与定速泵配置台数的比例，应以充分发挥每台调速泵的调速范围，以及经过调速运行后，能体现出较高的节能效果为原则。

（4）调速后如果水泵工况点的扬程等于调速泵的虚总扬程，则调速泵的流量为零。因此，水泵调速的合理范围应根据调速泵与定速泵均能运行于各自的高效段内这一条件确定。

3.4 叶片泵装置变径运行

变径运行就是将叶片泵的原叶轮沿外径在车床上切削去一部分，再安装好进行运转。叶轮经过切削以后，水泵的性能将按照一定的规律发生变化，从而使水泵的工况点发生改变。我们把切削叶轮改变水泵工况点的方法，称为变径调节。

通过改变叶轮外径的方法调节工况点，又叫作切削调节或换轮运行。其优点是简便易行，不增加能量损失；缺点是不灵活。一般用于长期调节。

3.4.1　切削定律

在一定切削量范围内，叶轮切削前后，Q、H、N 与叶轮直径之间的关系为

$$\frac{Q'}{Q}=\frac{D_2'}{D_2} \tag{3-31}$$

$$\frac{H'}{H}=\left(\frac{D_2'}{D_2}\right)^2 \tag{3-32}$$

$$\frac{N'}{N}=\left(\frac{D_2'}{D_2}\right)^3 \tag{3-33}$$

式中　Q、H、N、D_2——分别为叶轮切削前的流量、扬程、轴功率和叶轮外径；

Q'、H'、N'、D_2'——分别为叶轮切削后的流量、扬程、轴功率和叶轮外径。

式（3-31）～式（3-33）称为水泵的切削定律。切削定律是在认为切削前后叶轮出口过水断面面积不变、速度三角形相似等假定条件下，经推导而得出的。在一定限度的切削量范围内，切削前后水泵的效率可视为不变。

3.4.2　切削定律的应用

切削定律在应用时，一般可能遇到以下三类问题。

1. 根据实际需求确定切削量

用户所需工作点 B 的流量、扬程不在外径为 D_2 的 Q-H 曲线上，若采用切削叶轮外径的方法进行调节，求切削后的叶轮直径。

对于这个问题，已知条件是：叶轮直径为 D_2 时的水泵的 Q-H 曲线和需求的流量和扬程。

按切削定律可得

$$\frac{H'}{(Q')^2}=\frac{H}{Q^2}=k' \tag{3-34}$$

则
$$H'=k'(Q')^2 \tag{3-35}$$

式（3-35）为一条二次抛物线方程。凡是满足切削定律的任何工况点，都分布在这条抛物线上，该线称为切削抛物线。实践证明，在切削限度内，叶轮切削前后水泵的效率变化不大。因此，该切削抛物线又称为等效率曲线。

将 B 点坐标 Q_B、H_B（如图 3-13 所示），代入式（3-34）求出 k' 值，按式（3-35）点绘切削抛物线，与 D_2 时的 Q-H 曲线交于 A 点，A 点即为满足切削定律要求的 B 点的对应点。将 A 点的 Q_A 和 B 点的 Q_B 代入切削定律，就可求出切削后的叶轮直径 D_2'。求切削后的叶轮直径 D_2'，也可用变速调节相类似的数解法。

2. 根据水泵最高效率点确定切削量

如图 3-14 所示，水泵工作时的静扬程为 H_{ST}，泵运行时的工况点 A_1 不在最高效率点，为了保持水泵在最高效率点运行，可用改变叶轮外径的方法。

图 3-13　用切削抛物线求切削量

图 3-14　叶轮直径的确定

通过水泵最高效率点 $A(Q_A，H_A)$ 的切削抛物线方程为 $H'=\dfrac{H_A}{Q_A^2}Q'^2$。该式所表示的曲线与管道系统特性曲线 $Q\text{-}H_需$ 的交点为 $B(Q_B，H_B)$，A、B 两点的工作状况相似。则切削后水泵叶轮的直径为

$$D_2'=\dfrac{D_2}{Q_A}Q_B$$

求切削后的叶轮直径 D_2'，也可用和变速调节相类似的数解法。

3. 翻画水泵的特性曲线

已知叶轮的切削量，求水泵特性曲线的变化。即已知叶轮直径 D_2 时的特性曲线，要求画出切削后的叶轮直径为 D_2' 时的水泵的特性曲线 $Q'\text{-}H'$、$Q'\text{-}N'$、$Q'\text{-}\eta'$。

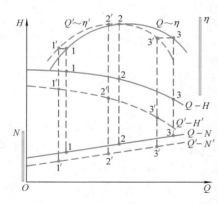

图 3-15　用切削定律翻画特性曲线

解决这一问题的方法是：在已知叶轮外径 D_2 时的水泵 $Q\text{-}H$ 曲线上选 3 个点，如图 3-15 所示，这三个点分别是水泵高效段的左端点、设计点和右端点。流量分别为 Q_1、Q_2、Q_3；扬程分别为 H_1、H_2、H_3。

然后，用式（3-31）、式（3-32）进行计算，得出 $(Q_1'，H_1')$、$(Q_2'，H_2')$、$(Q_3'，H_3')$ 等点，将其绘在坐标系中，用光滑的曲线连接起来，如图 3-15 中的 $Q'\text{-}H'$ 曲线。同样，也可用类似方法画出切削后的 $Q'\text{-}N'$ 曲线，按切削前后效率不变绘出 $Q'\text{-}\eta'$ 曲线。

3.4.3　切削叶轮应注意的问题

（1）叶轮的切削量是有一定限度的，否则叶轮的构造会被破坏，使叶片出水端变厚，叶轮与泵壳间的间隙增大，使水泵的效率下降过多。叶轮的最大切削量与比转数有关，如表 3-2 所列。从该表中可以看出，比转数大于 350 的泵不允许

切削叶轮。故变径运行只适用于离心泵和部分混流泵。

叶片泵叶轮的最大切削量　　　　　　　　　　　表 3-2

比转数	60	120	200	300	350	350 以上
允许最大切削量 $\dfrac{D_2-D_2'}{D_2}$（%）	20%	15%	11%	9%	1%	0
效率下降值	每切削 10%下降 1%		每切削 4%下降 1%			

（2）叶轮切削时，对不同的叶轮采用不同的切削方式，如图 3-16 所示。低比转数离心泵叶轮的切削量在前后盖板和叶片上都是相等的；高比转数离心泵叶轮后盖板的切削量大于前盖板，并使前后盖板切削量的平均值为 D_2'；混流泵叶轮只切削前盖板的外缘直径，在轮毂处的叶片完全不切削；低比转数离心泵叶轮切削后应将叶轮背面出口部分锉尖，可使泵的性能得到改善，如图 3-17 所示。

叶轮切削后应做平衡试验。

图 3-16　叶轮的切削方式
（a）低比转数离心泵；（b）高比转数离心泵；（c）混流泵

图 3-17　低比转数离心泵切削前后的叶片

3.4.4　水泵系列型谱图

切削水泵叶轮是解决水泵类型、规格的有限性与供水对象要求的多样性之间矛盾的一种方法，它使水泵的使用范围得以扩大。水泵的工作范围是由制造厂家所规定的泵允许使用的流量区域，通常在泵最高效率下降不超过 5%～8%的曲线段，如图 3-18 中的 AB 段将水泵的叶轮按最大切削量切削，求出切削后的 Q'-H' 曲线，经过 A、B 两点作两条切削抛物线，交 Q'-H' 曲线于 A'、B' 两点。因为切削量较小时泵的效率不变，所以切削抛物线也是等效率曲线。A'、B' 两点为切削

图 3-18　泵的工作范围

后的水泵的工作范围。A、B、B'、A' 组成的范围即为该泵的工作区域。选泵时，若实际需要的工况点落在该区域内，则所选的水泵是经济合理的。实际上在离心泵的制造中，除标准直径的叶轮外，大多数还有同型号带"A"（叶轮第一次切削）或"B"（叶轮第二次切削）的叶轮可供选用。将同一类型不同规格的泵即同一系列泵的工作区域画在一张图上，就得到水泵系列型谱图，如图 3-19 所示。用这张图选择水泵非常方便。

图 3-19　水泵系列型谱图

3.5　叶片泵装置变角运行

改变叶片的安装角度可以使水泵的性能发生变化,从而达到改变水泵工况点的目的。这种改变工况点的方式称为叶片泵的变角运行。

3.5.1　轴流泵叶片变角后的性能曲线

轴流泵在转速不变的情况下,随着叶片安装角度的增大,Q-H、Q-N 曲线向右上方移动,Q-η 曲线几乎以不变的数值向右移动,如图 3-20 所示。为便于用户使用,将 Q-N、Q-η 曲线用数值相等的等功率曲线和等效率曲线加绘在 Q-H 曲线上,称为轴流泵的通用性能曲线,如图 3-21 所示。

3.5.2　轴流泵的变角运行

下面以 500ZLB-7.1 型轴流泵为例,说明按照不同扬程变化时,如何调节叶片的安装角度。在图 3-21 中画出三条管道系统特性曲线 1、2、3,分别为最小、设计、最大静扬程时的 Q-$H_{需}$ 曲线。如果叶片安装角度为 0°,从图 3-21 中可以看出,在设计静扬程时,$Q=570\mathrm{L/s}$、$N=48\mathrm{kW}$、$\eta>81\%$;在最小静扬程时,$Q=663\mathrm{L/s}$、$N=38.5\mathrm{kW}$、$\eta>81\%$,这时水泵的轴功率较小,电动机负荷也较小;在最大静扬程时,$Q=463\mathrm{L/s}$、$N=57\mathrm{kW}$、$\eta=73\%$,这时水泵轴功率较大,效率较低,电动机有超载的危险。

这台水泵的叶片安装角度是可以调节的,所以在设计静扬程时,将叶片安装角定为 0°。当在最小静扬程运行时,将叶片安装角调大到 +4°,这时,$Q=758\mathrm{L/s}$、

$N=46kW$、$\eta=81\%$，效率较高，流量增加了，电动机接近于满负荷运行。当在最大静扬程时，将叶片安装角调到$-2°$，这时，$Q=425L/s$、$N=51.7kW$、$\eta=73\%$，虽然流量有所减少，但电动机在满负荷下运行，避免了超载的危险。

图 3-20　轴流泵变角性能曲线

图 3-21　轴流泵通用性能曲线
1、2、3 分别为最小静扬程、设计静扬程、最大
静扬程时的 Q-$H_{需}$ 曲线

对比以上情况，可以得出变角运行是优越的。当静扬程变大时，把叶片的安装角变小，在维持较高效率的情况下，适当地减少出水量，使电动机不致超载；当静扬程变小时，把叶片的安装角度变大，使电动机满载运行，且能更多地抽水。总之，采用可以改变叶片角度的轴流泵，不仅使水泵以较高的效率抽较多的水，而且使电动机长期保持或接近满负荷运行，以提高电动机的效率和功率因数。

中小型轴流泵绝大多数为半调节式，一般需在停机、拆卸叶轮之后才能改变叶片的安装角度。而泵站运行时的扬程具有一定的随机性，频繁停机则有许多不便。为了使泵站全年或多年运行效率最高，耗能最少，同时满足排水或给水流量的要求，可将叶片安装角调到最优状态，从而达到经济合理的运行。有些泵站在不同季节运行时的扬程是不同的，这时可根据扬程的变化情况，采用不同的叶片安装角。如合流泵站汛期排雨水时，进水侧水位较高，往往泵运行时的扬程较低，这时可根据扬程将叶片的安装角调大，不但使泵站多抽水，而且电动机满载运行，提高了电动机的效率和功率因数；在非汛期排污水时，进水侧水位较低，往往水泵的扬程较高，这时可将叶片安装角调小，在水泵较高效率的情况下，适当减少出水量，防止电动机出现超载。

3.6　离心泵并联及串联运行

3.6.1　离心泵的并联运行

给水泵站的设计和运行管理中，在解决水量、水压的供需矛盾时，蕴藏着很

大的节能潜力，这些潜力必须尽量发挥出来。另外，在解决水量、水压供需矛盾的同时，为满足用户的需要，泵站运行要具备一定的供水可靠性和运行调度的灵活性。在水厂送水泵站中，为了适应不同时段所需水量、水压的变化及满足用户用水保证率的要求，常设置多台水泵联合工作，这种多台水泵通过联络管共同向同一管网或高地水池输水的运行方式，称为水泵的并联运行。

图 3-22　水泵并联 Q-H 曲线的绘制

1. 并联工作的图解法

（1）水泵并联运行性能曲线的绘制

绘制水泵并联运行的性能曲线时，将并联的各台水泵的 Q-H 曲线绘在同一坐标系中，如图 3-22 所示。把对应于同一扬程值的各泵流量相加，即把 I 号泵 Q-H 曲线上的 1、1′、1″，分别与 II 号泵 Q-H 曲线上的 2、2′、2″各点的流量相加，则得到 I 号与 II 号水泵并联后的流量 Q_3、Q_3'、Q_3''，然后用光滑的曲线连接 3、3′、3″各点即得水泵并联的 $(Q$-$H)_{I+II}$ 曲线。如果同型号的两台或三台水泵并联运行，则把对应于同一扬程的流量扩大两倍或三倍即可得并联后的 Q-H 曲线。

（2）同型号、同水位、对称布置的两台水泵的并联运行

1）绘制两台水泵并联后的总 $(Q$-$H)_{I+II}$ 曲线　由于两台水泵型号相同，两台水泵在同一吸水井中吸水，如图 3-23 所示，从吸水口 D、E 两点至并联节点 F 的管道完全相同，因此 DF、EF 管段的水头损失相等，两管段通过的流量均为 $\frac{Q}{2}$、FG 管段通过的总流量为两台水泵的流量之和。因此，绘制两台水泵并联后的总 $(Q$-$H)_{I+II}$ 曲线可直接采用横加法，其原理是在相同扬程条件下将各台水泵流量叠加。在图 3-22 中把单台水泵同一扬程下的流量扩大两倍后得并联运行的 $(Q$-$H)_{I+II}$ 曲线。

2）绘制管道系统特性曲线　由前述知，为了将水由吸水井输入管网或水塔，DG 或 EG 管道中每单位重量的水所需消耗的能量为

$$H_{需}=H_{ST}+\sum h_{DF}+\sum h_{FG}=H_{ST}+S_{DF}Q_I^2+S_{FG}Q_{I+II}^2 \qquad (3\text{-}36)$$

式中　S_{DF} 及 S_{FG} 分别为管道 DF（或 EF）及管道 FG 的阻力系数。因为两台水泵为同型号，管道对称布置，故管道中通过的流量 $Q_I=Q_{II}=\frac{1}{2}Q_{I+II}$，代入式（3-36）得：

$$H_{需}=H_{ST}+\left(\frac{1}{4}S_{DF}+S_{FG}\right)Q_{I+II}^2 \qquad (3\text{-}37)$$

由式（3-37）可绘出 DFG（或 EFG）管道系统的特性曲线 Q-$H_{需}$。

3）求并联的工况点　管道系统的特性曲线 Q-$H_{需}$ 与并联后的 $(Q$-$H)_{I+II}$ 曲线相交于 M 点，M 点称为并联运行的工况点。M 点的横坐标为两台水泵并联

图 3-23   同型号、同水位、对称布置的两台水泵并联

工作的总流量 Q_{I+II}，纵坐标等于每台水泵的扬程 H_M。

4）求每台泵的工况   通过 M 点向纵轴作垂线，交单泵的 Q-H 曲线于 N 点，N 点即为两台泵并联运行时，各台泵的工况点。其流量为 $Q_{I、II}$，扬程为 $H_I = H_{II} = H_M$。通过 N 点向横轴作垂线交 Q-η 曲线于 P 点，交 Q-N 曲线于 q 点，P 点和 q 点分别为各台泵的效率点和轴功率点。

在并联运行装置中，如果只开一台水泵，另一台水泵停止运行时，则图 3-23 中的 S 点即为单泵运行时的工况点。这时水泵的流量为 Q'，扬程为 H'，轴功率为 N'。由图3-23可以看出：$N' > N_{I、II}$。即单泵工作时的轴功率大于并联工作时各台泵的轴功率。因此，在为水泵选配动力机时，要根据每台泵单独运行时的轴功率选配动力机。另外，$Q' > Q_{I、II}$；$2Q' > Q_{I+II}$，即每台泵单独工作时的流量大于并联工作时各台泵的出水量总和。也就是说两台泵并联工作时的总流量不是每台泵单独工作时的流量的倍数，而且并联的水泵台数越多，并联运行时每台泵的流量就越小。当管道系统的特性曲线越陡时，这种现象就越突出。

（3）不同型号、布置不对称在同水位下两台水泵的并联运行

图 3-24 为两台不同型号水泵装置系统图。由于两台水泵型号不同，两台水泵的性能曲线也就不同；由于管道布置不对称，并联节点 F 前管道 DF、EF 的水头损失不相等。两台泵并联运行时每台泵工作点的扬程也不相等。因此，并联后 Q-H 曲线的绘制不能直接采用横加法。

如图 3-24 所示，在并联节点 F 处安装一根测压管，当水泵 I 流量为 Q_I 时，则测压管水面与吸水井水面之间的高差为 H_F。

$$H_F = H_I - \sum h_{DF} = H_I - S_{DF}Q_I^2 \tag{3-38}$$

式中 H_I——水泵 I 在流量为 Q_I 时的总扬程，m；

S_{DF}——管道 DF 的阻力系数，s^2/m^5。

同理 $$H_F = H_{II} - \sum h_{EF} = H_{II} - S_{EF}Q_{II}^2 \tag{3-39}$$

式中　　$H_{\rm II}$——水泵 II 在流量为 $Q_{\rm II}$ 时的总扬程，m；
　　　　$S_{\rm EF}$——管道 EF 的阻力系数，s^2/m^5。

图 3-24　不同型号、布置不对称在同水位下的两台水泵并联

式（3-38）、式（3-39）分别表示水泵 I、水泵 II 的总扬程 $H_{\rm I}$、$H_{\rm II}$ 扣除了 DF、EF 管道在通过流量 $Q_{\rm I}$、$Q_{\rm II}$ 时的水头损失后，等于测压管水面与吸水井水面的高差。如果将水泵 I、水泵 II 的 $(Q\text{-}H)_{\rm I}$、$(Q\text{-}H)_{\rm II}$ 曲线上各个纵坐标分别减去 DF、EF 管道的水头损失随流量而变化的关系曲线 $Q\text{-}\sum h_{\rm DF}$、$Q\text{-}\sum h_{\rm EF}$，便可得到如图 3-24 中虚线所示的 $(Q\text{-}H)_{\rm I}'$、$(Q\text{-}H)_{\rm II}'$ 曲线。显然，这两条曲线排除了水泵 I 和水泵 II 扬程不等的因素。这样就可以采用横加法在图 3-24 中绘出两台不同型号水泵并联运行时的 $(Q\text{-}H)_{\rm I+II}'$ 曲线。

管道 FG 中单位重量的水所需消耗的能量为

$$H_{需}=H_{\rm ST}+S_{\rm FG}Q_{\rm FG}^2 \tag{3-40}$$

式中　　$S_{\rm FG}$——管道 FG 的阻力系数，s^2/m^5；
　　　　$Q_{\rm FG}$——管道 FG 的流量，m^3/s。

由式（3-40）可绘出 FG 管道系统的特性曲线 $Q\text{-}H_{需}$。该曲线与 $(Q\text{-}H)_{\rm I+II}'$ 曲线相交于 M 点，M 点的流量 $Q_{\rm M}$，即为两台水泵并联工作时的总出水量。通过 M 点向纵轴作垂线与 $(Q\text{-}H)_{\rm I}'$ 及 $(Q\text{-}H)_{\rm II}'$ 曲线相交于 I′及 II′两点，则 $Q_{\rm I}$、$Q_{\rm II}$ 即为水泵 I、水泵 II 在并联运行时的单泵流量，$Q_{\rm M}=Q_{\rm I}+Q_{\rm II}$；再由 I′、II′两点各引垂线向上，与 $(Q\text{-}H)_{\rm I}$、$(Q\text{-}H)_{\rm II}$ 曲线分别交于 I、II 两点。显然，I、II 两点就是并联运行时，水泵 I、水泵 II 各自的工况点，扬程分别为 $H_{\rm I}$ 及 $H_{\rm II}$。由 I′、II′两点各引垂线向下，与 $(Q\text{-}N)_{\rm I}$ 及 $(Q\text{-}N)_{\rm II}$ 曲线分别相交于 I″和 II″点，此两点的 $N_{\rm I}$ 及 $N_{\rm II}$ 就是两台水泵并联运行时，各台泵的轴功率值。同样，其效率点分别为 I‴、II‴点，其效率值分别为 $\eta_{\rm I}$、$\eta_{\rm II}$。

（4）机井供水时两台水泵并联运行

在我国北方平原地区，由于地表水资源匮乏，常以地下水作为供水的水源。这种供水方式一井一泵，泵的出水管用联络管连接后，将水送往水厂或用户，这

时需确定泵并联后的总流量及每台泵的流量、效率等参数。其做法是：

1）建立坐标系，横轴为流量，和井中静水位同高，纵轴为扬程，如图 3-25 所示。

图 3-25　机井供水时两泵并联运行

2）根据所选水泵分别在坐标系中画出每台泵的 Q-H、Q-η 曲线。

3）根据抽水试验资料分别画出每眼井中水位降深随井涌水量而变化的曲线 $(Q\text{-}S)_\mathrm{I}$ 和 $(Q\text{-}S)_\mathrm{II}$。

4）做并联节点 C 到管网控制点管道的水头损失随流量而变化的关系曲线 $Q\text{-}\sum h$。

5）分别做出 AC、BC 管道的水头损失随流量而变化的关系曲线 $Q\text{-}\sum h_\mathrm{AC}$ 和 $Q\text{-}\sum h_\mathrm{BC}$。

6）将同一横坐标时的 $(Q\text{-}H)_\mathrm{I}$ 曲线的纵坐标减去 $Q\text{-}\sum h_\mathrm{AC}$ 与 $(Q\text{-}S)_\mathrm{I}$ 曲线之和的纵距得 $(Q\text{-}H)'_\mathrm{I}$ 曲线，用同样方法得到 $(Q\text{-}H)'_\mathrm{II}$ 曲线。然后用横加法得两台水泵并联运行时总的 $(Q\text{-}H)'_\mathrm{I+II}$ 曲线。

7）由 $H_\mathrm{ST}+\sum h$ 确定管道系统特性曲线 $Q\text{-}H_需$。

8）$Q\text{-}H_需$ 与 $(Q\text{-}H)'_\mathrm{I+II}$ 曲线的交点 M 所对应的流量 Q_M 为两泵的流量之和。然后过 M 点向纵轴做垂线分别交 $(Q\text{-}H)'_\mathrm{I}$ 和 $(Q\text{-}H)'_\mathrm{II}$ 曲线于 I、II 两点；过 I 和 II 点向横轴做垂线可分别得出每台泵的流量 Q_I 和 Q_II；每台水泵的效率 η_I 和 η_II 及每眼井中的水位降深 S_I 和 S_II。

如果每台泵的流量分别小于等于该井的最大涌水量且每台泵的效率均在高效段范围内时，说明所选水泵适宜。否则应重新选泵，直到满足要求为止。

需要指出的是，当两井中的静水位不同时，这时可按静水位较浅的井中静水位作为横轴流量，而在绘另一台水泵并联以前管道的水头损失随流量而变化的关系曲线时，将其水头损失值加上两井静水位之差即可。其余做法不变。

图 3-26　一定一调两泵并联运行

（5）同型号、同水位、对称布置一定一调两台水泵的并联运行

如图 3-26 所示，两台水泵并联运行时，当一台水泵为定速泵，另一台水泵为调速泵时，并联运行中可能会遇到的问题有两类：其一是定速泵的转速与调速泵的转速均为已知，求两台水泵并联运行时的工况点。这类问题实际上是同型号、同水位、对称布置两台水泵的并联运行中，由于一台水泵调速，而引起定速泵与调速泵的 Q-H 曲线由完全的并联转化为不完全并联的过程，其工况点可按前述方法求得。其二是根据用户对泵站供水量的要求，求调速泵的转速值。

这类问题较复杂，现只知两泵总供水量 Q_P，而调速泵的工况点（Q_I，H_I）、定速泵的工况点（Q_{II}，H_{II}）及调速泵的转速值 n_I 等为 5 个未知数。直接求解难度很大，这时可用扣损的方法来求解，其方法步骤为：

1）画出两台同型号水泵额定转速时的 $(Q$-$H)_{I、II}$ 曲线，按 $H_需=H_{ST}+S_{FG}Q^2$ 画出管道系统特性曲线 Q-$H_需$，并得出 P 点，如图 3-26 所示。

2）P 点的纵坐标即为 F 点测压管水面至吸水井水面的高差 H_F。

3）画出 EF 管道的水头损失随流量而变化的关系曲线 Q-$\sum h_{EF}$，在定速泵的 $(Q$-$H)_{II}$ 曲线上扣除 Q-$\sum h_{EF}$ 得 $(Q$-$H)'_{II}$ 曲线，它与 F 点测压管水面线（H_F 高度线）相交于 H 点，如图 3-26 所示。

4）由 H 点向上引线交 $(Q$-$H)_{I、II}$ 曲线于 J 点，J 点即为定速泵的工况点（Q_{II}、H_{II}）。

5）调速泵的流量 $Q_I=Q_P-Q_{II}$，调速泵的扬程为 $H_I=H_P+S_{DF}Q_I^2$，即图 3-26 上的 M 点。

6）按 $k=\dfrac{H_I}{Q_I^2}$ 求出 k 值后，即可画出过（Q_I，H_I）点的相似工况抛物线 kQ^2，该曲线与定速泵 $(Q$-$H)_{I、II}$ 曲线交于 T 点。

7）应用比例律公式即可求得调速泵的转速值 n_I，$n_I=n_{II}\left(\dfrac{Q_I}{Q_T}\right)$，$n_{II}$ 为定速泵的转速。

（6）一台水泵向两个不同高程的高地水池供水

如在管道分支点 E 处装一测压管，如图 3-27 所示，即可根据测压管中的水面高度分析出水泵向两个不同高度的水池供水时，可能有三种情况：①测压管中水面高于水池 F 内的水面时，水泵同时向两个水池供水；②测压管内水面低于 F 池

内水面，而高于 G 池内水面时，则水泵及高地水池 F 并联运行，共同向水池 G 供水；③测压管内水面等于水池 F 内水面时，水池 F 的水既不进，也不出，维持平衡，水泵单独向 G 池供水，这种状况属特殊情况，无实际意义。

图 3-27　一台泵向两个水池供水

对于第一种情况如图 3-27 所示，用扣损法在水泵的 Q-H 曲线上减去相应流量下管道 DE 的水头损失随流量而变化的关系曲线 Q-$\sum h_{DE}$，得 $(Q$-$H)'$ 曲线。然后分别画出点 E 处管道 EF、EG 的管道系统特性曲线 Q-$H_{需EF}$、Q-$H_{需EG}$。由于 $Q_{DE}＝Q_{EF}＋Q_{EG}$，所以，可按同一扬程下流量相叠加的原理来绘制这两条管道的总管道系统的特性曲线 Q-$H_{需EF+EG}$，如图 3-27 所示。它与 $(Q$-$H)'$ 曲线交于 M' 点，此 M' 点的横坐标即为通过 E 点的流量，亦即水泵向两水池供水的总流量。过 M' 点向上引垂线与 Q-H 曲线交于 M 点，则 M 点为水泵的工况点，纵坐标即为水泵的扬程。由 M' 点向纵轴做垂线与 Q-$H_{需EG}$ 和 Q-$H_{需EF}$ 分别相交于 B、C 两点，B 点的横坐标 Q_B 为向 G 池供水的流量，C 点的横坐标 Q_C 即为向 F 池供水的流量。

对于第二种情况如图 3-28 所示，用扣损法在水泵的 Q-H 曲线上减去相应流量下管道 DE 的水头损失随流量而变化的关系曲线 Q-$\sum h_{DE}$，得 $(Q$-$H)'$ 曲线；在 F 水池的水面水平线上减去管道 EF 的水头损失随流量而变化的关系曲线后得 Q-H_{EF} 曲线。由于 $Q_{EG}＝Q_{DE}＋Q_{EF}$，所以，可按同一扬程下流量相叠加的原理，将 $(Q$-$H)'$ 曲线与 Q-H_{EF} 曲线相叠加，绘出总的 $(Q$-$H)$ 曲线，如图 3-28 所示。它与管道 EG 的 Q-$H_{需EG}$ 曲线相交于 M 点，M 点的横坐标即为通过 E 点的流量，亦即水泵和 F 池向 G 池供水的总流量。由 M 点向纵轴做垂线与 $(Q$-$H)'$ 曲线和 Q-H_{EF} 曲线分别相交于 P、K 两点，P 点的横坐标 Q_P 为水泵的输水流量，K 点的横坐标 Q_K 为 F 池的出水流量。由 P 点向上引垂线与 Q-H 曲线相交于 P' 点，P' 点即为水泵的工况点。

综上所述，求解水泵并联运行时的工况点，总是水泵的 Q-H 曲线与管道系统特性曲线 Q-$H_需$ 的交点。但由于水泵型号的不同、静扬程的不同以及管道中水头损失的不对称等因素的影响，使得参加并联工作的各水泵工作时的扬程不相等。因此，采用特性曲线的扣损法，在水泵的 Q-H 曲线上扣除水头损失不同的

图 3-28　水泵与水池联合工作

管道的水头损失随流量而变化的关系曲线，即可绘出 $(Q\text{-}H)'$ 曲线，使问题得以简化，这样就可使用同扬程下流量相叠加的原理，绘出总的 $(Q\text{-}H)'_{I+II}$ 曲线。然后即可得出该曲线与总的管道系统的特性曲线 $Q\text{-}H_需$ 的交点，从而求出并联后的总流量。再反推回去即可求得每台水泵的工况点。

离心泵的并联运行是给水泵站中最常见的一种运行方式，这种运行方式具有如下特点：①可增加供水量。总流量等于并联运行中各台水泵的流量之和；②为达到节能的目的和满足用户用水量、水压的需要，可通过开停水泵的台数来调节泵站的流量和扬程；③并联运行提高了泵站运行调度的灵活性和供水的可靠性，如有的水泵出现故障，其他水泵仍可继续供水。

2. 定速泵并联工作的数解法

（1）水泵并联时 $Q\text{-}H$ 曲线的方程式

n 台同型号的水泵并联运行时，其总的 $Q\text{-}H$ 曲线上各点的流量为 $Q=n\cdot Q'$，Q' 为某一扬程时对应的一台水泵的流量。由于水泵的型号相同，并联运行时水泵的总虚扬程 H_x 等于每台水泵的虚扬程 H'_x。因此，n 台同型号水泵并联运行时，$Q\text{-}H$ 曲线的方程式为

$$H=H_x-S_x\cdot(nQ')^2 \tag{3-41}$$

式中　S_x——并联运行时，水泵的总虚阻耗系数。其值可由下式求得

$$S_x=\frac{H'_a-H'_b}{(nQ'_b)^2-(nQ'_a)^2}=\frac{H'_a-H'_b}{n^2\left[(Q'_b)^2-(Q'_a)^2\right]} \tag{3-42}$$

式中　H'_a、H'_b——并联运行时总的 $Q\text{-}H$ 曲线高效段上任取的两点扬程；

　　　Q'_a、Q'_b——扬程为 H'_a、H'_b 时的各水泵流量。

通过式（3-42）可以得出

$$S_x=\frac{S'_x}{n^2} \tag{3-43}$$

60　　　式中　S'_x——每台水泵的虚阻耗系数。

对于两台不同型号的水泵并联运行时

$$S_x = \frac{H_a - H_b}{(Q_b' + Q_b'')^2 - (Q_a' + Q_a'')^2}$$ (3-44)

式中　Q_a'、Q_a''——在扬程 H_a 时，第一台和第二台水泵的流量；

　　　Q_b'、Q_b''——在扬程 H_b 时，第一台和第二台水泵的流量。

因此，两台不同型号的水泵并联运行时

$$H_x = H_a + S_x(Q_a' + Q_a'')^2 = H_b + S_x(Q_b' + Q_b'')^2$$ (3-45)

同样可用类似的方法确定 n 台不同型号的水泵并联运行时的总虚扬程 H_x 及总虚阻耗系数 S_x 值。

（2）工况点的确定

求得了水泵并联运行时总的 Q-H 曲线方程后，即可根据管道系统的 Q-$H_{需}$ 曲线方程解得并联运行时的工况点，进而确定出每一台水泵的工况点。

3. 调速运行时并联工况的数解法

在给水工程中，泵站输配水系统一般由取水泵站、送水泵站和加压泵站组成。对于调速运行时水泵并联运行的数解法分述如下。

（1）取水泵站调速运行的数解法

对于取水泵站来说，由于水源水位的变化，将引起水泵流量的变化。为了保证向净水构筑物均匀供水，可采用调速运行的方式来实现取水泵站的均匀供水。

如图 3-29 所示，取水泵站有两台不同型号的离心泵并联工作。其中Ⅰ号泵为定速泵，其 Q-H 曲线高效段的方程为 $H = H_{xⅠ} - S_{xⅠ}Q^2$。Ⅱ号泵为调速泵，当转速为额定转速 n 时，Q-H 曲线高效段的方程为 $H = H_{xⅡ} - S_{xⅡ}Q^2$。图 3-29 中的 Z_1，Z_2 分别为Ⅰ号水泵、Ⅱ号水泵吸水井中的水位，Z_0 为水厂混合井中的水面高程，S_1、S_2、S_3 分别为不同管段管道的阻力系数。当水厂要求取水泵站的供水量为 Q_T 时，为实现取水泵站的均匀供水，调速泵的转速 n^* 的确定方法如下：

1）计算图 3-29 中并联点（3）的水压值

$$H_3 = Z_0 + S_3 Q_T^2$$ (3-46)

图 3-29　取水泵站调速运行

2）计算水泵的出水量　定速泵的流量可按式（3-17）计算，此时，$H_{ST} = H_3 - Z_1$。因此

$$Q_Ⅰ = \sqrt{\frac{H_{xⅠ} + Z_1 - H_3}{S_1 + S_{xⅠ}}}$$ (3-47)

调速泵的出水量 $Q_Ⅱ$ 与水泵的转速有关，设调速泵运行时的转速为 n^*，则相应的 Q-H 曲线高效段的方程根据式（3-30）得 $H = \left(\frac{n^*}{n_0}\right)^2 H_{xⅡ} - S_{xⅡ}Q^2$，则调速泵的出水量为

61

$$Q_{\text{II}} = \sqrt{\dfrac{\left(\dfrac{n^*}{n_0}\right)^2 H_{\text{xII}} + Z_2 - H_3}{S_2 + S_{\text{xII}}}} \tag{3-48}$$

3）计算调速泵的转速 n^* 取水泵站的均匀供水，即要求泵站中运行泵的出水量之和等于水厂要求的供水量 Q_{T}，亦即

$$Q_{\text{T}} = Q_{\text{I}} + Q_{\text{II}} = \sqrt{\dfrac{H_{\text{xI}} + Z_1 - H_3}{S_1 + S_{\text{xI}}}} + \sqrt{\dfrac{\left(\dfrac{n^*}{n_0}\right)^2 H_{\text{xII}} + Z_2 - H_3}{S_2 + S_{\text{xII}}}} \tag{3-49}$$

解上式即可求出调速泵的转速 n^*。

当取水泵站中有多台定速泵与一台调速泵并联运行时，求出并联运行时水泵总的 $Q\text{-}H$ 曲线方程，并把它看成是一个总的当量泵。这样就可转换成一台定速泵与一台调速泵的并联运行，再按上述方法求出调速泵的转速值 n^*。

4）校核调速泵的转速　前已叙及，水泵调速是有一定范围的。当求得的 n^* 值小于所允许的最低转速 $n_{\min}$ 时，应取 $n^* = n_{\min}$ 值，此时应计算出相应于 $n^* = n_{\min}$ 时的各水泵的流量和总出水量，以便采取其他措施实现均匀供水。

（2）送水泵站调速运行的数解法

送水泵站与城镇管网联合工作工况点的计算比较复杂。这里仅介绍以等压供水为目标的单一水源水泵调速运行的计算方法。所谓等压供水就是控制送水泵站的出水压力使管网控制点的水压能满足用户所需的服务水头的要求。调速泵转速 n^* 的确定方法如下：

1）送水泵站出水压力的确定　送水泵站出水压力应保证管网中各节点的水压均能满足用户所需的服务水压。当管网中某些节点的服务水压小于用户所需的服务水压时，送水泵站应通过增开水泵机组等措施来增大出水压力；当服务水压大于用户所需值时，为降低泵站能耗、减少管网的漏水及防止爆管事故的发生，可通过降低调速泵转速的方法来减小送水泵站的出水压力，以降低服务水压。

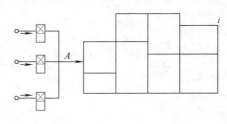

图 3-30　送水泵站与管网联合运行

图 3-30 为送水泵站和管网联合运行的示意图。设送水泵站出水点 A 的水压为 H_A，地面高程为 Z_A，出水点 A 至管网中任一节点 i 管道的水头损失为 $\sum h_i$，节点 i 的地面高程为 Z_i，用户所需的服务水压为 H_{ci}。该节点的实际服务水压 H_i 可由下式计算

$$H_i = H_A + Z_A - Z_i - \sum h_i \tag{3-50}$$

为保证用户用水的需要，服务水压 H_i 应满足

$$H_i \geqslant H_{ci} \tag{3-51}$$

则送水泵站出水点 A 的水压 H_A 应满足

$$H_A \geqslant H_{ci} + Z_i + \sum h_i - Z_A \tag{3-52}$$

因此，最理想的送水泵站出水压力 H_A^* 应为

$$H_A^* = H_{ci} + Z_i + \sum h_i - Z_A \tag{3-53}$$

2）计算调速泵的转速 n^*　单一水源的供水管网，送水泵站的流量 Q_T 即为管网中用户的用水量，即管网中各节点的流量之和。如确定出送水泵站出水压力 H_A^*，就能确定出所要求的送水泵站的运行工况（Q_T，H_A^*）。

当送水泵站出水压力为 H_A^* 时，各定速泵的实际出水流量 Q_j 可由式（3-17）计算出，此时，$H_{ST} = H_A^* + Z_A - Z_j$，则

$$Q_j = \sqrt{\frac{H_{xj} + Z_j - H_A^* - Z_A}{S_{xj} + S_j}} \tag{3-54}$$

求出各定速泵的实际出水流量后，调速泵的出水流量 Q' 为

$$Q' = Q_T - \sum Q_j \tag{3-55}$$

则调速泵的扬程 H'

$$H' = H_A^* + Z_A + S'Q'^2 - Z_D \tag{3-56}$$

式中　S'——调速泵吸、压水管道的阻力系数；

　　　Z_D——调速泵吸水井的水位。

调速泵在额定转速 n_0 时，$Q\text{-}H$ 曲线高效段的方程为 $H = H_x - S_x Q^2$，通过式（3-21）可求出调速泵的转速 n^*。

$$n^* = \frac{n_0 Q' \sqrt{S_x + k}}{\sqrt{H_x}} \tag{3-57}$$

式中 k 值为

$$k = \frac{H'}{Q'^2} = \frac{S' + (H_A^* + Z_A - Z_D)}{Q'^2} \tag{3-58}$$

3）校核调速泵的转速　如果按式（3-57）计算出的 $n^* < n_{min}$，则取 $n^* = n_{min}$，此时应计算出相应于 $n^* = n_{min}$ 各水泵的出水流量和总出水量及节点的实际水压。

（3）加压泵站调速运行的数解法

城镇给水系统的发展远赶不上城镇建设发展的需要，使得住宅小区普遍存在着供水水压不足的问题。为此，住宅小区多采用气压给水增压的方式来解决给水系统供水水压不足的问题。

1）加压泵站出水压力的确定　加压泵站出水压力应保证住宅小区内最不利配水点的水压满足要求。因此，加压泵站的出水压力为

$$H^* = Z_1 + p = Z_1 + H_1 + H_2 + \sum h_d \tag{3-59}$$

式中　　Z_1——气压罐中最低水位至加压泵站出水点的几何高差，m；

　　　　　p——气压罐内最低工作压力，m；

　　　　　H_1——气压罐内最低水位至最不利配水点的几何高差，m；

　　　　　H_2——最不利配水点的流出水头，m；

　　　　$\sum h_d$——气压罐至最不利配水点的总水头损失，m。

2）计算调速泵的转速 n^*　为适应住宅小区内用水量及水压的变化，水泵应采用自动控制方式，即根据用水量变化而引起的住宅小区内管网中水压的变化，控制定速泵的开停及调速泵的转速。对定速泵来说，当气压罐中的压力达最高工作压力时；应停机；当气压罐中的压力达最低工作压力时，定速泵开机。为减少定速泵的开停机次数，应根据气压罐中压力的变化情况，通过调速装置来调节调速泵的转速。

加压泵站的出水压力 H^* 确定后，各定速泵的实际出水流量为

$$Q_j = \sqrt{\frac{H_{xj} + H^* + Z_1 - \sum h_d}{S_{xj} + S}} \tag{3-60}$$

式中　　S——定速泵进水管进口至气压罐管道的阻力系数。

求出各定速泵的实际出水流量后，调速泵的出水流量 Q' 为

$$Q' = Q_T - Q_j \tag{3-61}$$

则调速泵的扬程为

$$H' = H^* + S'Q'^2 \tag{3-62}$$

式中　　S'——调速泵进水管进口至气压罐管道的阻力系数。

调速泵在额定转速 n_0 时，$Q\text{-}H$ 曲线高效段的方程为 $H = H_x - S_x Q^2$，则调速泵的转速 n^* 为

$$n^* = \frac{n_0 Q' \sqrt{S_x + k}}{\sqrt{H_x}} \tag{3-63}$$

式中 k 值为

$$k = \frac{H'}{Q'^2} = \frac{S' + H^*}{Q'^2} \tag{3-64}$$

3）校核调速泵转速　如果按式（3-63）计算出的 $n^* < n_{min}$，则取 $n^* = n_{min}$，此时应计算出相应于 $n^* = n_{min}$ 各水泵的出水流量和总出水量及最不利配水点的水压。

4. 并联运行中调速泵台数的确定

给水泵站中并联运行的水泵，如果全部采用调速运行，在满足用户用水量和水压的同时，将减少大量的能源消耗。但由于调速装置价格高，这样势必增大泵站的投资；另外，给水泵站在控制运用时，可用定速泵的开停来大调供水流量和水压，而用调速泵进行微调，即可满足用户用水量和水压的要求。因此，水泵并

联运行时，定速泵和调速泵台数可配置一定的比例，在确定配置比例时应以充分发挥每台调速泵在调速运行时能在高效段范围内运行为原则。

当三台同型号的水泵并联运行时，如果采用二定一调方案，当要求泵站供水量为 Q_M 时，如图 3-31 所示。如果 $Q_2 < Q_M < Q_3$，开启两台定速泵，一台调速泵是完全可以满足要求的。此时，泵站的供水量为 Q_M，每台定速泵的流量为 Q_0，调速泵的流量为 Q_i，如图 3-31 所示。如果 Q_M 很接近 Q_2，这时调速泵的出水量 Q_i 很小，使得调速泵的效率超出高效段，达不到节能

图 3-31　三台同型号泵并联调速运行

的目的。这时，如果采用一定二调方案，效果就不同了。当泵站的供水量为 Q_M 时，定速泵的流量为 Q_0，每台调速泵的流量均为 $\dfrac{Q_0+Q_i}{2}$，这样每台泵均可在高效段内工作。如果要求泵站的供水量进一步减少，当 $Q_M \leqslant Q_2$ 时，此时可以停掉一台定速泵，由两台调速泵供水，这样比较容易地使调速泵在它的高效段内工作，从而达到调速节能的目的。

如果要求泵站的供水量 $Q_M > Q_3$ 时，可设两台定速泵和两台调速泵来满足要求，按此方案类推，可使每台调速泵的流量在定速泵额定流量的 0.5～1.0 倍之间变化，这样可缩小调速泵的调速范围，使得节能效果更加显著。

3.6.2　离心泵的串联运行

n 台水泵依次连接，前一台水泵向后一台水泵的进水管供水，称为水泵的串联运行。水泵的串联运行，各台水泵通过的流量相等，水流获得的能量为各台水泵的能量之和。

图 3-32　水泵串联运行

串联运行时的总扬程为 $H_M = H_I + H_{II}$。由此可见，各台水泵串联工作时，其总的 Q-H 曲线等于同一流量下扬程的叠加。只要把参加串联运行的水泵 Q-H 曲线上横坐标相等的各点纵坐标相加，即可得到总的 $(Q$-$H)_{I+II}$ 曲线，它与管道系统特性曲线 Q-$H_需$ 交于 M 点，流量 Q_M，扬程 H_M 即为串联运行时的工况点，如图 3-32 所示。自 M 点向横轴引垂线分别交每台泵的 Q-H 曲线于 B、C 两点，则 B 点和 C 点分别为两台单泵在串联运行时的工况点，扬程分别为 H_I 和 H_{II}。

采用数解法同样可以求得水泵串联运行时的工况点。n 台同型号水泵串联运行时，其总扬程等于每台水泵的扬程之和。因此，水泵的总虚扬程为：

65

$$H_x = nH_x' \tag{3-65}$$

水泵的总虚阻耗为

$$S_x = nS_x' \tag{3-66}$$

所以，总扬程为

$$H = nH_x' - nS_x'Q^2 = n(H_x' - S_x'Q^2) \tag{3-67}$$

两台不同型号的水泵串联运行时，水泵的总虚阻耗为

$$S_x = \frac{(H_2' + H_2'') - (H_1' + H_1'')}{Q_1^2 - Q_2^2} \tag{3-68}$$

式中　H_2'、H_2''——流量为 Q_2 时，每台水泵的扬程；

　　　H_1'、H_1''——流量为 Q_1 时，每台水泵的扬程。其总虚扬程为

$$H_x = H_x' + H_x'' = (H_1' + H_1'') + S_xQ_1^2 = (H_2' + H_2'') + S_xQ_2^2 \tag{3-69}$$

同样采用类似的方法可确定多台不同型号水泵串联运行时的 H_x 和 S_x 值。

求得串联运行时水泵总的 H_x 和 S_x 值后，即可确定水泵串联运行时总的 Q-H 曲线，这样，该曲线与管道系统的特性曲线 Q-$H_需$ 的交点即为串联运行时的工况点，进而可确定每台泵的工况点。

随着水泵设计、制造水平的提高，目前生产的各种型号的多级泵基本上能满足给水排水工程的需要。所以一般水厂中很少采用串联运行的方式。

如需要水泵串联运行时，要注意串联泵的流量应基本相等，否则，当小泵在后面一级时小泵会超载，或小泵在前面一级时它会变成阻力，大泵发挥不出应有的作用，且串联后的泵不能保证在高效段范围内运行。如果两台泵的流量相差不大时，应把流量较大的泵放在第一级，且第一级泵的泵体强度要高，以免泵体受损坏。

3.7　叶片泵吸水性能及安装高程的确定

前面有关叶片泵性能的阐述，都是以叶片泵的吸水条件符合要求为前提的。水泵吸水性能是确定水泵安装高程和进水池设计的依据。水泵在设计规定的任何工作条件下不发生气蚀，是确定安装高程必须满足的必要条件。水泵安装过低会使泵房土建投资增大，施工更加困难；过高则水泵易产生气蚀，引起水泵工作时流量、扬程、效率的大幅度下降，甚至不能工作。所以水泵安装高程的确定，是泵站设计中的重要课题。在泵站运行中，水泵装置的故障也有很多问题出自于水泵的吸水不能满足要求。因此，对叶片泵的吸水性能，必须予以高度重视。

3.7.1　水泵的气蚀

水泵在运行过程中，如果内部液体局部位置的压力降低到水的饱和蒸汽压力（汽化压力）时，水就开始汽化生成大量的气泡，气泡随水流向前运动，运动到

蚀余量。为了保证水泵正常工作时不发生气蚀，将临界气蚀余量适当加大，即为必需气蚀余量。其计算式为

$$(NPSH)_r = (NPSH)_c + 0.3m \tag{3-70}$$

对于大型泵，一方面 $(NPSH)_c$ 较大，另一方面从模型试验换算到原型泵时，由于比例效应的影响，0.3m 的安全值尚嫌小，$(NPSH)_r$ 可采用下式计算

$$(NPSH)_r = (1.1 \sim 1.3)(NPSH)_c \tag{3-71}$$

3. 允许吸上真空高度和气蚀余量的关系

$$H_S = \frac{p_a}{\gamma} - \frac{p_v}{\gamma} - (NPSH)_r + \frac{v_1^2}{2g} \tag{3-72}$$

$$(NPSH)_r = \frac{p_a}{\gamma} - \frac{p_v}{\gamma} - H_S + \frac{v_1^2}{2g} \tag{3-73}$$

上两式中　$\dfrac{p_a}{\gamma}$——安装水泵处的大气压力水头，m，与海拔高度有关，见表3-3；

$\dfrac{p_v}{\gamma}$——饱和蒸汽压力水头，m，与水温有关，见表3-4；

$\dfrac{v_1^2}{2g}$——水泵进口处的流速水头，m。

不同海拔高程大气压力值　　　　表 3-3

海拔高程 (m)	0	100	200	300	400	500	600	700	800	900	1000	2000	3000	4000	5000
$\dfrac{p_a}{\gamma}$ (m)	10.33	10.22	10.11	9.97	9.89	9.77	9.66	9.55	9.44	9.33	9.22	8.11	7.47	6.52	5.57

水温与饱和蒸汽压力的关系　　　　表 3-4

水温(℃)	0	5	10	20	30	40	50	60	70	80	90	100
$\dfrac{p_v}{\gamma}$ (mH$_2$O)	0.06	0.09	0.12	0.24	0.43	0.75	1.25	2.02	3.17	4.82	7.14	10.33

3.7.3　水泵安装高程的确定

水泵的安装高程是指满足水泵不发生气蚀的水泵基准面高程，根据与水泵工况点对应的吸水性能参数，以及进水池的最低水位确定。不同结构形式水泵的基准面如图 3-33 所示。

1. 用允许吸上真空高度计算 H_{SS}

水泵安装情况如图 3-34 所示。以集水池水面为基准面，写出集水池水面 0—0 和水泵进口断面 1—1 的能量方程，并略去集水池水面的行进流速水头，可得

$$\frac{p_a}{\gamma} = \frac{p_1}{\gamma} + H_{SS} + \frac{v_1^2}{2g} + \sum h_S \tag{3-74}$$

图 3-33　水泵的基准面
（a）卧式泵；（b）立式泵

式中　$\dfrac{p_1}{\gamma}$——1—1 断面的绝对压力，以
　　　　　　　　mH_2O 表示；

　　　H_{SS}——吸水地形高度，即水泵最大
　　　　　　安装高度，m；

　　　$\sum h_S$——自吸水管进口至 1—1 断面间
　　　　　　的水头损失之和，m。

将式（3-74）整理得

$$H_V = \frac{p_a - p_1}{\gamma} = H_{SS} + \frac{v_1^2}{2g} + \sum h_S$$

$$(3-75)$$

式中　　H_V——水泵进口处的真空值，
　　　　　　mH_2O。

　　水泵进口处的真空值如果小于等于水泵
的允许吸上真空高度 H_S，水泵就不会发生
气蚀。因此，将式（3-75）中的 H_v 换成
H_S，经整理水泵的最大安装高度为

图 3-34　离心泵安装高程的确定

$$H_{SS} = H_S - \frac{v_1^2}{2g} - \sum h_S \qquad (3-76)$$

　　必须指出的是水泵厂提供的 H_S 值，是在标准状况下得出的，即大气压力为
10.33mH_2O、水温为 20℃时，以清水在额定转速下通过气蚀试验得出的。当水

泵的使用条件不同于上述情况时，应进行修正。

（1）转速修正 可按下式近似计算

$$H'_S = 10 - (10 - H_S)\left(\frac{n'}{n}\right)^2 \tag{3-77}$$

式中 H_S、H'_S——分别为修正前、后工况点的允许吸上真空高度，m；

       n、n'——分别为修正前、后的转速，r/min。

（2）气压和温度修正 可按下式计算

$$H''_S = H'_S + \frac{p_a}{\gamma} - 10.33 - \frac{p_v}{\gamma} + 0.24 \tag{3-78}$$

式中 $\dfrac{p_a}{\gamma}$——水泵安装地点的大气压力（表3-3）；

    $\dfrac{p_v}{\gamma}$——饱和蒸汽压力水头（表3-4）。

2. 用必需气蚀余量 $(NPSH)_r$ 计算 H_{SS}

$$H_{SS} = \frac{p_a}{\gamma} - \frac{p_v}{\gamma} - (NPSH)_r - \sum h_S \tag{3-79}$$

在标准状况下，$\dfrac{p_a}{\gamma} - \dfrac{p_v}{\gamma} = 10.09\text{m}$，则

$$H_{SS} = 10.09 - (NPSH)_r - \sum h_S \tag{3-80}$$

必须指出的是水泵厂提供的 $(NPSH)_r$ 是指额定转速时的值，若水泵工作转速 n' 与额定转速 n 不同，则应按下式进行修正。

$$(NPSH)_{r1} = (NPSH)_r \left(\frac{n'}{n}\right)^2 \tag{3-81}$$

式中 $(NPSH)_r$、$(NPSH)_{r1}$——分别为修正前、后工况点的必需气蚀余量。

3. 水泵安装高程的确定

水泵的安装高程为

$$\nabla_a = \nabla_{min} + H_{SS} \tag{3-82}$$

式中 ∇_a、∇_{min}——分别为水泵基准面高程和进水池最低水位，m。

【例3-2】 12Sh-9 型泵的允许吸上真空高度 $H_S = 4.5\text{m}$，水泵运行时的流量为 $Q = 0.2\text{m}^3/\text{s}$，吸水井最低水位 13.85m，吸水管阻力系数为 $S_{吸} = 50\text{s}^2/\text{m}^5$，吸水管直径 $DN300$ 试确定水泵的安装高程。

【解】 先确定水泵进口处的流速

$$v_1 = \frac{4Q}{\pi D^2} = \frac{4 \times 0.2}{3.14 \times (300/1000)^2} = 2.83\text{m/s}$$

将有关参数代入 $H_{SS} = H_S - \dfrac{v_1^2}{2g} - \sum h_S$ 得

$$H_{SS} = 4.5 - \frac{2.83^2}{2 \times 9.8} - 50 \times 0.2^2 = 2.09\text{m}$$

将 $H_{SS} = 2.09\text{m}$ 代入 $\nabla_a = \nabla_{min} + H_{SS}$ 得

$$\nabla_a=13.85+2.09=15.94m$$

所以，水泵的最大安装高程为15.94m。

必须指出的是（NPSH）$_r$、H_S随流量而变化。（NPSH）$_r$、H_S应按水泵运行时可能出现的最大、最小静扬程所对应的值分别计算H_{SS}，将计算出的H_{SS}分别加上相应进水池的水位，然后进行比较，选取最低的∇_a作为泵的安装高程。如果按式（3-80）算出的H_{SS}为正值，说明该泵可以安装在进水池水面以上；但立式轴流泵和导叶式混流泵为便于启动和使进水管口不产生有害的漩涡，仍将叶轮中心线淹没于水面以下0.5～1.0m。若H_{SS}为负值，表示该泵必须安装在水面以下，其淹没深度不小于上述计算的数值，且不小于0.5～1.0m。另外，对立式轴流泵和导叶式混流泵，泵类产品样本上均给出了相应泵型安装高度的具体要求。因此，在确定安装高程时，可不进行计算，直接按泵类产品样本中给出的数值确定。

思 考 题 与 习 题

1. 泵站设计时如何计算总扬程？

2. 什么叫水泵的工况点？如何确定？

3. 如何根据用户需要确定水泵的转速？

4. 根据水泵最高效率点如何确定水泵转速？

5. 水泵转速发生变化时，如何绘制变速后的性能曲线？

6. 如何应用切削定律解决实际问题？

7. 如何根据实际情况确定叶片的安装角度？

8. 如何确定同型号、同水位、对称布置两台水泵并联运行时水泵的有关性能参数？

9. 同型号、同水位、对称布置两台水泵并联运行的特点是什么？

10. 串联运行时应注意哪些问题？

11. 什么是水泵的气蚀现象？

12. 允许吸上真空高度和必需气蚀余量的定义是什么？

13. 如何确定水泵的安装高程？

14. 某取水泵站从水源取水，将水输送至净水池。已知水泵流量$Q=1800m^3/h$，吸、压水管道均为钢管，吸水管长为$l_s=15.5m$，$DN_a=500mm$，压水管长为$l_d=450m$，$DN_d=400mm$。局部水头损失按沿程水头损失的15%计算。水源设计水位为76.83m，蓄水池最高水位为89.45m，水泵轴线高程为78.83m。设水泵效率在$Q=1800m^3/h$时为75%。

试求：

（1）水泵工作时的总扬程为多少？

（2）水泵的轴功率为多少？

15. 某泵站装有一台6Sh-9型泵，性能参数见表3-5，管道阻力参数$S=1850.0s^2/m^5$，静扬程$H_{ST}=38.6m$，此时水泵的出水量、扬程、轴功率和效率各为多少？

6Sh-9型泵性能参数 表3-5

流量（L/s）	扬程（m）	转速（r/min）	轴功率（kW）	效率（%）
36	52		24.8	74
50	46	2950	28.6	79
61	38		30.6	74

16. 某取水泵站，设置 20Sh-28 型（性能参数见表 3-6）泵 3 台（两用一备）。

已知：吸水井设计水位 11.4m，出水侧设计水位 20.30m，吸水管道阻力系数 $S_1=1.04s^2/m^5$，压水管道阻力系数 $S_2=3.78s^2/m^5$，并联节点前管道对称。

试用图解法和数解法求水泵工作时的参数。

20Sh-28 型泵性能参数 表 3-6

流量(L/s)	扬程(m)	转速(r/min)	轴功率(kW)	效率(%)
450	27		148	80
560	22	970	148	82
650	15		137	70

17. 某水泵转速 $n_1=970$r/min 时的 $(Q-H)_1$ 曲线高效段方程为 $H=45-4583Q^2$，管道系统特性曲线方程为 $H_{需}=12+17500Q^2$，试求：

(1) 该水泵装置的工况点；

(2) 若所需水泵的工况点流量减少 15%，为节电，水泵转速应降为多少？

18. 某循环泵站，夏季为一台 12Sh-19 型泵工作 $D_2=290$mm，Q-H 曲线高效段方程为 $H=28.33-184.6Q^2$，管道阻力系数 $S=225s^2/m^5$，静扬程 $H_{ST}=15$m，到了冬季需减少 12% 的供水量，为节电，拟将一备用叶轮切削后装上使用。问该备用叶轮的外径变为多少？

19. 某供水泵站，选用两台 6Sh-9 型水泵并联运行，并联节点前管道相对较短，水力损失忽略不计，并联节点后管道阻力系数 $S=1850s^2/m^5$，泵站提水静扬程 $H_{ST}=38.6$m，求泵站的供水设计流量及水泵的流量、扬程、效率、轴功率等参数。

20. 某泵站装有 20Sh-28 型泵，吸水井最低水位为 8.30m，要求单泵出水量为 $0.49m^3/s$，吸水管阻力系数为 $S_{吸}=1.52s^2/m^5$，水泵允许吸上真空高度为 $H_S=4.0$m，确定泵的最大安装高程。

知 识 拓 展

许多供水公司都采用水泵变频，到底是变频泵还是利用变频器改变水泵的频率运行呢？实际上水泵运动转速与电流频率成为正比，就是利用这个原理改变了水泵长时间工作造成的负面影响。变频器不光能减少用电量，而且用起来比较方便，体积非常小，还能减少用地，工作效率很高。

实际上水泵利用变频器把电机的频率变小或变大，水泵的转速也成比例相应变小或变大。水泵专用变频器是指专用于恒压供水的水泵变频控制器。水泵专用变频器可使供水系统运行平稳可靠，实现真正意义上无人值守的全自动启动泵、变频运行；保证各台水泵运行效率的最优化和设备的稳定运转启动平稳；消除启动大电流冲击；根据实时压力需求，自动调整水泵运转频率，避免水泵工频运转；从而可延长泵的使用寿命，可以消除启动和停机时的水锤效应。

变频器具有调压、调频、稳压、调速等基本功能。应用了现代的科学技术，可以在不改变电压的情况下调整频率，也可以在频率不改变的情况下改变电压。根据负载需要调整转速，价格虽贵但性能良好，结构复杂但使用简单，是现代控制异步交流电动机启动运行最优秀的设备。

通常，把电压和频率固定不变的交流电变换为电压或频率可变的交流电的装置称作"变频器"。该设备首先要把三相或单相交流电变换为直流电（DC），然后再把直流电（DC）变换为三相或单相交流电（AC）。变频器同时改变输出频率与电压，也就是改变了电机运行频率，使电机运行曲线平行下移。因此变频器可以使电机以较小的启动电流，获得较大的启动转矩，即变频器可以启动重载负荷。

随着变频调速技术和可编程控制器的飞速发展，以及其应用面广、功能强大、使用方便，已经成为当代工业自动化的主要装置之一，在工业生产领域得到广泛使用，在其他领域（如民用和家庭自动化）的应用也得到了迅速的发展。

水泵变频器基本功能有

1. 维持水压恒定；

2. 保护功能：缺水保护，缺相过载保护，爆管保护，过压欠压保护；

3. 自动功能：来水自动启动，来电自动启动，智能防冻、防锈功能；

4. 静音低达 20dB，节能 30％～50％（视工况环境所定）；

5. 双主泵多泵联机功能。

变频器

Chapter 04

教学单元 4

给水排水工程中常用水泵

知识目标

通过学习本教学单元的内容，使学生：

1. 了解给水排水工程中常用水泵种类、工作原理、基本构造。
2. 掌握水泵型号表示的意义。

技能目标

通过学习本教学单元的内容，使学生：

1. 会根据用途选择水泵类型。
2. 会根据水泵型号确定其基本参数。

水泵的种类很多，其分类方法也各不相同，可以从不同角度分类，如有卧式的、立式的；有抽清水的、有抽污水的；有单级单吸、单级双吸和多级多段式的等。本单元介绍给水排水工程中常用的水泵。

4.1 IS 和 Sh 系列水泵

4.1.1 IS 型单级单吸清水离心泵

IS 型单级单吸清水离心泵是根据国际标准 ISO 2858 所规定的性能和尺寸设计的,它是现行水泵行业首批采用此标准设计的新系列产品。本系列泵共 29 个品种,其效率比老产品平均提高 3.67%。

该泵主要结构有泵体、泵盖、轴、密封环、轴套和悬架轴承等部件组成,如图 4-1 所示。泵体和泵盖为后开门结构形式,其优点是检修方便,即不用拆卸泵体、管路和电动机。只需拆下加长联轴器的中间连接件,就可以退出转子部件进行检修。悬架轴承部件支撑着泵的转子部件。为了平衡泵的轴向力,在叶轮前、后盖板上设有平衡孔。滚动轴承承受泵的径向力和残余轴向力。该泵采用填料密封时,由填料压盖、填料环和填料组成。在轴通过填料腔的部位装有轴套,以保护泵轴,防止磨损。轴套和轴之间装有 O 形密封圈,以防进气和漏水。

图 4-1 IS 型水泵结构

1—泵盖;2—泵体;3—叶轮;4—轴封体;5—轴封盒;6—垫圈;7—轴套;8—油封;9—轴承;10—油标;11—轴承箱;12—轴承盖;13—平键;14—弹性圈;15—轴;16—螺母;17—垫圈;18—密封环

泵的传动方式是通过加长弹性联轴器与电动机相连。从电动机方向看,泵为顺时针方向旋转。

IS 型泵系列单级单吸离心泵,用于输送清水或物理性质类似于清水的其他液体,温度不高于 80℃。适用于工业和城市给水、排水及农田灌溉。

IS 泵的性能范围:流量 Q 为 6.3～400m³/h;扬程 H 为 5～125m;转速 n 为 1450r/min 或 2900r/min。

型号意义:例 IS80-65-160(A)

IS——采用 ISO 国际标准的单级单吸清水离心泵;

80——水泵入口直径,mm;

65——水泵出口直径，mm；

160——叶轮名义直径，mm；

A——叶轮外径经第一次切削。

4.1.2 Sh 型单级双吸离心泵

Sh 型泵主要由泵体、泵盖、轴承、转子等部件组成，如图 4-2 所示。该泵为单级双吸叶轮，泵体为水平中开。泵的吸入管和排出管均在泵轴中心线下方成水平方向，并与泵体铸成一体。泵体与泵盖的分开面在轴中心线上方，无需拆卸管路及电动机即可检修泵的转动部件。该泵滚动轴承用油脂润滑，滑动轴承用稀油润滑。轴向力由双吸叶轮平衡，残余轴向力由滚动轴承平衡。该泵采用填料密封，在轴封处装有可更换的轴封。

图 4-2　Sh 型泵结构（使用滑动轴承）

1— 泵盖；2—叶轮；3—泵体密封环；4—轴套；5—泵轴；6—泵体

泵的传动是通过弹性联轴器由电动机驱动，从传动端看，泵为逆时针方向旋转。

Sh 型单级双吸离心泵，供输送不含固体颗粒及温度不超过 80℃的清水或物理、化学性质类似水的其他液体。适合于工厂、矿山、城市给水排水，也可作电站、大型水利工程、农田排灌等。

Sh 型泵的性能范围：流量 Q 为 144～11000m³/h；扬程 H 为 11～125m。

型号意义：例 6Sh-9A

6——水泵入口直径，in；

Sh——单级双吸中开式离心泵；

9——泵的比转数除以 10 的整数；

A——叶轮外径经第一次切削。

与 Sh 型泵的结构形式相类似的水泵有 SA 型和 S 型，还有一种 SLA 型立式双吸离心泵，它是将 SA 型泵的泵轴改为立式安装，除上下两轴承体内装有向心球轴承外，上端轴承体内还装有止推轴承，以承受泵的轴向推力及转动部分的重量。习惯上把这种泵称为"立式安装"，目的是使泵房平面面积减小，布置紧凑。但从安装和维修的角度看不如卧式泵方便。

4.2 D型多级离心泵

多级泵相当于将几个叶轮同时安装在一根轴上串联工作，轴上叶轮的个数就代表泵的级数。多级泵工作时，液体由吸入管吸入，顺序地由一个叶轮压出进入后一个叶轮，每经过一个叶轮，液体的比能就增加一次。所以，泵的总扬程是按叶轮级数的增加而增加。

多级泵的泵体是分段式的，由一个前段、一个后段和数个中段组成，用螺栓连接成一个整体。它的叶轮都是单吸式的，吸入口朝向一边。泵壳不铸有蜗壳形的流道，水从一个叶轮流入另一个叶轮，以及把动能转化为压能的作用是由导流器来进行的。导流器的结构图如图 4-3（a）所示，它是一个铸有导叶的圆环，安装时用螺母固定在泵壳上。水流通过导流器时，犹如水流经过一个不动的水轮机的导叶一样，因此，这种带导流器的多级泵通常称为导叶式离心泵（又称透平式离心泵）。图 4-3（b）表示泵壳中水流运动的情况。

图 4-3 导流器结构图

（a）导流器；（b）水流运动情况

1—流槽；2—固定螺栓孔；3—水泵叶轮；4—泵壳

D型泵为卧式安装，吸入口水平，排出口垂直向上。泵由泵体、叶轮、轴、导叶、导叶套和平衡盘等主要零部件组成，如图 4-4 所示。转子的轴向力由平衡盘平衡。轴承采用滚动轴承，用黄油润滑。轴封采用机械密封和填料密封，在填料密封的填料箱中通入有一定压力的水，起水封作用。从驱动方向看，泵为顺时针方向旋转。

D型泵用来输送不含固体颗粒、温度低于80℃的清水，或物理化学性质与清水类似的液体。适用于矿山、工厂和城市给水排水。

该泵性能范围：流量 Q 为 6.3～450m³/h；扬程 H 为 50～650m。

型号意义：例 D150-30×3

D——多级节段式离心泵；

150——泵设计点流量，m³/h；

图 4-4　D 型泵结构图

1—轴；2—轴套；3—尾盖；4—平衡盘；5—平衡板；6—平衡水管；7—平衡套；
8—排出段；9—中段；10—导叶；11—导叶套；12—次级叶轮；13—密封环；
14—首级叶轮；15—气嘴；16—吸入段；17—轴承体；18—轴承盖；19—轴承；
20—轴承螺母；21—联轴器

30——泵设计点单级扬程，m；

3——泵的级数。

图 4-5 所示为分段多级式离心泵中液流的示意。其轴向推力将随着叶轮个数的增加而增大。所以，在分段多级离心泵中，轴向力的平衡是一个不容忽视的问题。为了消除轴向推力，通常在水泵最后一级，安装平衡盘装置，如图 4-6 所示。

图 4-5　分段多级式离心泵中液流示意

图 4-6　平衡盘

1—平衡盘；2—平衡室；3—通大气孔；
4—叶轮泵；5—键；6—泵壳

平衡盘以键销固定于轴上，随轴一起旋转。它与泵轴及叶轮可视为同一个刚性体，而泵壳及泵座则视为另一个刚性体。当最后一级叶轮出口压力水有一部分经轴隙 a 流至平衡盘时，平衡室内将有一个 ΔP 的力作用在平衡盘的内表面上，其值为 $\Delta P' = \gamma hA$（A 为平衡盘的面积）。其方向与水泵的轴向力 ΔP 相反。如 $\Delta P'$ 接近 ΔP 时，对泵轴而言，意味着使它向左移动的力和使它向右移动的轴向力平衡，所以我们称 $\Delta P'$ 为轴向力的平衡力。在水泵运行中，由于水泵的出水压力是变化的，因此，轴向力 $\Delta P'$ 也是变化的，当 $\Delta P > \Delta P'$ 时，泵轴及平衡盘向右移动，盘隙 b 变小，泄漏量也变小，但因轴隙 a 是始终不变的，此时，平衡室内就进水多而出水少，平衡室压力 γhA 值增大，也即向左的平衡力 $\Delta P'$ 就增大，很快地增长至 $\Delta P' = \Delta P$ 值时，轴和平衡盘又从右边拉回到原来平衡位置。

分段多级泵中装了平衡盘以后，不论水泵工作情况如何变化，在平衡室内一定能自动地使 $\Delta P'$ 调整至与 ΔP 相等。并且，这种调整是随时进行的。在水泵运行中，平衡盘始终处于一种动态平衡之中，泵的整个转动部分始终是在某一平衡位置的左右进行微小的轴向脉动。一般水泵厂在水泵的总装图上，对于装上平衡盘后，轴的窜动量都提有明确的技术要求。这里，轴缝 a 的作用主要是造成一水头损失值，以减少泄漏量。盘隙 b 的作用主要是控制泄漏量，以保证平衡室内维持一定的压力值。平衡盘直径应适当比水泵吸入口直径大一些，以保证 $\Delta P'$ 能与 ΔP 平衡。轴隙、盘隙、盘径这三者在水泵的设计中，都需要具体计算。另外采用了平衡盘后，就不采用止推轴承，因为止推轴承限制了泵转动部分的轴向移动，使平衡盘失掉自动平衡轴向力这个最大的优点。

此外，对多级泵而言，消除轴向力的另一途径是将各个单吸式叶轮作"面对面"或"背靠背"的布置，如图 4-7 所示。一台四个单吸式叶轮的多级泵，可排成犹如两组双吸式叶轮在工作，这样，可基本上消除由于叶轮受力的不对称性而引起的轴向推力。但是，一般而言，这类布置将使泵的结构较为复杂一些。

(a)　　　　　　　　(b)

图 4-7　叶轮对称布置

(a) 背靠背布置；(b) 面对面布置

4.3　DG 型锅炉给水泵

DG 型水泵用来输送不含固体颗粒、温度低于 105℃的清水或物理化学性质类似清水的液体，适用于小型锅炉给水和类似热水的介质。

DG 型水泵多为卧式安装，吸入口和排出口均为垂直向上。泵的前段、中段和后段用螺栓连接成一体。泵由泵体、叶轮、轴、导叶、导叶套和平衡盘等零部件组成，其结构如图 4-8 所示。转子的轴向力由平衡盘平衡，轴承为滚动轴承，黄油润滑。轴封为浮环式密封、机械密封和填料密封。密封腔内通有一定压力的水，起水封、水冷和水润滑作用。电动机与泵轴通过弹性联轴器直联驱动，从驱动端看，泵为顺时针方向旋转。

图 4-8　DG 型泵结构图

1—柱销弹性联轴器；2—轴；3—滚动轴承部件；4—水冷填料；5—吸入段；6—密封环；
7—中段；8—叶轮；9—导叶；10—导叶套；11—螺栓；12—排出段；13—平衡套（环）；
14—平衡盘；15—填料函体；16—水冷室盖；17—轴承

该泵的性能范围：流量 Q 为 6.5～450m^3/h；扬程 H 为 50～650m。

型号意义：例 DG85-67×3

DG——多级节段式锅炉给水泵；

85——泵设计点流量，m^3/h；

67——泵设计点单级扬程，m；

3——泵的级数。

4.4　TC 型自吸泵

TC、TCD 型泵为单级、单吸离心式自吸泵，可用来输送清水及物理化学性质与清水类似的液体，液体的最高温度不超过 80℃。此种水泵的结构简单、体积小、质量轻，具有良好的自吸性能。使用时不需安装底阀，维修操作方便，只要在第一次启动前往泵内灌满水即可进行抽水，以后启动可不再灌水。此种水泵很适合于小型稻田、菜地、园林的灌溉，鱼塘、工厂、学校、别墅的供水，工程施工、地下室、下水沟排水等之用。

TC 型泵的主要零件有：泵体、泵盖、叶轮、轴、轴承等，如图 4-9 所示。泵体内具有涡形流道，流道外层周围有容积较大的气水分离腔，泵体下部铸有座角作为固定泵用，泵体的进出水口可用胶管或法兰管连接。当配胶管时，进口胶管接头座附有止回阀，以阻止停机液体倒流。泵体涡形流道内装有闭式单吸叶轮，泵盖上具有密封室，轴承体内装黄油以润滑轴承，泵轴后端装 V 带轮或联轴器，用电动机或内燃机来带动泵。TC 泵进口是水平在泵的正前方，出水是垂直向上或用弯头朝上方 45°。

图 4-9　TC 型、TCD 型自吸泵结构图

1—带轮（联轴器）；2—轴；3—轴承；4—填料压盖；5—轴承体；6—泵盖；7—叶轮；
8—密封环；9—泵体；10—引水塞；11—出水管接头座；12—吸入止回阀；
13—吸水管接头；14—轴套；15—放水盖；16—骨架油封

该泵的性能范围：流量 Q 为 6～120m³/h；扬程 H 为 4.8～87m；转速 n 为 2600～2900r/min。

型号意义：例 3TC-15

3——泵吸入口直径，in；

TC——离心自吸泵；

15——泵设计点扬程，m。

4.5　IH 型单级单吸化工离心泵

IH 型单级单吸化工离心泵是根据国际标准 ISO 2858 进行设计的，并按国际标准 ISO 5199/DIS 制造的，其技术经济指标与老产品比较，效率平均提高了 5% 左右，气蚀余量降低了 2m 左右，是国家推广的节能替代产品。

IH 泵主要由泵体、叶轮、泵盖、轴、轴套、密封环、叶轮螺母、中间支架、悬架部件等组成，如图 4-10 所示。该泵为后开门结构形式，其特点是不用拆卸与泵体连接的进、出口管路，也不用拆卸电动机，只需拆下加长联轴器的中间连接件，就可以拆除泵的转子部件进行检修，使维修工作十分方便。悬架体、轴承部件支承着泵的转子部件。为了平衡轴向力，在叶轮前盖板处设有密封环，在叶轮

83

后盖板上设有背叶片。滚动轴承承受泵的径向力和残余的轴向力。在强腐蚀条件下，有时需要将中间支架用耐腐蚀材料制造。轴封一般采用机械密封，最常用的是非平衡型内装式单端面机械密封，以防止泄漏和进气。根据工作条件也可采用外装式机械密封、平衡型机械密封和双端面机械密封。在某些情况下，还需要密封附加装置，如旋风分离器、孔板、换热器等。对于悬浮颗粒和腐蚀性较弱的介质，最经济的轴封形式是软填料密封。软填料密封由填料压盖、填料环、轴套、软填料等组成。传动由电动机通过加长联轴器传动泵轴。从电动机方向看，泵为顺时针方向旋转。

图 4-10　IH 型泵结构图
1—泵体；2—叶轮；3—密封环；4—叶轮螺母；5—泵盖；6—密封部件；
7—中间支架；8—轴；9—悬架部件

IH 型泵主要用于化工、石油、石油化工、冶金、轻工、印染、制药、环保、海水淡化、海上采油等工业部门，供输送没有固体颗粒的有机或无机化工介质、石油产品及有腐蚀性的液体。

该泵的性能范围：流量 Q 为 $3.4\sim460\text{m}^3/\text{h}$；扬程 H 为 $3.6\sim132\text{m}$；温度 t 为 $20\sim180℃$；最高工作压力为 1.6MPa。

型号意义：例 IH80-50-200AS$_1$-306

IH——符合国际标准的单级单吸化工泵；

80——泵入口直径，mm；

50——泵出口直径，mm；

200——叶轮名义直径，mm；

A——叶轮外径经第一次切削；

S$_1$——泵的轴封形式，见 GB 5656；

306——泵触液零件的材料代号，见 GB 2100。

4.6　污　水　泵

4.6.1　WL型立式排污泵

WL型污水泵是杂质泵的一种，它与清水泵的不同之处在于：叶轮的叶片少，流道宽，便于输送带有纤维或其他悬浮杂质的污水。另外，在泵体的外壳上开设有检查、清扫孔，便于在停车后清除泵壳内部的污浊杂质。

WL型系列立式排污泵是在吸收国外先进技术的基础上研制而成的，该产品具有以下三个特点：①高效节能；②功率曲线平坦，可以在全性能范围内运行而无过载之忧；③无堵塞，防缠性能良好，采用单叶片，大流道叶轮，能顺利地输送含大固体颗粒、食品塑料袋等长纤维或其他悬浮物的液体，能抽送大颗粒固体块，直径100～250mm，纤维长度300～1500mm。该种水泵适用于输送城市生活污水、工矿企业污水、泥浆、粪便、灰渣及纸浆等浆料，还可用做循环泵。

WL型系列泵为单级单吸立式污水泵，液体沿泵轴的轴线呈70°方向流出。其主要部件由蜗壳、叶轮、泵座体、支撑管、轴、电动机座等组成，如图4-11所示。叶轮有两种规格，一种是三叶片叶轮，另一种是单叶片叶轮。叶轮在蜗壳和泵座

图4-11　WL型泵结构图
1—底座；2—前泵盖；3—手孔盖；4—泵体；
5—后泵盖；6—T轴承盖；7—轴；8、9—轴承盖；
10—弹性联轴器；11—电动机支架；12—挡水圈；
13—填料压盖；14—汽油杯；15—填料；16—填
料杯；17—叶轮；18—密封环；19—进口椎管

体组成的工作室中工作，将介质由工作室经出口弯头排出。泵的轴向密封由一套机械密封和两个骨架油封组成，防止介质沿轴向冲向轴承，以确保轴承的使用寿命。支撑管由冷拉钢管制成，作为连接电动机座与泵座体之用。泵的传动方式是通过联轴器与电动机连接，泵的旋转方向，从电动机端看为顺时针方向旋转。

WL型立式排污泵的泵体和进水管上都设有手孔，以供排出杂物，液体沿轴向吸入，水平方向排出。电动机与泵的连接方式有两种：一是电动机联轴器装在与泵体连为一体的支架上；二是电动机单独设基础，通过带万向节的传动轴与泵轴连接。

型号意义：例200WLI（Ⅱ）480-13

200——泵出口直径，mm；

WL——立式排污泵；

Ⅰ——电动机直连式；

Ⅱ——加卡轴万向节连接式；

200——叶轮名义直径，mm；

480——泵设计点流量，m^3/h；

13——泵设计点扬程，m。

4.6.2 WW型无堵塞污水污物泵

WW型无堵塞污水污物泵是适应现代工业发展的新型杂质泵。它广泛用于冶金、矿山、煤炭、电力、石油、化工等工业部门和城市污水处理、港口河道疏浚等作业。该种型号泵的最大特点是：可以抽送大块矿石，抽送含有杂草、麦穗、稻草等大量纤维状物质的污水而不会产生堵塞现象。它被用作化工流程泵时，不会因被抽送液体结晶而堵塞。如用来抽送鱼虾，则能保证鱼虾不被叶轮绞死打烂。所以，WW型无堵塞污水污物泵是一种很理想的高性能杂质泵。

WW型无堵塞污水污物泵是一种单级单吸离心泵，其结构如图4-12所示。该泵采用单叶片流道闭式叶轮，泵的进出口口径和叶轮流道的最小过流部位的尺寸相同。这样就保证了被抽送介质中的最大颗粒固体物质能顺利通过，从而达到泵的无堵塞效果。WW型无堵塞污水污物泵的轴封采用外供水冲洗的填料盒，用软填料密封。用于抽送带腐蚀性的液体，例如用作化工泵，则可采用机械密封，并设水冷却系统。泵是通过弹性联轴器由电动机驱动。WW型无堵塞污水污物泵采用滚动轴承支承，滚动轴承用稀油润滑。

该泵的性能范围：流量 Q 为 $20\sim500m^3/h$；扬程 H 为 $5\sim30m$。

型号意义：例 150WW260-14

150——进出口口径，mm；

WW——无堵塞污水污物泵；

260——泵设计点流量，m^3/h；

14——泵设计点扬程，m。

图4-12　WW型无堵塞污水污物离心泵结构图

1—泵体；2—叶轮；3—前盖；4—支架；5—后盖；6—泵轴；7—托架；8—联轴器

4.7　J（JD）系列长轴深井泵

　　长轴深井泵是用来抽升深层地下水的。它主要由三大部分组成：①包括滤网在内的泵的工作部分；②包括传动轴在内的扬水管部分；③泵座和电动机部分。这类泵实际上用一种立式单吸分段式多级泵。图 4-13 所示为 JD 系列长轴井泵的构造图。叶轮 1 可以有多个，固定于同一根竖直的传动轴 2 上。泵壳由上导流壳 3、中导流壳 4 与下导流壳 5 三部分组成。叶轮位于中导流壳内，下导流壳用来连接中导流壳和吸水管 6，把水流导向叶轮。上导流壳用来连接中导流壳与扬水管 7，并把叶轮甩出的水引入扬水管中，此外在上、中、下导流壳中心座孔内部装有用水润滑的橡胶轴承 10，以支撑泵轴并防止摆动和减少摩擦。吸水管下端连有滤水网 8，用来防止砂石及其他杂物进入水泵。水泵运行时，水从滤网经下导流壳流道进入第一级叶轮，再通过中导流壳将水引入下一级叶轮，这样水流经过逐级加压，获得能量，最后通向扬水管至泵底座弯管 9 排出。工作部分在井内至少要让 2～3 个叶轮浸入动水位以下，而滤水网一方面要保证在最低动水位以下 0.5～1.0m，另一方面要保证距井底不小于 1.5m 的距离。

图 4-13　JD 系列深井泵构造图
1—叶轮；2—传动轴；3—上导流壳；
4—中导流壳；5—下导流壳；6—吸水管；
7—扬水管；8—滤水网；9—泵底座弯管；
10—轴承；11—联轴器；12—电动机

　　传动轴通过扬水管中心井由橡胶轴承支承。传动轴系由若干个短轴联轴器 11 将连为一整体。泵的传动部分和轴向力全部由电动机止推轴承来承受。

　　型号意义：100JC10—2.8×13 型　100——适用最小井径为 100mm；JC——长轴深井泵；2.8——额定流量为 28m³/h；13——表示水泵级数。

4.8　潜　水　泵

　　潜水泵主要由电动机、水泵和扬水管三个部分组成。电动机与水泵连在一起，完全浸没在水中工作，这种泵广泛地应用于工矿及城市给水排水工程中。由于潜水泵是在水中运行的，故其结构上有一些特殊的要求，特别是潜水电动机较一般电动机有特殊要求，通常有干式、半干式、湿式和充油式电动机等类型。

　　干式电动机采用电动机内充入压缩空气或在电动机的轴伸端用机械密封等办

4-1 潜污泵介绍微课

4-2 QW型系列泵自动耦合式安装动画

法来阻止水或潮气进入电动机内腔，以保证电动机的正常运行。半干式电动机是仅将电动机的定子密封，而让转子在水中旋转。湿式电动机是在电动机定子内腔充以清水或蒸馏水，转子在清水中转动，定子绕组采用耐水绝缘导线，这种湿式电动机结构简单，应用较多。充油式电动机就是在电动机内充满绝缘油（如变压器油），防止水和潮气进入电动机绕组，并起绝缘、冷却和润滑作用。

潜水泵的主要特点是：①电动机与水泵合为一体，不用长的传动轴，重量轻；②电动机与水泵均潜入水中，不需修建地面泵房；③由于电动机一般是用水来润滑和冷却的，所以维护费用小。

很多型号的潜水泵都设有自动耦合装置，在泵出口端设有滚轮，在导轨内上下滚动，耦合装置保证泵的出水口与固定在基础上的出水弯管自动耦合和脱接，泵的检修工作可在池外进行。竖向导轨下端固定于弯管支座之上，上端与污水池顶梁或墙（出口弯管侧）内预埋钢板焊接固定。轴承与潜水电动机共用。轴封采用机械密封，传动与潜水电动机同轴，由电动机直接驱动。

如图 4-14 所示为 QW 型立式潜污泵的结构示意图。吸入口位于泵的底部，排出口为水平设置。选用立式潜水电动机与泵体直连，过负荷保护装置和浸水保护装置保证了运转的安全。图 4-15 所示为 QW 型泵的外形和安装尺寸。

QW 型泵适用于输送 40℃ 以下的工矿企业排放的工业废水、生活污水、粪便或含有纤维、纸屑等非磨蚀性固体的液体。液体的 pH 值在 5～9，固体颗粒直径

图 4-14　QW 型立式潜污泵结构示意图
1—进水端盖；2—O 形密封圈；3—泵体；
4—叶轮；5—浸水检出口；6—机械密封；7—轴；
8—电动机；9—过负荷保护装置；10—连接部件

图 4-15　QW 型泵的外形和安装尺寸

小于 20mm。该泵广泛应用于矿山建设、市政工程以及医院、宾馆、饭店污水杂物的排放，也可用做采油、水处理及农田灌溉等。

型号意义：例 80QW-0.3-10

80——排出口直径，mm；

QW——潜水污水泵；

0.3——设计点流量，m^3/min；

10——泵总扬程，m。

4.9　射　流　泵

射流泵也称水射器。基本结构如图 4-16 所示，由喷嘴、吸入室、混合管以及扩散管等部分所组成。构造简单，工作可靠，在给水排水工程中经常应用。

4-3　射流泵
构造及工作原理

图 4-16　射流泵构造图

1—喷嘴；2—吸入室；3—混合管；4—扩散管

4.9.1　工作原理

如图 4-17 所示，高压水以流量 Q_1 由喷嘴高速射出时，连续挟走了吸入室 2 内的空气，在吸入室内造成不同程度的真空，被抽升的液体在大气压力作用下，以流量 Q_2 由管 5 进入吸入室内，两股液体（$Q_1 + Q_2$）在混合管 3 中进行能量的传递和交换，使流速、压力趋于拉平，然后，经扩散管 4 使部分动能转化为压能后，以一定流速由管道 6 输送出去。在图 4-17 中：

H_1——喷嘴前工作液体具有的比能，mH_2O；

H_2——射流泵出口处液体具有的比能，也即射流泵的扬程，mH_2O；

Q_1——工作液体的流量，m^3/s；

Q_2——被抽液体的流量，m^3/s；

F_1——喷嘴的断面积，m^2；

F_2——混合室的断面积，m^2。

射流泵的工作性能一般可用下列参数表示：

$$流量比\ \alpha = \frac{被抽液体流量}{工作液体流量} = \frac{Q_2}{Q_1}$$

$$压头比\ \beta = \frac{射流泵扬程}{工作压力} = \frac{H_2}{H_1 - H_2}$$

$$断面比\ m = \frac{喷嘴断面}{混合室断面} = \frac{F_1}{F_2}$$

图 4-17　射流泵工作原理

1—喷嘴；2—吸入室；3—混合管；4—扩散管；5—吸水管；6—压出管

4.9.2　射流泵的应用

射流泵优点有：①构造简单、尺寸小、重量轻、价格便宜；②便于就地加工，安装容易，维修简单；③无运动部件，启闭方便，当吸水口完全露出水面后，断流时无危险；④可以抽升污泥或其他含颗粒液体；⑤可以与离心泵联合串联工作从大口井或深井中取水。

缺点是效率较低。在给水排水工程中一般用于：

（1）用做离心泵的抽气引水装置，在离心泵泵壳顶部接一射流泵，当水泵启动前，可用外接给水管的高压水，通过射流泵来抽吸泵体内空气，达到离心泵启动前抽气引水的目的。

（2）在水厂中利用射流泵来抽吸液氯和矾液，俗称"水老鼠"。

（3）在地下水除铁曝气的充氧工艺中，利用射流泵作为带气、充气装置，射流泵抽吸的始终是空气，通过混合管进行水气混合，以达到充氧目的。这种水、气射流泵一般称为加气阀。

（4）在排水工程中，作为污泥消化池中搅拌和混合污泥用泵。近年来，用射流泵作为生物处理的曝气设备及气浮净化法的加气水设备发展异常迅速。

（5）射流泵与离心泵联合工作以增加离心泵装置的吸水高度。如图 4-18 所示，在离心泵的吸水管末端装置射流泵，利用离心泵压出的压力水作为工作液体，这样可使离心泵从深达 30~40m 的井中提升液体。目前，这种联合工作的装置已常见，它适用于地下水位较深的地区或牧区解决人民生活用水、畜牧用水和小面积农田灌溉用水。

（6）在土方工程施工中，用于井点来降低基坑的地下水位等。

图 4-18　射流泵与离心泵联合工作

1—喷嘴；2—混合管；3—套管；4—井管；
5—水泵吸水管；6—工作压力水管；7—水泵；8—闸阀

4.10　往 复 泵

往复泵主要由泵缸、活塞（或柱塞）和吸、压水阀所构成。它的工作是依靠在泵缸内做往复运动的活塞（或柱塞）来改变工作室的容积，从而达到吸入和排出液体的目的。由于泵缸内主要工作部件（活塞或柱塞）的运动为往复式的，因此，称为往复泵。

4.10.1　工作原理

图 4-19 所示为往复泵的工作示意。柱塞 7 由飞轮通过曲柄连杆机构来带动，当柱塞向右移动时，泵缸内造成低压，上端压水阀 3 被压而关闭，下端的吸水阀 4 便被泵外大气压作用下的水压力推开，水由吸水管进入泵缸，完成了吸水过程。相反，当塞柱由右向左移动时，泵缸内造成高压，吸水阀被压而关闭，压水阀受压而开启，由此将水排出，进入压水管路，完成了压水过程。如此，周而复始，柱塞不断进行往复运动，水就间歇而不断地被吸入和排出。活塞或柱塞在泵缸内

91

4-5 往复泵
工作示意动画

图 4-19 往复泵工作示意

1—压水管路；2—压水空气室；3—压水阀；
4—吸水阀；5—吸水空气室；6—吸水管路；
7—柱塞；8—滑块；9—连杆；10—曲柄

从一顶端位置移至另一顶端位置，这两顶端之间的距离 S 称为活塞行程长度（也称冲程）。两顶端叫作死点。活塞往复一次（即两冲程），泵缸内只吸入一次和排出一次水，这种泵称为单动往复泵。单动往复泵的理论流量（不考虑渗漏时）Q_T 为

$$Q_T = FSn = \frac{\pi D^2}{4} Sn \quad (m^3/min)$$

$$(4-1)$$

式中　F——柱塞（或活塞）端面积，m^2；

　　　n——柱塞每分钟往复次数，次/min；

　　　S——冲程，m。

实际上，在往复泵内，吸水阀和压水阀的开关动作均略有延迟现象，有一部分水漏回吸水管和泵缸。另外，由于柱塞、填料盒的不紧密等也造成水漏损和吸入空气。因此，往复泵的实际流量 Q，一定小于理论流量 Q_T。其值可用容积效率 η_V 来表示

$$Q = \eta_V Q_T \quad (m^3/s) \tag{4-2}$$

构造良好的大型往复泵容积效率 η_V 较高，小型往复泵的容积效率 η_V 较低，一般 η_V 约为 85%～99%。

往复泵多采用曲柄连杆作传动机构，由理论力学可知当曲柄作等角速度旋转时，活塞或柱塞的速度变化为正弦曲线，活塞在两个死点时，速度为零，加速度达最大值，在中间位置时，速度最大，加速度为零。由于柱塞面积 F 为一常数，因此，水泵供水量与柱塞速度变化的规律一样，也即按正弦曲线规律变化，如图 4-20（a）所示。由图可知：单动往复泵的出水是极不稳定的。为了改善这种不均匀性，可将三个单动往复泵互成120°，用一根曲轴连接起来，组成一台三动泵，当曲轴每转一周，三个活塞（或柱塞）分别进行一次吸入和排出水体，其流量变化如图 4-20（c）所示，出水比较均匀。

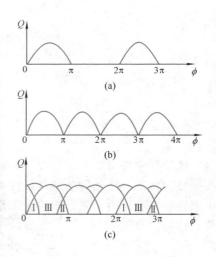

图 4-20　流量变化曲线

(a) 单动泵流量曲线；
(b) 双动泵流量曲线；
(c) 三动泵流量曲线

图 4-21 所示为双作用往复泵，也称双动泵。在计算时要考虑到活塞杆的截面积 f 对流量的影响。当活塞每往复一次的时间内，双动泵的理论出水量为

$$Q_T = (2F - f)sn \qquad (m^3/min) \tag{4-3}$$

其出水量变化曲线如图 4-20（b）所示。为了尽可能使往复泵均匀地供水，以及减少管路内由于流速变化而造成液体的惯性力作用，一般常在压水及吸水管路上装设密闭的空气室，借室内空气的压缩和膨胀作用，来达到缓冲调节的效果。

往复泵的扬程是依靠往复运动的活塞，将机械能以静压形式直接传给液体。因此，往复泵的扬程与流量无关，这是它与离心泵不同的地方。它的实际扬程仅取决于管路系统的需要和泵的能力，即它应该包括水的静扬程高度 H_{ST}，吸、压水管中的水头损失之和（包括出口的流速水头）$\sum h$。

图 4-21 为双动泵示意图，其扬程与流量无关，理论上应是平行于纵坐标轴 H 的直线，但实际上因液体难免没有泄漏，且随泵的扬程增加，泄漏也严重，所以实际的特性曲线如图 4-22 中虚线所示。

图 4-21　双作用往复泵示意
1—出水管；2—活塞；3—吸水管；4—活塞杆

图 4-22　往复泵特性曲线

4-6　双作用
往复泵示意动画

4.10.2　性能特点和应用

往复泵的性能特点可归结为：①扬程取决于管路系统中的压力、原动机的功率以及泵缸本身的机械强度，理论上可达无穷大值。供水量受泵缸容积的限制，因此，往复泵的性能特点是高扬程，小流量的容积式水泵。②必须开闸下启动。如果按离心泵一样在压水闸关闭下启动水泵，将使水泵或原动机发生危险，传动机构有折断的危险。③不能用闸阀来调节流量。因为关小闸阀非但不能达到减小流量的目的，反而，由于闸阀的阻力而增大原动机所消耗的功率，因此，管路上的闸阀只作检修时隔离之用，平时需常年开闸运行。另外，由于流量与排出压力无关，因此，往复泵适宜输送黏度随温度而变化的液体。④在给水排水泵站中，如果采用往复泵时，则必须有调节流量的设施，否则，当水泵供水量大于用水量时，管网压力将遽增，易引起炸管事故。⑤具有自吸能力。往复泵是依靠活塞在泵缸中改变容积而吸入和排出液体的，运行时吸入口与排出口是相互间隔各不相通的，因此，泵在启动时，能把吸入管内的空气逐步排走，因而，往复泵启动时可不必先灌泵引水，具有自吸能力。有的为了避免活塞在启动时与泵缸干磨，缩

短启动时间和启动方便，所以，也有在系统中装设底阀的。⑥出水不均匀，严重时可能造成运转中产生振动和冲击现象。

往复泵与离心泵比较　　　　　　　　　　表 4-1

项　目	往　复　泵	离　心　泵
流量	较小，一般不超过 200～300m³/h	很大
扬程	很高	较低
转数(往复次数)	低，一般小于 400 次/min	很高，常用为 3000r/min
效率	较高	较低
流量调节及计量	不易调节，流量一般为恒定值，可计算	流量调节容易，范围广，要用专门仪表计量
适宜输送液体介质	允许黏度较大液体、不宜含颗粒液体	不宜输送黏度较大液体，但可以输送污水等
流量均匀度	不均匀	基本均匀，脉动小
结构	较复杂，零件多	简单，零件少
体积、重量	体积大，重量大	体积小，重量轻
自吸能力	能自吸	一般不能自吸，需灌泵
操作管理	操作管理不便	操作管理方便
造价	较高	较低

表 4-1 为往复泵与离心泵优缺点的比较。由表可以看出，虽然近代在城市给水排水工程中，往复泵已被离心泵趋于取代，但它在某些工业部门的锅炉给水方面、在输送特殊液体方面，在要求自吸能力高的场合下，仍有其独特的作用。

思 考 题 与 习 题

1. 污水处理厂污泥输送使用什么形式水泵，为什么？
2. 简述往复泵工作原理、特点及其应用范围。
3. 在地下水取水中，当采用 100m 深管井时使用什么类型水泵比较合适，为什么？
4. 利用何种水泵实现精确计量，其计量原理和精度影响因素是什么？

知 识 拓 展

目前我国电机系统用电量约占全国用电量的 60%，其中风机、压缩机和空调制冷机的用电量分别占全国用电量的 10.4%、9.4% 和 6%，而单只泵类产品的耗电量就达到了 20.9%。因此，传统水泵的升级换代就显得尤为迫切。

磁悬浮潜水电泵实现了世界潜水电泵领域重大突破，有效解决了传统潜水电泵的种种弊端。它实现了立轴磁悬浮在不同工况下保持高效率、不磨损，使用时间及检修周期延长数倍，省去频繁的定期检修工作，可连续运转数万小时，节省维修、检修费用。

磁悬浮水泵是利用电磁力，将被支承件稳定悬浮在空间，使支承件与被支承件之间没有机械接触的一种高性能机电一体化轴承。它具有无机械接触、无须润滑、高转速、精度高、功耗低、智能控制等特点。

磁悬浮潜水电泵改变了潜水电泵的制造工艺，转换效率达到令人震惊的水平，改变了传统水泵转换效率偏低、耗电过高、扬程受限、轴承易损、检修频繁等问题，创造了巨大节能降耗效益。

　　磁悬浮潜水电泵解决了制约世界潜水电泵领域发展的轴向力问题，潜水电泵的扬程有了突破性提高，填补了超高扬程（单机扬程设计到上千米）和超大流量（高承载）潜水电泵的市场空白；扬程、流量曲线趋于平缓。其转换效率、单机最高扬程均居世界领先地位。

磁悬浮泵

教学单元 5

水泵安装与泵站运行管理

知识目标

通过学习本教学单元的内容，使学生：
1. 掌握水泵安装与拆卸要求。
2. 掌握水泵维修周期要求。
3. 了解泵站试运行的内容、程序。
4. 掌握泵站运行、维修的要点。

技能目标

通过学习本教学单元的内容，使学生：
1. 能识读水泵基础图。
2. 能对水泵机组进行安装与拆卸。
3. 能进行检修水泵。
4. 能分析及解决水泵机组运行中的常见问题。
5. 能根据泵站运行的经济技术指标，提高泵站运行管理水平。

5.1　离心泵的安装与拆卸

水泵和管道的安装是泵站工程建设的重要环节。安装质量的好坏，直接影响机组运行的效率、设备的管理与维修，以及使用寿命。因而必须按照安装规程和技术要求认真做好。

5.1.1　水泵的安装

（1）安装工具和材料的准备

安装用的工具和材料，与机组的型号、大小等有关，要根据具体情况，准备好所需的工具和材料。安装工具包括一般工具、起吊运输工具、量具和专用工具等。

（2）设备的验收

设备运到工地后，应组织有关人员检查各项技术文件和资料，检验设备质量和规格数量。

设备的检查包括外观检查、解体检查和试验检查。一般对出厂有验收合格证、包装完整，外观检查未发现异常情况的，只要运输保管符合技术文件的规定，可不进行解体检查。

（3）土建工程的配合

安装前土建工程的施工单位应提供主要设备基础及建筑物的验收记录、建筑构设备基础上的基准线、基准点和水准标高点等技术资料。为保证安装质量和安装工作的顺利进行，安装前机组基础混凝土应达到设计强度 70% 以上。泵房内的沟道和地坪已基本做完，并清理干净。泵房已封顶不漏雨雪，门窗能遮蔽风沙。建筑物装修时不影响安装工作的进行，并保证机电设备不受影响。对设固定起重设备的泵房，还应具备行车安装的技术条件。

（4）主机组基础和预埋件的安装图

根据设计图纸要求，在泵房内按机组纵横中心线及基础外形尺寸放样。为保证安装质量，必须控制机组的安装高程和纵横位置误差，机组位置控制关系如图 5-1 所示。

图 5-1　泵房机组位置控制图

1—泵房横向中心线；2—泵房纵向中心线；3—机组纵向中心线；4—机组横向中心线

为便于管道安装，主机组的基础与进出水管道（流道）的相互位置和空间几何尺寸应符合一次浇筑法立模图的要求，如图 5-2 所示。

基础浇筑分一次浇筑和二次浇筑两种方法。前者用于小型水泵，后者用于大中型水泵。一次浇筑法是将地脚螺栓在浇筑前预埋，地脚螺栓上部用横木固定在基础木模上，下部按放样的地脚螺栓间距焊在圆钢上。在浇筑时，一次把它浇入基础内，如图 5-2 所示。

预埋件的材料和型号，必须符合设计要求。二次浇筑法应在浇筑基础时预留地脚螺栓孔，根据放样位置安放地脚螺栓孔木模或木塞，如图 5-3 所示。

图 5-2　一次浇筑法立模图

1—木模板；2—地脚螺栓；3—螺母；4—垫片
5—横木；6、7—支撑；8—固定钢筋（圆钢）

图 5-3　二次浇筑法地脚螺栓孔的木塞

1—木模板；2—木塞；3—支撑

在浇筑完毕后，于混凝土初凝后终凝前将木塞拔出。预留孔的中心线对基准线的偏差不大于 0.005m，孔壁铅垂度误差不得大于 0.010m，孔壁力求粗糙，机组安装好后再向预留孔内浇筑混凝土或水泥砂浆。灌浆时应采用下浆法施工，并捣固密实，以保证设备的安装精度。

图 5-4　可调垫铁

1—上垫铁；2—下垫铁；3—调节螺杆；4—螺母

水泵和电动机底座下面，一般设可调垫铁（图 5-4），用来支承机组重量，调整机组的高程可调水平，并使基础混凝土有足够的承压面。垫铁的材料为钢板或铸铁件，斜垫铁的薄边一般不小于 0.010m，斜度为 1/25～1/10，斜垫铁尺寸一般按接触面受力不大于 30000kN/m² 来确定。

5.1.2　卧式机组的安装

水泵就位前应复查安装基础平面和标高位置。包括中心线找正、水平找正和标点找正，是安装过程中的关键，必须认真掌握。卧式机组安装程序如图 5-5 所示。图中粗线方框表示总安装程序，细线方框表示总的安装程序中每一步骤的安装内容，箭头表示进程。

（1）中心线找正

中心线找正是找正水泵的纵横中心线。先定好基础顶面上的纵横中心线，然后在水泵进、出口法兰面（双吸式离心泵）和轴中心分别吊垂线，调整水泵位置，使垂线与基础上的纵横中心线相吻合，如图 5-6 所示。

（2）水平找正

水平找正是找正水泵纵向水平和横向水平。一般用水平仪或吊垂线，单吸离心泵在泵轴和出口法兰面上进行测量，如图 5-7、图 5-8 所示。

图 5-5　卧式机组安装程序

图 5-6　中心线找正

1、2—基础上的纵横中心线；3—水泵进出口法兰中心线；
4—泵轴中心线

5-4　纵向水平
找正动画

5-5　横向水平
找正动画

图 5-7　纵向水平找正

1—水泵轴；2—支撑；3—水平仪

图 5-8　横向水平找正

1—水泵出水口法兰；2—水平尺；
3—水平仪

双吸式离心泵在水泵进、出口法兰面一侧进行测量,如图 5-9 所示。

用调整垫铁的方法,使水平仪的气泡居中,或使法兰面至垂线的距离相等或与垂线重合。卧式双吸式离心泵,还以在泵壳的中开面上,选择可连成十字形的四个点,把水准尺立在达四个点上,用水准仪测量读各点水准尺的读数,若读数相等,则水泵的纵向与横向水平同时找正,如图 5-10 所示。

5-6 用吊锤线或方框水平仪找正水平动画

图 5-9　用吊锤线或方框水平仪找正水平
1—垂线;2—专用角尺;3—方框水平仪

图 5-10　用水准仪找正标高
1—水准尺;2—水准仪

$$\nabla H_A = \nabla H_B + L - c - \frac{d}{2} \tag{5-1}$$

式中　　∇H_B——基准点 B 处的向程,m;

L——B 点水准尺的读数,m;

c——泵轴上水准尺的读数,m;

d——泵轴的直径,m。

（3）电动机的安装

卧式水泵与电动机大多采用联轴器传动。卧式电动机安装一般以水泵为基准轴,调整电动机轴,使其联轴器和已安装好的水泵联轴器平行同心,且保持一定的间隙,从而达到两轴同轴的要求。

用塞尺和直尺测量两轴的径向间隙和轴向间隙,如图 5-11 所示。合缝间隙可用 0.05mm 塞尺检查,不得通过;当允许有局部间隙时,可用不大于 0.10mm 的塞尺检查,深度不应超过组合面宽度的 1/3,总长不应超过周长的 20%;组合缝

(a)　　　　　　　　　　(b)

图 5-11　用塞尺和直尺测量两轴的径向间隙和轴向间隙

处的安装面高差不应超过 0.10mm。

5.1.3 进出水管道的安装

进出水管道的安装包括管道、管道附件、阀件的安装。管道安装前应检验管道的规格和质量是否符合要求。如是法兰连接，应检查管道法兰面与管道中心线是否垂直，两端法兰面是否平行，法兰面凸台的密封沟是否正常。管道的内部防腐或衬里工作应符合有关规定。安装管道所用的管床、镇墩等土建工程应找正合格。此外，与管道连接的设备应找正合格，固定牢靠。

为了避免进水管内积存空气，进水管水平管段不应完全水平，更不得向水泵方向下降，应有向水泵方向逐渐上升的坡度（$i \geqslant 0.005$）。偏心渐缩接管，其平面部分要装在上面，斜面部分装在下面。水泵进水口应避免与弯头直接相联，当进水管直径等于水泵进水口，应在弯头和水泵进水口之间，加装一段直管，如图5-12所示。

（a）   （b）

图 5-12 正确和不正确的进水管路安装图
（a）不正确；（b）正确

5.1.4 水泵的拆卸

水泵的零部件虽不复杂，拆装也比较容易，如粗心大意，可能将造成零部件的损坏，影响正常的维护和检修。

1. 离心泵的拆卸

（1）泵盖拆卸

先松开泵盖两端的填料压盖、把填料压盖向两边拉开，然后松开泵盖上的螺母，泵盖即可拆下。

（2）联轴器和转子的拆卸

联轴器的拆卸在泵盖拆卸前后都可。拆卸转子时先拆下泵轴两端的轴承体压盖，即可将整个转子取下，在取下轴承体压盖时要注意保护好，取下转子时也要注意不要碰伤叶轮和轴颈。

（3）转子各部件的拆卸

先拆下泵轴两端的轴承与轴承盖两端的螺母，将两个轴承体卸下，用专用工具松开压向轴承的两个螺母。用拉子拉下两端的滚动轴承，将轴承盖、护环、填料压盖、水封环、填料套等零件从泵轴上退下，然后将轴套拆下。最后用压力机将叶轮压出。如没有压力机，可将叶轮放平垫好，用木槌将叶轮敲下。

2. 水泵拆卸后的清洗和检查

水泵在检修时，对拆卸下的零部件应进行以下清洗。

（1）清洗水泵和法兰盘各结合面上的油垢和铁锈，清洗拆下的螺栓、螺母。

（2）刮去叶轮内外表面和口环等处的水垢、沉积物及铁锈，要特别注意叶轮流道内的水垢。

（3）清洗泵壳内表面，清洗水封管、水封环，检查其是否堵塞。

（4）用汽油清洗滚动轴承。然后刮去滑动轴承上的油垢，用煤油清洗擦干。

(5) 橡胶轴承应刮擦干净,然后涂上滑石粉,橡胶轴承不能用油类清洗。

(6) 在清洗过程中,对水泵各零部件应做详细的检查,以便确定是否需要修理或更换。

在清洗过程中对水泵进行检查,检查内容如下:

(1) 检查泵壳内部有无磨损或因气蚀破坏而造成的沟槽、孔洞,检查水泵外壳有无裂纹损伤。

(2) 检查叶轮有无裂纹和损伤,叶片和轮盘有无因气蚀和泥沙磨蚀的砂眼、孔洞,或因冲刷磨损使叶片变薄,检查叶轮入口处是否有严重的偏磨现象。

(3) 检查口环和叶轮进口外缘间的径向间隙是否符合规定的要求,口环是否有断裂、磨损或变形。

(4) 检查水泵轴、传动轴是否弯曲,轴颈处有无磨损或沟痕。

(5) 检查轴承。对滚动轴承要检查滚珠是否破损或偏磨,内外圈有无裂纹,滚珠和内外围之间的间隙是否合格。对滑动轴承应检查轴瓦有无裂纹或斑点,检查轴瓦的磨损程度以及轴与轴瓦之间的间隙是否合适。对橡胶导轴承应检查其磨损程度,有无偏磨及其偏磨的程度,有无变质发硬。

(6) 检查填料是否需要更换,填料压盖有无裂纹、损伤。

5.2　叶片泵的检修

水泵机组的检修是运行管理中的一个重要环节,是安全、可靠运行的关键,必须认真对待。为更好地为工农业生产和人民生活提供服务,泵站中的所有设备均应具备很高的运行可靠性,保证机组经常处于良好的技术状态。因此,对泵站所有的机电设备,必须进行正常的检查、维护和修理,更新那些难以修复的易损件,修复那些可修复的零件。

5.2.1　定期检修

定期检修是机泵管理的重要组成部分,主要是解决运行中已出现并可修复的,或者尚未出现的问题。按规定必须检修的零部件。

定期检修是为避免让小缺陷变成大缺陷,小问题变成大问题,为延长机组使用寿命、提高设备完好率、节约能源创造条件。必须认真地、有计划地进行。

定期检修又分局部性抢修、解体大修和扩大性大修三种。

1. 局部性抢修

局部性抢修是指运行人员可进入直接接触的部件、传动部分、自动化元件及机组保护设备等,一般安排在运行间隙或冬季检修期有计划地进行。主要项目有:

(1) 全调节水泵调节器铜套与油套的检查处理。

(2) 水泵导轴承的检查。水泵导轴承有橡胶轴承和油导轴承两种。对橡胶轴承的磨损情况、漏水量、轴颈磨损等要检查、记录、处理。油导轴承大多是巴氏合金轴承、质软易磨损,密封效果不好,停机油盆进水,泥沙沉淀,运行时磨损轴承、轴颈。特别是对未喷镀或镶包不锈钢的碳钢轴颈,为了解其锈蚀、磨损情况，应定期检查处理。

油导轴承密封装置常见的有迷宫环、平板密封、空气围带等。由于橡胶件的制作质量及其易于老化特点，若是季节性泵站，停机时间长，空气围带长期处于充气膨胀状态，损坏率高，应定期检查更换。

（3）温度计、仪表、继电保护装置等检查、检验。这些是鉴定机组能否正常运行的依据，要达到灵活、准确。

（4）上、下导轴承油槽油及透平油取样化验，根据化验结果进行处理。

（5）轴瓦间隙及瓦面检查。根据运行时温度计的温度，有目的地检查轴瓦间隙和轴面情况。

（6）制动部分检查处理。

（7）机组各部分紧固件定位销钉是否松动。

（8）油冷却器外观检查并通水试验，看有无渗漏现象。

（9）检查叶轮、叶片及叶轮外壳的气蚀情况和泥沙磨损情况，并测量记录其程度。

（10）测量叶片与叶轮外壳的间隙。

（11）集水廊道水位自控部分准确度的检查及设备维护。

总之进行局部性检修的目的是为安全运行创造条件，至于检修的时间间隔，可根据不同内容和运行中发现的问题而定。

2. 解体大修

所谓机组解体大修，是机组的大修。机组大修是一项有计划的管理工作，是解决运行中经大修方能消除的设备重大缺陷，以恢复机组的各项技术指标。机组大修包括解体、处理和再安装三个环节。

机组的损坏有两种：一是事故损坏，发生的概率很小。二是正常性损坏，如运行的摩擦磨损、气蚀损坏、泥沙磨损、各种干扰引起的振动、交变应力的作用和腐蚀、电气绝缘老化等。

在规定的大修周期内，如机组运行并没有出现明显的异常现象，同时又可预测在以后一定时期内仍能可靠地运行，则可适当延长大修的时间。如机组能正常运行，而硬要按规定的大修周期来拆卸机组的部件或机构，那将恶化机组的技术状况。应根据机组的工作情况及部件的损坏情况来确定检修的规模。

3. 扩大性大修

当泵房由于基础不均匀沉陷等而引起机组轴线偏移、垂直同心度发生变化，甚至固定部分也因此而受影响，有严重的事故隐患；或者零部件严重磨损、损坏，导致整个机组性能及技术经济指标严重下降而必须进行整机解体，重新修复、更换、调整，并进行部分改造，必要时对水工部分进行修补。

5.2.2　大修周期

机组大修的周期要根据机组的运行条件和技术状况来确定。对于常年运行的用于工业和城镇供水的机组，用于排、灌又要求调相的机组，可逆式的发电机组等，不但要合理地确定大修周期，还要装置一定数量的备用机组，以保证机组在检修期继续供水等。

《泵站技术管理规程》GB/T 30948 规定大修周期为：主水泵为 3～5 年或运行 2500～15000h；主电动机为 3～8 年或运行 2500～20000h；并可根据情况提前或推迟。

在确定大修周期和工作量时，应注意下列事项。

（1）如没有特殊要求，尽量避免拆卸技术性能良好的部件和机构，因在拆卸和装配过程中可能会造成损坏或不能满足安装精度要求。

（2）应尽量延长抢修周期。要根据零部件的磨损情况、类似设备的运行经验、设备运行中的性能指标等，当有充分把握保证机组正常运行时，就不安排大修。

也不能片面地追求延长大修周期，而不顾某些零部件的磨损情况。大修应有计划地进行，以保证机组正常效益的发挥。

（3）尽量避免全部分解、拆卸机组的所有部件或机构，特别是那些精度、光洁度、配合要求很高的部件、机构。

5.2.3 水泵保养维护

水泵的保养维护是泵站检修维护的重要内容，生产企业根据水泵的类型进行编制相应的保养维护规程。以某供水厂的水泵保养维护规程为例，确定水泵在工作中水泵保养维护的内容。

某供水厂水泵保养维护规程

一、编制目的

规范水泵维护保养程序，确定水泵始终处于良好的运行或备用状态。

二、适用范围

适用于本厂内所有水泵，包括供水水泵、排水泵及相关设施的维护保养。

三、具体要求

（一）日常巡视检查

1. 每日上午或下午对水泵巡查一次，并做好记录和签名。

2. 检查各阀门的开关位置是否正常，阀门是否处在正常位置，若有异常应作出相应调整。

3. 检查各阀门管路有无漏水现象，压力表读数是否正常，观察高低区压力表与设定压力应在规定范围内。

4. 检查水泵有无异常振动及异常声音。检查方法：观察，手摸有无强烈振动或强烈摩擦声。

5. 检查机械密封是否漏水，排除不正常的漏水现象。

6. 检查电气控制柜和变频器的工作情况。检查方法：观察指示灯压力表，电流表、电压表是否与实际运行情况相符。

（二）保养及维护

1. 每年固定时间对厂内水泵及附属设施进行维护及保养，维护保养结束后，填写好记录单据。

2. 检查阀门并添加润滑油，确保阀门开启灵活，关闭紧密无漏水。

3. 转动平时不用的阀门，开启备用阀，如对应急泵站进行盘车。

4. 外部清洁，并紧固所有螺栓、螺母。

5. 检查水泵的密封环磨损情况，必要时进行更换或修理。

6. 更换密封填料，检查所有轴承的转动情况，用温感器测量温度不应超过 75℃，更换轴承润滑油。

7. 检查联轴器与轴的磨损情况必要时更换轴承或轴。

8. 检查泵和叶轮的腐蚀情况，泵壳及机座应涂防锈漆，如蚀穿或缺损则进行更换。

9. 检查排水泵应打开集水井盖板，检查泵叶是否有泥沙堵塞。

5.3 水泵的运行

机组试运行以后，并经工程验收委员会验收合格，交付管理单位。管理单位接管后，应组织管理人员熟悉安装单位移交的文件、图纸、安装记录、技术资料，学习操作规程，然后进行分工，按专业对设备进行全面检查，电气做模拟试验。在泵站的水工建筑物和主要机电设备安装、试验、验收完成之后，正式投入运行之前，都必须进行机组的试运行。一切正常后方可投入运行、管理、维护工作。

5.3.1 试运行的目的和内容

1. 试运行的目的

（1）参照设计、施工、安装及验收等有关规程、规范及其技术文件的规定，结合泵站的具体情况，对整个泵站的土建工程机、电设备及金属结构的安装进行全面系统的质量检查与鉴定，以作为评定工程质量的依据。

（2）通过试运安装工程质量符合规程、规范要求，便可进行全面交接验收工作，施工、安装单位将泵站移交给生产管理单位正式投入运行。

2. 运行条件

水泵的运行，应满足以下条件：

（1）对新安装或长期停用的水泵，在投入供排水作业前，一般应进行试运行，以便全面检查泵站土建工程和机电设备及行可从早发现遗漏的工作或工程和机电设备存在的缺陷，以便及早处理，避免发生事故，保证建筑物和机电设备及结构能安全可靠地投入运行。

（2）通过试运行以考核主辅机械协联动作的正确性，掌握机电设备的技术性能，制订一些运行中必要的技术数据，得到一些设备的特性曲线，为泵站正式投入运行作技术准备。

（3）在一些大中型泵站或有条件的泵站，还可结合试运行进行一些现场测试、以便对运行进行经济分析，满足机组运行安全、低耗、高效的要求。

（4）通过试运行，确认泵站土建和金属结构的制造、安装或检修质量。

（5）运行中不能有损坏或堵塞叶片的杂物进入水泵内，不允许出现严重的气蚀和振动。

（6）轴承、轴封的温度正常，润滑用的油质、油位、油温、水质、水压、水温符合要求。水泵填料的压紧程度，以有水 30～60 滴/min 滴出为宜。

（7）进出水管道要求严格的密封，不允许有进气和漏水现象。

（8）泵房内外各种监测仪表和阀件处于正常状态。为了保证安全生产，仪表都应定期检验或标定。

（9）水泵运行时，其断流设施的技术状态良好。当发生事故停泵时，仪表飞逸转速不应超过额定转速的 1.2 倍，其持续时间不得超过 2min。

（10）多泥沙水源的泵站，在提水作业期间的含沙率一般应小于 7%，否则不仅加速水泵和管道的磨损，且影响泵站效率和提水流量，还可能引起水泵过流部件的气蚀和磨蚀。

3. 试运行的内容

机组试运行工作范围很广，包括检验、试验和监视运行，它们相互联系密切。由于水泵机组为首次启动，而又以试验为主，对运行性能均不了解，所以必须通过一系列的试验才能掌握。其内容主要有：

（1）机组充水试验。

（2）机组空载试运行。

（3）机组负载试运行。

（4）机组自动开停机试验。

试运行过程中、必须按规定进行全面详细的记录，要整理成技术资料，在试运行结束后，交鉴定、验收、交接组织，进行正确评估并建立档案保存。

5.3.2 试运行的程序

为保证机组试运行的安全、可靠，并得到完善可靠的技术资料，启动调整必须逐步深入，稳步进行。

1. 试运行前的准备工作

试运行前要成立试运行小组，拟订试运行程序及注意事项，组织运行操作人员和值班人员学习操作规程、安全知识，然后由试运行人员进行全面认真的检查。

试运行现场必须进行彻底清扫，使运行现场有条不紊，并适当悬挂一些标牌、图表，为机组试运行提供良好的环境条件和协调的气氛。

（1）流道部分的检查。具体工作有：

1）封闭进人孔和密封门。

2）在静水压力下，检查调整检修闸门的启闭；对快速闸门、工作闸门、阀门的手动、自动作启闭试验，检查其密封性和可靠性。

3）大型轴流泵应着重流道的密封性检查，其次是流道表面的光滑性。清除流道内模板和钢筋头，必要时可作表面铲刮处理，以求平滑。流道充水，检查进人孔、阀门、混凝土结合面和转轮外壳有无渗漏。

4）离心泵抽真空检查真空破坏阀、水封等处的密封性。

（2）水泵部分的检查

1）检查转轮间隙，并做好记录。转轮间隙力求相等，否则易造成机组径向振动和气蚀。

2）叶片轴处渗漏检查。

3）全调节水泵要作叶片角度调节试验。

4）技术供水充水试验，检查水封渗漏是否符合规定或橡胶轴承通水冷却或润滑情况。

5）检查轴承转动油盆油位及轴承的密封性。

（3）电动机部分的检查

1）检查电动机空气间隙，用白布条或薄竹片拉扫，防止杂物掉入气隙内，造成卡阻或电动机短路。

2）检查电动机线槽有无杂物，特别是金属导电物，防止电动机短路。

3）检查转动部分螺母是否紧固，以防运行时受振松动，造成事故。

4）检查制动系统手动、自动的灵活性及可靠性；复归是否符合要求；视不同机组而定顶起转子 0.003～0.005m，机组转动部分与固定部分不相接触。

5）检查转子上、下风扇角度，以保证电动机本身提供最大冷却风量。

6）检查推力轴承及导轴承润滑油位是否符合规定。

7）通冷却水，检查冷却器的密封件和示流信号器动作的可靠性。

8）检查轴承和电动机定子温度是否均为室温，否则应予以调整；同时检查温度信号计整定位是否符合设计要求。

9）检查核对电气接线，吹扫灰尘，对一次和二次回路作模拟操作，并整定好各项参数。

10）检查电动机的相序。

11）检查电动机一次设备的绝缘电阻，做好记录，并记下测量时的环境温度。

12）同步电机检查碳刷与刷环接触的紧密性、刷环的清洁程度及碳刷在刷盒内动作的灵活性。

（4）辅助设备的检查与单机试运行。

1）检查油压槽、回油箱及贮油槽油位，同时试验液位计动作的正确性。

2）检查和调整油、气、水系统的信号元件及执行元件动作的可靠性。

3）检查所有压力表计、真空表计、液位计、温度计等反应的正确性。

4）逐一对辅助设备进行单机运行操作，再进行联合运行操作，检查全系统的协联关系和各自的运行特点。

2. 机组空载试运行

（1）机组的第一次启动。经上述准备和检查合格后，即可进行第一次启动。第一次启动应用手动方式进行。一般都是空载启动，这样既符合试运行程序，也符合安全要求。空载启动是检查转动部件与固定部件是否有碰磨，轴承温度是否稳定，摆度、振动是否合格，各种表计是否正常，油、气、水管路及接头、阀门等处是否渗漏，测定电动机启动特性等有关参数，对运行中发现的问题要及时处理。

（2）机组停机试验。机组运行 4～6h 后，上述各项测试工作均已完成，即可停机。机组停机仍采用手动方式，停机时主要记录从停机开始到机组完全停止转动的时间。

（3）机组自动开、停机试验。开机前将机组的自动控制、保护、励磁回路等调试合格，并模拟操作准确，即可在操作盘上发出开机脉冲，机组即自动启动。停机也以自动方式进行。

3. 机组负荷试运行

机组负载试运行的前提条件是空载试运行合格，油、气、水系统工作正常，叶片角度调节灵活（指全调节水泵），各处温升符合规定。振动、摆度在允许范围内，无异常响声和碰擦声，经试运行小组同意，即可进行带负荷运行。

（1）负荷试运行前的检查

1）检查上、下游渠道内及拦污栅前后有无漂浮，并应妥善处理。

2）打开平衡闸，平衡闸门前后的静水压力。

3）吊起进出水侧工作闸门。

4）关闭检修闸阀。

5）油、气、水系统投入运行。

6）操作试验真空破坏阀，要求动作准确，密封严密。

7）将叶片调至开机角度。

8）人员就位，抄表。

（2）负载启动

上述工作结束即可负载启动。负载启动用手动或自动均可，由试运行小组视具体情况而定。负载启动时的检查、监视工作，仍按空载启动各项内容进行。如无抽水必要，运行 6～8h 后，若一切运行正常，可按正常情况停机，停机前抄表一次。

4. 机组连续试运行

在条件许可的情况下，经试运行小组同意，可进行机组连续试运行。其要求是：

（1）单台机组运行一般应在 7d 时累计运行 72h 或连续运行 24h（均含全站机组联合运行小时数）。

（2）连续试运行期间，开机、停机不少于 3 次。

（3）全站机组联合运行的时间不少于 6h。

5.3.3 运行方式

水泵机组的运行方式是决定水系统管理方式的重要因素。而水系统的总体管理方式又反过来对水泵的运行方式给予一定的制约。在任何情况下，决定运行操作方式以及操作方法，都必须根据水泵机组的规模、使用目的、使用条件及使用的频繁程度等确定，并使水泵机组安全可靠而又经济地运行。

一般条件，水泵运行过程中从开始启动到停机操作完毕，主水泵及辅助设备的操作都是这样进行的，但也有采取各机组单台联动操作或多台联动操作的，必要时由计量测试装置发出相应的指令进行自动开停机操作。究竟采用何种操作方式，必须从水系总体的管理方式出发，视其重要性、设施的规模、作用、管理体制等确定。运行方式有一般手动操作（单独、联动操作）和自动操作两大类。

1. 启动前的准备工作

水泵启动前应检查各处螺栓连接的完好程度，检查轴承中润滑油的油量、油质是否满足要求，检查闸阀、压力表、真空表上的旋塞阀是否处于合适的位置，供配电系统的设备和仪表是否完好等。

检查各种情况正常后，进行盘车。所谓盘车，就是用手转动机组的联轴器，凭经验感觉转动时的轻重和均匀程度，有无异常响声等。其目的就是为了检查水泵和电动机有无转动零件松脱后卡住、杂物堵塞、泵内冻结、填料过松或过紧、轴承缺油或损坏及轴弯曲变形等现象。

盘车正常后，进行灌泵，即向水泵及吸水管道中充水，以便在启动水泵后能在进口处形成抽吸液体所必需的真空值。对于立式轴流泵和导叶式混流泵，由于叶轮淹没于水下，启动前不必充水，但其橡胶导轴承要引清水润滑。

对新安装的水泵或检修后首次启动的水泵，要进行转向检查。检查时可将两个靠背轮松开，启动电动机，视其转向与水泵的转向是否一致，如果不一致可改接电源的相线，即将三根线中的任意两根换接。

2. 开机

准备工作就绪后，即可启动水泵。启动时，工作人员不要和机组靠得太近。

对于离心泵和蜗壳式混流泵，一般为闭阀启动，待机组转速达额定值后，即可打开真空表和压力表上的阀，此时，压力表的读数应上升至水泵流量为零时的最大值，表示水泵已经上压，这时可逐渐打开压水管道上的闸阀。如无异常情况，此时真空表读数会逐渐增加，压力表读数应逐渐下降，配电屏上电流表读数应逐渐增大。启动工作待闸阀全部打开后，即告完成。在闭阀启动情况下应注意，运行时间一般不应超过 5min，如时间太长，泵内液体发热，可能造成事故。

对于立式轴流泵和导叶片混流泵，一般为开阀启动。一边充水润滑上橡胶导轴承，一边就可启动电动机，待转速达到额定值后，停止充水，即完成了开机任务。

3. 运行

对于泵站投入运行时，应做好以下工作。

（1）检查仪表工作是否正常、稳定。电流表的读数不允许超过电动机的额定电流，电流过大或过小都应及时停机检查。注意真空表和压力表的读数是否正常。正常情况下，开机后真空表和压力表的指针偏转一定数值后就不再移动，说明水泵运行已经稳定。如真空表读数下降，一定是吸水管路或泵盖结合面漏气。如指针摆动，很可能是前池水位过低或者吸水管进口堵塞。压力表指针如摆动很大或显著下降，很可能是转速降低或泵内吸入空气。

（2）检查流量计上读数是否正常。也可看出水管水流情况来估计流量。

（3）检查轴封装置是否发热、滴水是否正常。滴水应呈滴状以 30～60 滴/min 渗出轴封装置才算符合正常要求。滴水情况反映了填料的压紧程度。运行中可调节压盖螺栓来控制滴水量。滴水过多说明填料压地过松，起不到水封的作用，空气可能由此进入叶轮（指双吸式离心泵）破坏真空，并影响水泵的流量或效率。相反，滴水过少或不滴水，说明填料压得太紧，润滑冷却条件差，填料易磨损发热变质而损坏，同时泵轴被咬紧，增大水泵的机械损失、使机组运行时的功率增加。

（4）检查水泵与电动机的轴承和外壳温升、轴承温升，一般不得超过周围环境温度35℃，轴承最高温度不得超过75℃。在无温度计时，也可用手摸，如手不能触摸，说明轴承温度过高。这样将可能使润滑油质分解，摩擦面油膜被破坏，润滑失效，并使轴承温度升得更高，引起烧瓦或滚珠破裂，造成轴被咬死的事故。轴承的温升、一般不得超过周围环境温度35℃，轴承的温度最高不得超过75℃。运行中应对冷却水系统的水量、水压、水质经常观察。对润滑油的油量、油质、油管是否堵塞以及油环是否转动灵活，也应经常观察。

（5）经常监听机组的振动和噪声情况，如过大应停机检查。

（6）注意油环应能自由地随泵轴作不同步的转动。

（7）定期记录流量、扬程、电流、电压、功率因数、耗电量等技术数据严格执行岗位责任制和安全操作规程。

（8）机组运行时还应注意各辅助设备的运行情况，遇到问题应及时处理。

4. 运行中的维护及故障处理

机组运行中可能会发生故障，但是一种故障的发生和发展往往是多种因素综合作用的结果。因此，在分析和判断故障时，不能孤立地静止地就事论事，而要全面地、综合地分析，找出发生故障的原因，及时而准确地排除故障。水泵运行中，值班人员应定时巡回检查，通过监测设备和仪表，测量水泵的流量、扬程、压力、真空度、温度等技术参数，认真填写运行记录，并定期进行分析，为泵站管理和技术经济指标的考核，提供科学依据。

5. 停机

停机前先关闭出水闸门，然后关闭进水管路上的闸阀（对离心泵而言），实行闭阀停机，把电动机和水泵上的油和水擦净。卧式轴流泵停机前应将通气管闸阀打开，再切断电源，并关掉压力表和真空表以及水封管路上的小闸阀，使机组停止运行。轴流泵关闭压力表后，即可停机。

北方地区冬季停机后，为了防止管路和机组内的积水结冰冻裂设备，应打开泵体下面的堵头放空积水。同时清扫现场，保持清洁。做好机组和设备的保养工作，使机组处于随时可启动的状态。

5.4　水泵的故障排除

5.4.1　常见故障及排除方法

水泵运行发生故障时，应查明原因及时排除。泵故障及其故障原因繁多，处理方法各不相同。机组运行中常见的故障及排除方法列于表5-1、表5-2。

离心泵、混流泵的故障原因和处理方法　　　　　　　　　　　表 5-1

故障现象	原　因	处理方法
水泵 不出水	1. 没有灌满水或空气未抽尽 2. 泵站的总扬程太高 3. 进水管路或轴封装置漏气严重 4. 水泵的旋转方向不对 5. 水泵转速太低 6. 底阀锈住、进水口或叶轮的槽道被堵塞 7. 吸程太高 8. 叶轮严重损坏，减漏环磨大 9. 叶轮螺母及键脱出 10. 进水管路安装不正确，造成管道中存有气囊 11. 叶轮装反	1. 继续灌水或抽气 2. 更换较高扬程的水泵 3. 堵塞漏气部位，压紧或更换填料 4. 改变旋转方向 5. 提高水泵转速 6. 修理底阀，清除杂物，进水口加拦污栅 7. 降低水泵安装高程，或减少进水管道的阀件 8. 更换叶轮、减漏环 9. 修理紧固 10. 改装进水管路 11. 重装叶轮
水泵出 水量不足	1. 影响水泵不出水的诸多因素不严重 2. 进水关口淹没深度不够，泵内吸入空气 3. 工作转速偏低 4. 闸阀开得太小或逆止阀有杂物堵塞	1. 参照水泵不出水的原因，进行检查分析，加以处理 2. 增加淹没深度，或在进水管周围水面处套一块木板 3. 加大配套动力 4. 开大闸阀或清除杂物
动力及 超负荷	1. 配套动力机的功率偏小 2. 水泵转速过高 3. 泵轴弯曲，轴承磨损或损坏 4. 填料压得过紧 5. 流量太大 6. 联轴器不同心或联轴器之间间隙太小 7. 运行操作错误：关阀时间长，产生热膨胀减漏环摩擦引起	1. 调整配套，更换动力机 2. 降低水泵转速 3. 校正调直、修理或更换轴承 4. 放松填料压盖 5. 减小流量 6. 校正同心度或调整联轴器之间的间隙 7. 正常执行操作程序，有故障立即停机
运行时有 噪声和 振动	1. 水泵基础不稳固或底脚螺栓松动 2. 叶轮损坏、局部被堵塞或叶轮本身不平衡 3. 滑动轴承的油环可能折断或卡住不转 4. 联轴器不同心 5. 进水管口淹没不够，空气吸入泵内 6. 产生气蚀	1. 加固基础，旋紧螺栓 2. 修理或更换叶轮，清除杂物或进行平衡试验调整 3. 校正调直、修理或更换轴承 4. 校正同心度 5. 增加淹深 6. 查明气蚀原因再处理
轴承发热	1. 润滑油量不足，漏油太多或加油过多 2. 润滑油质量不好或不清洁 3. 滑动轴承的油环可能折断或卡住不转 4. 皮带太紧，轴承受力不均 5. 轴承转配不正确或间隙不当 6. 泵轴弯曲或联轴器不同心 7. 叶轮上平衡孔堵塞，轴向推力增大，由摩擦引起发热 8. 轴承损坏	1. 加油、修理或减油 2. 更换合格的润滑油，并用煤油或汽油清洗轴承 3. 修理或更换油环 4. 放松皮带 5. 修理或调整 6. 调整或校正同心度 7. 清除平衡孔的堵塞物 8. 修理或更换

续表

故障现象	原　因	处理方法
轴封装置热或漏水过多	1. 填料压得过紧或过松 2. 水封环位置不对 3. 填料磨损过多或轴套磨损 4. 填料质量太差或缠阀不对 5. 填料压盖与泵轴的配合公差太小，或因轴承损坏、运转时泵轴线不正造成泵轴与填料压盖摩擦而发热	1. 调整压盖的松紧程度 2. 调整水封环的位置，使其正好对准水封管口 3. 更换填料或轴套 4. 更换或重新缠填料 5. 车大填料压盖内径，或调换轴承
泵轴转不动	1. 泵轴弯曲，叶轮和减漏环之间间隙太大或不均 2. 填料与泵轴干摩擦，发热膨胀或填料压盖上的过紧 3. 轴承损坏被金属碎片卡住 4. 安装不符合要求，使转动部件与固定部件失去间隙 5. 转动部件锈死或被堵塞	1. 校正泵轴，更换或修理减漏环 2. 泵壳内灌水，待冷却后再进行启动或调整压盖螺栓的松紧度 3. 调换轴承并清除碎片 4. 重新装配 5. 除锈或清除杂物

轴流泵的故障原因和处理方法　　　　　　　　表 5-2

故障现象	原　因	处理方法
动力机超负荷	1. 扬程过高，出水管路部分堵塞或排门未全部开启 2. 水泵转速过高 3. 橡胶轴承磨损，泵轴弯曲，叶轮外缘与泵壳有摩擦 4. 水泵叶片绕有杂物 5. 叶片安装角度太大 6. 动力机选配不当，泵大机小 7. 水源含沙量太大，增加水泵轴功率	1. 增加动力，清理出水管路或排门设置平衡垂 2. 降低水泵的转速 3. 调换橡胶轴承，校正泵轴，检查叶片磨损程度，重新调整安装 4. 清除杂物，进水口加拦污栅 5. 调整叶片安装角度 6. 重新选择水泵 7. 含沙量超过12%，则不宜抽水
运转时有噪声和振动	1. 叶片外缘与泵壳有摩擦 2. 泵轴弯曲或泵轴与传动轴不同心 3. 水泵或传动装置地脚螺栓松动 4. 部分叶片击碎或脱落 5. 水泵叶轮绕有杂物 6. 水泵叶片安装角度不一 7. 水泵层大梁振动很大 8. 进水流态不稳定，产生漩涡 9. 推力轴承损坏或缺油 10. 叶轮拼紧螺母松动或联轴器销钉螺母松动 11. 泵轴轴颈或橡胶轴承磨损 12. 产生气蚀	1. 检查并调整转子部件的垂直度 2. 校正泵轴，调整同心度 3. 加固基础，旋紧螺栓 4. 调换叶片 5. 清除杂物，进水口加拦污栅 6. 校正叶片安装角度使其一致 7. 检查机泵安装位置正确后如果仍振动，用顶斜撑加固大梁 8. 降低水泵安装高程，后墙加格板，各泵之间加隔板 9. 修理泵轴或加油 10. 检查拼紧所有螺母和销钉 11. 修理轴颈或更换橡胶轴承 12. 查明原因后再处理，如改善进水条件、调节工况

续表

故障现象	原　因	处理方法
水泵不出水或出水量减少	1. 叶轮旋转方向不对，叶轮装反或水泵转速太低 2. 叶片从根部断裂，或叶片固定螺母松动，叶片走动 3. 叶片绕有大量杂物 4. 叶轮淹没深度不够 5. 水泵进口被淤泥堵塞 6. 出水管路堵塞 7. 叶片外缘磨损或叶片部分击碎 8. 扬程过高 9. 叶片安装角度太小	1. 调整水泵的旋转方向，调整叶片的安装位置或提高水泵转速 2. 更换叶轮或紧固螺母 3. 清除杂物 4. 降低水泵安装高程或抬高进水池水位 5. 排水清淤 6. 清理出水管路 7. 修补或更换叶轮 8. 更换水泵 9. 调整叶片安装角度

5.5　泵站的技术经济指标与管理

5.5.1　泵站的技术经济指标

泵站工程是为农业和国民经济各部门服务的综合性水利工程，为了提高泵站科学管理水平，发挥泵站经济效益，在《泵站技术管理规程》GB/T 30948 中规定，泵站管理单位必须按照 8 项技术经济指标进行考核，分述如下。

1. 工程与设备的完好率

工程完好率是指泵站管理单位所辖工程中，完好的工程数与工程总数比的百分数。设备完好率是指泵站枢纽的完好台套数与总台套数比的百分数。

2. 能源单耗与泵站效率

（1）能源单耗

能源单耗是指示泵每提单位重量单位高度流体所消耗的能量，其计算公式为：

$$e = \frac{E}{GH_{ST}} = \frac{E}{\gamma Q H_{ST} t} \tag{5-2}$$

式中　e——能源单耗，$kW/(kN \cdot m)$ 或燃油 $kg/(kN \cdot m)$；

　　　E——t 时段泵站消耗的总能量，$kW \cdot h$ 或燃油 kg；

　　　G——同一时段泵站的总提水量，kN；

　　H_{ST}——同一时段泵站的平均净扬程，m；

　　　γ——同一时段泵站水源水的重度，kN/m^3；

　　　Q——同一时段泵站的平均提水流量，m^3/s；

　　　t——同一时段泵站的提水总时数，h。

对于电力泵站，要求能源单耗 $e \leqslant 5.0 kW/(kN \cdot m)$；对于内燃机泵站，要求能量单耗 $e \leqslant 1.35 kg/m^3$ 燃油。

（2）泵站效率

泵站效率是指泵站的输出功率与动力机的输入功率之比的百分数，其计算公式为：

$$\eta_{ST} = \frac{P_2}{P_1} \times 100\% = \frac{\gamma Q H_{ST}}{P_1} \times 100\% \qquad (5\text{-}3)$$

式中　P_2——某一时段泵站的输出功率，kW；

　　　P_1——某一时段泵站的输入功率，kW；其余符号意义同前。

泵站效率是反映泵站运行中水泵、动力机、传动装置、管路、进出水池的综合效率，所以泵站效率又可写成

$$\eta_{ST} = \eta_{mot} \eta_{rot} \eta \eta_{pt} \eta_{po}$$

对于电力泵站，泵站效率可写成

$$\eta_{ST} = \frac{\gamma Q H_{ST} t}{E} \times 100\% \qquad (5\text{-}4)$$

可得

$$\eta_{ST} = \frac{2.72}{e} \times 100\% \qquad (5\text{-}5)$$

若已知泵站的实际能源单耗 e，利用式（5-2）可换算出泵站的效率。为了充分发挥泵站的经济效益，电力泵站在要求泵站效率 $\eta_{ST} \geqslant 54.4\%$；内燃机泵站相应的泵站效率为 $\eta_{ST} \geqslant 54.8\%$。如能源单耗超过规定值，就必须从水泵、动力机、管路、传动装置、进出水池等方面提高效率。

经技术改造的泵站，其能源单耗与泵站效率，应按《泵站技术改造通则》规定的指标考核。

单位功率效益分为单位功率的供水效益和单位功率的排水效益。

3. 单位功率的灌溉效益

（1）单级泵站

$$a = \frac{A_{ST} H_{ST}}{\sum P} \qquad (5\text{-}6)$$

式中　a——单位功率效益，$hm^2 m/kW$；

　　　$\sum P$——泵站总装机功率，kW。

（2）多级泵站

$$a = \frac{\sum_{i=1}^{z} (A_{STi} H_{STi})}{\sum_{i=1}^{z} P_i} \qquad (5\text{-}7)$$

式中　A_{STi}、H_{STi}、P_i——i 级泵站的实际受益面积（hm^2）、平均净扬程（m）、总装机功率（kW）。

（3）单位功率的排水效益

单位功率的排水效益，按式（5-8）计算

$$a = \frac{\gamma W H_{ST}}{\sum P} \qquad (5\text{-}8)$$

式中　W——泵站某时段的排水总量，m^3。

对泵站单位功率效益的考核，可了解分析泵站规划布局是否恰当合理，工程设备配套是否合理，为泵站的调整、配套、改造提供科学的依据。

4. 单位面积的供水量与排水量

（1）单位供水量

单位供水量分毛单位供水量和净单位供水量两种。

1）毛单位供水量

灌溉工程的毛单位供水量是根据灌区作物的单位面积（hm²）用水量时间、灌溉面积、灌溉定额、灌溉技术和渠系水的利用率等确定，见式（5-9）。

$$M = \frac{V}{A_{ST}} \tag{5-9}$$

式中　　M——单位面积毛供水量，m³/（hm²）；

　　　　V——某时段泵站提水总量，m³；

　　　A_{ST}——实际灌溉面积，hm²。

给水工程的毛单位供水量是根据用户类型、用水标准、用水定额、用水时间、用水人数或生产规模、供水方式和水的利用率等确定，见式（5-10）。

$$M = \frac{V}{RT} \tag{5-10}$$

式中　　M——单位面积毛供水量，m³/（p·hm²）；

　　　　R——实际用水人数，人（P）。

　　　　T——用水时间，年（a）。

2）净供水量

$$M_{ST} = M\eta \tag{5-11}$$

式中　　M_{ST}——单位净供水量，m³/（hm²）或 m³/（p·hm²）；

　　　　η——水总的的利用率，%。

（2）单位面积排水量

对于排涝范围明确的泵站，可按式（5-12）计算。

$$M_R = \frac{V}{A_R} \tag{5-12}$$

式中　　M_R——单位面积排水量，m³/hm²；

　　　　V——某时段泵站的提水总量，m³；

　　　A_R——排涝区的受益面积，hm²。

单位面积供、排水量的高低，直接影响能源消耗的多少。为节约能源，应做好泵站的供水排水管理工作，努力降低泵站的供水排水量。

5. 供水排水成本

供水排水成本包括能源费、工资、管理费、维修费、固定资产折旧、大修理费等。供水排水成本一般有下列几种计算方法：一种是按单位面积计算，一种是按单位水量计算，还有一种是按单位重量单位高度计算，计算公式分别见式（5-13）～式（5-15）。

$$U = \frac{f\sum E + \sum C}{\sum A} \quad 元/（hm²） \tag{5-13}$$

$$U = \frac{f\sum E + \sum C}{\sum V} \quad 元/m³ \tag{5-14}$$

$$U = \frac{f\Sigma E + \Sigma C}{\Sigma QH_{ST}} \quad 元/(kg \cdot m) \tag{5-15}$$

式中　U——供排水成本；

　　　　f——能源单价，元/(kW·h) 或燃油元/kg；

　　　ΣE——供排水作业消耗的总电度数或燃油数，kW·h 或燃油 kN；

　　　ΣC——除能源费外，其他五项成本的费用总和，元；

　　　ΣA——供排水的实际受益面积，hm^2；

　　　ΣV——供排水期间的总提水量，m^3；

ΣQH_{ST}——供排水期间的平均泵站扬程，m。

从以上三式可看出，ΣA、ΣV、ΣQH_{ST} 值越小，$f\Sigma E+\Sigma C$ 值越大，供水排水成本就越高。降低供水排水成本，主要是做好泵站的机电设备、工程设施、供水、排水、财务等管理工作。

6. 单位功率效益

(1) 单级泵站单位功率的灌溉效益如前所述。

(2) 多级泵站单位功率的灌溉效益如前所述。

对泵站单位功率效益的考核，可分析泵站规划布局是否恰当合理，为调整、配套、改造提供科学依据。

7. 渠道（渠系）水利用率与排水率

供水流量是用电或油换来的，因此，必须加强管理，防止跑水、漏水、渗水、偷水和人情水，以提高渠系水的利用率，节约能源。在规定的排涝水位下，排水率应小于等于1，否则就要查明产水原因，加强排水管理，堵塞涵闸、堤坝等建筑物的跑水、渗水和漏水。

(1) 渠道水利用率

渠道水利用率是指某时段渠道末端与渠道首端流量之比的百分数，即

$$\eta_C = \frac{Q_{ST}}{Q} \tag{5-16}$$

式中　η_C——渠道水利用率，%；

　　Q_{ST}——渠道末端流量，m^3/s；

　　　Q——渠道首端流量，m^3/s。

(2) 渠系水利用率

渠系水利用率是指某时段内，灌区末级渠道末端的总流量与渠道首端或泵站出水量之比的百分数，即

$$\eta_{SY} = \frac{\Sigma q}{Q} = \eta_K \eta_B \eta_L \eta_F \eta_S \tag{5-17}$$

式中　　　η_{SY}——渠系水利用率，%；

　　　　Σq——某时段灌区末级渠道末端总流量之和，m^3/s；

　　　　　Q——同一时段渠道首端或泵站出口流量，m^3/s；

η_K、η_B、η_L、η_F、η_S——灌区内干渠、支渠、斗渠、农渠、毛渠的渠道水利用率，%。

(3) 排水率

排水率是指泵站排水量与排水区产水量之比的百分数，即

$$K = \frac{\sum V_i h_i}{\sum W_i H_i} \tag{5-18}$$

式中　K——泵站排水率，%；

　　　V——某一时段泵站排水总量，m^3；

　　　W——同一时段排涝区产水总量，m^3；

　　　h——泵站某时段提排水深之和，m；

　　　H——同一时段排水区降水深和来水深之和，m。

在规定的排涝水位下，排水率应不大于 1，否则就要查明产水的原因，加强泵站排水管理，堵塞涵闸、堤坝等水工建筑物的渗水、漏水和跑水。

8. 自给率

自给率是总收入与总支出比的百分数。自给率分为综合自给率、供水排水作业自给率和水费回收率三种。综合自给率是供水排水作业、综合经营收入与供水排水、综合经营支出比的百分数。供水排水作业自给率是供水排水作业收入与供水排水成本比的百分数。水费回收率是实收水费与应收水费比的百分数。自给率是反映泵站经济自给水平高低的一个综合指标，凡自给率小于百分之百的均属亏损站，超过百分之百的均属盈余站。

（1）综合自给率

综合自给率是供水排水作业、综合经营收入与供水排水、综合经营支出之比的百分数，即

$$K = \frac{E_1 + E_2}{E_3 + E_4} \tag{5-19}$$

式中　K——综合自给率，%；

　　　E_1——供水排水作业收入，元；

　　　E_2——综合经营收入，元；

　　　E_3——供水排水作业支出，元；

　　　E_4——综合经营支出，元。

（2）供水排水作业自给率

供水排水作业自给率是供水排水作业收入与供水排水作业成本之比的百分数，即

$$K_g = \frac{E_1}{E_5} \tag{5-20}$$

式中　K_g——供水排水作业自给率，%；

　　　E_5——供水排水作业成本，元。

（3）水费回收率

水费回收率是指实收水费与应收水费之比的百分数，即

$$K_S = \frac{E_S}{E_y} \tag{5-21}$$

式中　K_S——水费回收率，%；

　　　E_S——实收水费，元；

　　　E_y——应收水费，元。

9. 安全运行率

安全运行率是机组安全运行台时数与包括机组停机在内的总台时数比的百分数，它是检查泵站设备和工程安全运行的主要指标。即

$$K_A = \frac{t_a}{t_a + t_s} \qquad (5\text{-}22)$$

式中　t_a——主机组安全运行台时数，h。

　　　t_s——因设备和工程事故，主机组停机台时数，h。

安全运行率是检查泵站设备和工程安全运行的主要指标。根据泵站节能、节水的需要，为了测算泵站技术经济指标，研究泵站技术改造措施，制订泵站经济运行方案，提高泵站工程的经济效益，促进科学管理水平的提高，泵站技术改造的顺利发展，必须对泵站运行的技术参数进行测试。监测设备的运行状况，检查和评定设备性能，实现泵站自动化操作等目的。本节着重阐述各项参数的测量设备、测量方法和计算公式等问题。

5.5.2　泵站工程管理

在泵站建设迅速发展的同时，经营管理上也积累了许多经验，取得了一定的成绩。但长期以来受"重建轻管"思想的影响，管理工作中也存在着一定的问题。如何管好、用好、经营好泵站工程，并将其纳入正规化、规范化、科学化管理的轨道；真正按照基础设施、基础产业的要求进行经营管理，是泵站管理的中心任务，也是促进水利可持续发展的重要举措。

1. 组织管理

组织管理的内容包括：建立健全管理机构；明确职权范围；制订规章制度。搞好组织管理对提高职工的政治思想水平、业务素质和技术水平。调动一切积极因素，保证泵站各项生产任务的完成是非常重要的。

（1）泵站的性质、机构和定员标准

泵站是基层水利工程管理单位，也是基本核算单位。泵站经营管理的主要目的是为社会提供水利服务。为了维持和扩大再生产，泵站应改变单一的经营方式，改变那种不讲经济核算，不讲工程效益，亏损靠国家补贴的状况。在完成提供水利服务任务的前提下，积极开展多种经营，加强经济核算，更好地发挥工程的综合效益。

泵站的管理机构应在工程竣工前筹建。在工程施工期间，即着手培训技术力量，参加工程建设质量的检查和验收，并会同设计、施工及主管部门编制工程和设备的管理办法。

泵站管理单位应根据工种的规模、装机容量和受益范围、参照水利部制定的《水利工程管理单位编制定员试行标准》设置必要的管理机构和管理人员。泵站要配备素质高、能力强的管理人员。为了有利于管理干部、技术人员和机务人员提高管理水平和技术水平，人员要保持相对稳定、不应轻易抽调、更换。

（2）泵站管理机构的任务

泵站管理机构的主要任务是：运用各种法律、行政、经济、技术等手段充分调动职工的积极性、主动性和创造性；对泵站的经营活动进行有效的指挥、监督

和调节；力争以最小的投入取得最好的经济效益。其具体任务如下。

1）从勘测设计等部门搜集有关技术资料；参与工程建设的检查和验收，从施工部门接管工程及有关技术资料，建立健全技术档案，编写大事记等。

2）制定和执行各项规章制度；参与研究制定泵站发展的近期计划和长远规划。

3）编制和执行经营管理计划，供排水计划，工程及机电设备的检查、维修、配套和挖潜更新改造计划。

4）推广先进供排水技术；开展必要的观测及试验研究工作。

5）按规定提取折旧费和大修费；及时收取供排水费；开展综合经营，保证财务收支平衡，力争自给有余。

6）经常开展文明生产和安全教育；组织职工学习文化、学技术。

（3）技术培训

为提高供排水技术，提高经营管理水平，除依靠专业学校培养人才外，还必须加强在职职工的培训。

各级泵站主管部门和泵站都要有专人抓培训工作。如培训计划的制定、培训经费的落实、培训基地的规划、教学大纲的编制、教材的编写以及教师的聘请等。

培训的形式要根据培训对象和培养目标，可灵活多样。如以师带徒、现场培训班、专题培训班、专题研究班等。

2. 工程管理

工程管理的主要任务是：搞好工程的控制运用、配套更新，以保证工程完好，确保工程安全。延长使用寿命，充分发挥效益。工程管理的主要内容是：枢纽建筑物的管理和运用、渠道（河道）及其建筑物的管理和运用。

建筑物在长期使用过程中，经常受到自然和人为因素的影响，遭受不同程度的损坏。如不及时养护维修，就会直接影响供水排水的可靠性，缩短建筑物的使用寿命；工程设施控制运用的合理与否对发挥工程的效益也有很大的影响。

（1）泵站枢纽的管理

泵站管理人员要熟悉土建施工详图，了解土建施工、机电设备安装、泵房及其他建筑物结构、各种预埋件等，以利于今后的管理工作。

泵站工程竣工时，要严格执行验收交接手续，把所有勘测设计和施工资料接收下来，归档保管。然后根据这些原始资料，水工建筑物的具体情况和现行有关规程、规范，制订工程管理制度和方法。

泵站枢纽一般由进水建筑物、出水建筑物和泵房三部分组成。

（2）涵闸的管理

泵站枢纽及供水排水区涵闸（如进水闸、泄水闸、节制闸及各种分水涵闸等）是供泵站引水及渠道配水使用的。为确保涵闸启闭灵活，正确控制和调配水量，必须设专人管理，并制订操作规程和养护制度。

1）对涵闸的要求和启闭原则

① 涵闸各部分应完整无缺。开闸时无冲刷和破坏现象。

② 闸门应启闭灵活，且开启过程中和开启后无振动现象。

③ 闸前壅水高度应不超过设计水位；过水能力要符合设计要求；并能正确控制水流，运用自如。

④ 对于多孔闸，如用机械启闭，要做到各孔同时启闭，且开启程度相同；如用人力或移动式启闭机启闭，首先开中孔，而后逐次对称开两侧闸孔。如提升高度较大，应分组逐次提升以防对下游护坡的冲刷。关闸时逐次对称先关两侧闸孔，后关中孔。这样，可防止水流过分集中或产生偏流。

2）启闭闸门注意事项

① 闸门启闭前，应检查启闭机、闸门、闸门槽等有无故障。在运用前应先试启闭一次，以保证启闭时启闭灵活。

② 开闸时如下游无水，或上下游水位差在1m以上，为避免下游渠道及护坡发生冲刷，闸门应先开闸少许，待下游水位抬高后，再逐步提升到所需高度。

③ 手摇启闭机启闭时，用力要均匀。如遇故障严禁强行操作。

④ 开闸时如发现下游水流分布不均匀或闸门有扭曲、振动、声响等异常现象，应及时检查处理，以免故障扩大。

⑤ 关闸前应清除底槛处的碎石、淤泥等障碍物，以免闸门关闭不严。当闸门快落到底槛时，要降低下落速度，以免下落过猛，撞坏机件或闸门。

⑥ 关闭闸门时，要随时注意闸门的开度指示标尺，以免闸门到底仍在旋转摇臂，致使螺杆压弯，甚至顶坏工作桥。

⑦ 对无限位开关的直升闸门，采用绳鼓式起闭机时，要防止闸门到顶，钢丝绳被拉断，闸门坠毁的事故。

3）涵闸的检查养护

① 闸孔内的积淤、闸门上的污垢、闸前的漂浮物，应随时清除干净。由于水流的冲击及波浪造成的损坏部分，要及时加以修补。

② 闸门及启闭机要经常保持整洁完好，运用灵活。无限位开关的要装限位开关或标尺。

③ 手摇螺杆式启闭机，要在螺杆上做好启闭标记，或装上简易的止动设备，以免压弯螺杆，损坏闸门。如闸门有漏水现象，应进行检查，找出原因，及时处理。

④ 闸门及启闭机的主要易损件，如螺栓、垫圈、键等，应有备件。并应及时检查，如有松动变形，要及时更换。

⑤ 启闭机上的指示标尺应注意检查调整，使其能正确指示闸门的实际开度。启闭机应加盖保护罩壳，以免日晒雨淋。

⑥ 闸门、启闭机和钢丝绳等，均须定期擦洗、加油及油漆保护，以延长其使用寿命。对长期不用的闸门，每月应试开关一次，使设备经常处于完好状态。

⑦ 利用闸门量水时，应定期检查水尺零点，测定闸孔开启高度是否与标尺指示相符。还应根据实测资料对水力计算公式中的系数进行修正。

⑧ 闸上的交通桥梁，应规定通过车辆的最大吨位。翼墙顶部及距墙后2～3倍墙高范围内禁止堆放重物或通行车辆。启闭机工作桥上应禁止堆放重物或闲人

通行。

⑨ 经常检查闸门止水情况、上下游护底、护坡、消力池、伸缩缝、浆砌石勾缝及墙后回填土的沉陷情况。如有异常，要及时进行处理。

⑩ 经常检查与维护闸门的止水装置。如有损坏，除产生漏水外，还将引起闸门振动、冲蚀、锈蚀等。止水检查应与闸门检查一并进行。主要检查止水是否与止水座密切接触、止水有无磨损、老化或局部损坏；固定止水构件的螺栓有无松动、锈断等。发现问题应及时处理。

⑪橡胶止水应保证每扇闸门顶、侧、底止水的整体件。如有断裂、撕裂等应及时修补，以防整体性破坏。

⑫止水的紧固件和固定件，如螺栓、垫圈、压板及型钢等，必须进行防锈蚀处理。

泵站工程经营管理虽然面临着工程老化失修、带病运行、效益出现衰减，经费严重不足，大修、更新改造资金来源不足等问题，但也存在着很多有利条件和潜在性的有利因素，充分利用好这些条件和有利因素，对泵站经营管理产生巨大的推动作用。泵站管理要从看护工程守摊子的情况管理、技术管理逐步介入经济管理和经营管理，为经济建设、社会发展和人民生活提供水利服务。

泵站经营管理是指以发挥工程的安全、效益为中心内容的全部技术经济活动，将工程管理与水资源开发和有偿服务结合起来，建立服务经营化、产业化体系，形成水利服务的良性循环。只有树立商品经济观念、工程经营观念，才能从单纯的生产服务型转变为生产经营服务型。管理单位经营管理是手段，为全社会服务是目的。只有讲经营，才能讲成本、讲经济核算、讲经济效益。

5.5.3　泵站经营管理

1. 经营管理

经营管理是将管理、经营相结合，贯穿整个经营过程，使管理为经营服务，并指导经营。经营管理是指生产组织，运用组织、指挥、控制等管理职能，对人力、物力、财力等经营要素进行合理组合，以取得最好的经营效果的过程。

水利工程经营管理是指水利工程管理单位运用管理科学，对所拥有的人力、物力、财力等资源进行合理组织，以求保证工程安全，充分发挥工程效益，取得最大经营效果的过程。

水利工程建成交付水管单位管理后，水管单位就拥有了发挥工程效益的主要经营要素——劳动者（管理人员）、主要劳动资料（水利工程）和劳动对象（水土资源）。再加上运行费用有保证，水管单位就拥有了全部经营要素。管理人员、水利工程和运行费、水土资源等经营要素必须紧密结合，才能保证工程安全，使水利工程发挥防洪、灌溉、城镇供水、排涝、水产和水运等效益。运用水利工程发挥效益的技术、经济活动是经营水利的过程。经营目的是以尽可能小的劳动消耗和尽可能小的劳动占用取得尽可能大的经营成果。尽可能大的经营成果是在保证工程安全的前提下，充分发挥工程的综合效益。水管单位为达到上述经营目标，就必须运用管理科学，把组织、指挥、控制等管理职能与经营过程结合起来，使各种经营要素得到合理的组合。

(1) 组织职能

科学的组织，是要把生产经营活动的各种要素和生产过程的各个环节，从劳动的分工和协作上、从各方面的相互关系上、在时间和空间上合理地组织起来。使劳动者之间以及劳动者和劳动工具、劳动对象之间，在一定的环境下，协调有秩序地结合起来，不断提高生产经营活动的成果。

搞好科学的组织工作，就需要有组织上的保证。要按照民主集中制的原则，建立水管单位内部的管理体制，包括职权的划分和责任制的建立。同时，要根据工作特点和每个人的专长，合理地配备管理人员、技术人员和工人，使每个人都有合适的岗位，做到人尽其才。还要加强对生产合理化的研究，组织全体职工的日常活动，包括生产活动、技术活动、供应服务、多种经营活动等，使各方面的活动相互促进、协调有序地开展。

(2) 指挥职能

指挥是保证水管单位生产经营活动必不可少的功能。各项工作连续性强、环环相扣、相互制约。如没有科学的指挥，即使水管单位具有很好的条件，生产经营活动也不可能达到预期的效果。

要实现科学的指挥，水管单位的领导必须熟悉生产经营活动过程中的连贯关系，掌握生产发展的趋势，善于作出正确的判断和决定，取得指挥生产的主动权。要实现科学的指挥，必须建立强有力的生产行政指挥系统，对生产经营活动加强领导，及时解决生产经营活动中出现的问题。要实现科学的指挥，还必须充分发扬民主，经常听取广大职工对生产、经营、技术等各方面的意见或建议。

(3) 控制职能

控制职能主要是检查管理单位各方面的进展是否与原定的标准和目标相符合。发现问题应及时纠正，以便使管理单位的人力、物力、财力能最有效地加以利用，取得最大的经济效益。

控制是多方面的，包括对生产的控制、质量的控制、成本的控制、财务的控制等。这是组织现代化水利工程生产经营活动所必需的。

水管单位在进行生产经营过程中，总会发现无法预见到的一些矛盾和问题，这就需要通过协调工作加以解决。搞好协调，要改善各生产环节之间的相互关系，使工作中少发生或不发生矛盾；一旦发现应及时予以协调。在督促检查过程中，还可能发现工作中存在的新潜力，要尽量使各种潜力得到最大限度的发挥。

2. 泵站的经营

泵站管理单位要强化经过泵站调节的水是商品水的观念，要彻底扭转抵偿供水排水和无偿供水排水的局面，要进行供水排水成本的核算、分类定价、全面计量、足额收取。为泵站的更新改造和维护积累必要的资金。只有这样才能提高供水排水的质量、提高水利服务的质量，促进泵站经营管理的良性循环。

(1) 固定资产的管理

固定资产是固定资金的实物形态，固定资金是固定资产的货币表现形式。通常规定，单位价值在 200 元以上，使用年限在一年以上的各种财产，划定为固定资产。不同时具备这两个条件的应作为低值易耗品。但有些主要生产设备，虽然单位价值低于规定标准，也要列入固定资产。固定资产包括管理单位房屋、建筑物、设备、工具等。

泵站工程固定资产折旧是对固定资产损耗价值的补偿，泵站管理单位的大修理费是为保持固定资产正常使用状态而提取的大修理基金。

水利工程供水部分固定资产原值包括：供水水库、泵站、灌区或水厂、供水闸、井等供水固定资产的原值。

水利工程管理单位的泵站工程固定资产折旧，按泵站工程固定资产原值乘以折旧率进行计算；泵站工程供水部分大修理费按泵站工程固定资产原值乘以大修理费率计算。

（2）成本管理

所谓成本是泵站在生产经营过程中所发生的各项费用的总和。也是在生产经营过程中用价值形式表现的人力和物力消耗的总和。成本是反映泵站管理水平的综合性经济指标。泵站生产经营活动中各方面管理工作的好坏，都将通过成本反映出来。成本管理是泵站经营管理的一项重要内容。因此，加强成本管理具有重要意义。

1）供排成本的核算

① 供排成本的项目。一般分为六项，六项费用总和为供排总成本。

A. 耗电费、燃油费 ΣE。指供排作业所耗用的电费、柴油费。

B. 维修费 C_1。指供排作业的小修理费及维护保养用的辅助材料和小型工具。如：更换的零配件，修理费和修理时消耗的材料。

C. 固定资产折旧费 C_2。指用于供排作业的固定资产的折旧费。

D. 大修理费 C_3。指用于供排作业的固定资产的大修理提存。

E. 工资福利费 C_4。指直接从事供排作业人员的工资福利费，它取决于劳动组织与定员指标及职工的平均工资水平。

F. 管理费 C_5。管理费又称间接费用，它是为生产所发生的不属于以上五项的其他费用。如：办公费、水电费、会议费、差旅费，以及办公室、宿舍、仓库的折旧费和修理费。

泵站进行综合经营时，管理费应按供排作业直接费和综合经营直接费的比例分摊，分别计入供排作业和综合经营成本。如从事供排作业的工人在非供排季节从事综合经营，这部分工人的工资福利费也应按工作时间分摊。

② 供排成本的计算。供排成本有三种计算法，即按单位面积、单位水量和 kW·m 计算。

2）成本分析

成本分析的目的是分析引起成本变化的原因，找出泵站在经营管理中存在的问题，不断提高经营管理水平，更好地为农田灌溉和排水、城乡给水排水提供水利服务。供排作业成本分析的方法有两种：

① 比较法。将供排成本与以往成本对比，与先进单位对比。同时算出六项成本在总成本中的比例，即可找出造成成本升降的原因，从而明确降低成本的方向，及降低成本所应采取的技术措施。

② 因素分析法。影响成本的因素很多，如气候变化引起开机时间的差异、油价、电价的调整、工资的调整、扬程、机组效率、渠系水利用系数、受益面积的变化、各种作物播种面积的变化等。因素分析法是假定其他因素不变，逐个计算某一因素对成本引起的差异。例如：为了和上一年的成本相比，先假定其他因素和上一年一样，仅开机小时数不同，计算开机时间对成本的影响；再假定其他因素不变，仅调整电价，计算电价对成本的影响；又假定其他因素不变，计算工资调整对成本的影响等。对各种因素逐个进行计算，就能看出主要成绩在哪里，主要问题在哪里。这样，可对当年的经营管理水平作出正确的评价，并明确今后努力的方向。

3）水费的计算和征收

供排水作业成本是确定水费标准的依据。为了保证泵站维持正常的运行和维护，应按照"保本自给，略有盈余"的原则确定水费的标准。

① 水费的计算

对于供水泵站，水费的计算必须贯彻多用水多负担，少用少负担的原则；对于排水泵站，应按受益面积的多少合理负担。通常有如下两种计算方法。

A. 把水费分为固定费和计时费两部分。固定费包括：工资福利费、管理费以及泵站建筑物等固定资产的拆旧和大修理费提存，固定费按实际受益面积分摊；计时费包括：电费（或燃油费）、维修费、机电设备等固定资产的折旧和大修理费提存。计时费按供水时间或用水量或受益面积均摊。这种方法既能保证泵站正常开支，又能贯彻合理负担的政策。

B. 将总成本除以开机台时数，算出每台时数的水费，按台时数收费；或根据提每立方米水的成本，按水量收费。

② 水费的征收

为了保证泵站的正常生产，必须做好水费的征收工作。水费可由泵站管理单位直接向受益单位收取；也可由村或乡镇和街道等部门代收。

泵站管理单位拥有一定数量的机电仪器设备、房屋、场地和人才技术优势。开展设备和人才技术服务是泵站管理单位拓展服务市场、增加自身经营收益的有效途径。要在确保工程正常运营和确保防洪安全的前提下，充分利用设备、房屋、场地，采用自办、承包、联营、股份制、租赁等多种形式，创造更多的价值。要利用自身的人才技术优势，大力开展技术服务，为相关工程项目提供综合服务。

3. 多种经营

（1）开展多种经营的意义

要全面发挥泵站工程设施的综合经济效益，必须在保证泵站工程正常运营的同时，把开展多种经营作为经营管理的一项基本任务，积极开展起来。泵站管理单位开展多种经营具有如下意义。

1）扩大泵站工程的经济效益

泵站经营管理与多种经营是相互促进、相辅相成的。实践证明：泵站管理单位的多种经营搞得好，可有力地促进泵站的经营管理工作；为发展多种经营创造更有利的条件，使泵站工程经济效益不断扩大，增加经济收入，增强泵站管理单位的活力，支持供水排水生产的再生产能力，提高职工的生活福利待遇，有利于充分调动职工的劳动积极性，把经营管理工作做得更好。

2）为社会提供商品和劳动服务

泵站管理单位利用自然资源和人力、物力资源，可发展种植、养殖业，为社会提供各类商品；开展加工、制造等，为社会提供劳务服务；发展旅游、饮食业等，为人民生活服务提供游乐、休息场所，为提高人民文化和物质生活水平作出贡献。

3）稳定职工队伍

随着多种经营的发展，泵站管理单位职工收入增加，生活福利改善，家属子女可得到妥善安置，解除了职工的后顾之忧，有利于促进管理职工队伍稳定。

4）保护和美化环境

泵站管理单位开展绿化、种植林果、旅游等生产和服务以保持水土、美化环境，保持生态平衡，改善生态环境。

多种经营的项目有许多是相互联系、相互促进的。要注意综合利用，把各种经营有机地结合起来，取得最佳的经营效果。

（2）多种经营管理的特点

1）泵站工程所使用的水土资源和技术设备都是工程的组成部分或附属于工程，必须优先考虑工程的需要，服从于工程的调度和运用。用机电设备进行加工的企业，只能在不影响供水排水的前提下进行。

2）做好多种经营的规划工作，对每一项多种经营项目及其规模，都应进行技术和经济的可行性研究。

3）泵站工程多种经营所使用的人力和技术力量，其中一部分是从事工程管理的人员。因排灌泵站运行的季节性、时段性很强，在非排灌作业季节，多种经营改变了人力资源不能充分利用的现象。但在工程管理的繁忙季节或小修、大修期间，这些人员就要服从于工程管理的需要。

4）泵站管理单位兴办的多种经营，应在管理单位内部实行独立核算。多种经营的生产企业、按经济合同上缴给单位的利润，应该用于工程的管理和维修，充分发挥多种经营对工程管理的促进作用。

5）工程为多种经营创造条件，开展多种经营受工程的约束。

6）对多种经营的产品必须做好市场的预测工作，从产、供、销各环节努力提高产品的竞争能力。

泵站多种经营管理的这些特点，是开展多种经营的着眼点，只有充分认识这些特点，才能使多种经营达到科学管理的要求，能使多种经营健康地发展。

（3）开展多种经营的方针和原则

1）开展多种经营的方针

兴建泵站工程的目的是防洪除涝、供水、灌溉，既保障工农业生产和人民生命财产的安全，又保证工农业和城乡人民用水的需要。管理单位管好用好工程，保证工程安全，发挥工程效益，是开展多种经营活动的前提，其方针为：以"一业为主"积极开展多种经营，扩大工程的综合效益。即在确保工程正常运行，充分发挥工程本身效益的前提下，遵循自然规律，因地制宜地利用工程管理范围内的水土资源，以及本单位的人力、技术、设备的潜力，开展种植、养殖、修配、加工等经营活动。具有特殊条件的单位也可根据实际情况开展其他经营项目。

2）开展多种经营的原则

根据上述方针，开展多种经营必须坚持以下原则。

① 适度开展和利用资源。开展的多种经营项目必须保持或增强水利工程设施抗灾兴利的能力。利用机电设备进行加工生产，规模要适当，应保持设备处于优良的工作状态。若设备使用过度，维修不善会影响工程的正常运行。

② 因地制宜发挥优势。每座泵站的条件各不相同，开展多种经营必须根据各泵站的特点和具体情况，因地制宜，发挥优势。所谓"优势"是比较优越的客观条件，开展多种经营只有发挥自然资源、人力资源、设备资源，以及技术资源的优势，才能保证多种经营的顺利开展，并取得成功。

③ 全面规划统筹安排。开展多种经营必须纵观全局，根据管理范围内的各种资源和当地的社会经济、技术状况，以及产、供、销等条件，全面规划，统筹安排。

④ 经济核算保证盈利。开展多种经营必须严格实行独立的经济核算，保证盈利。对每项经营项目要核定其固定资产金额和流动资金金额，规定产量、产值、成本、盈利等指标。不能对各个经营项目实行统收统支，更不能用工程固定资产折旧费、大修费或运行管理费来补贴某些亏损的经营项目。

思 考 题 与 习 题

1. 试述卧式水泵机组安装流程。
2. 水泵基础浇筑分一次浇筑的适用条件和浇筑方法。
3. 水泵基础二次浇筑的适用条件和浇筑方法。
4. 试述离心泵的启动和关闭要求。
5. 试述离水泵的定期检修的要求。
6. 简述水泵试运行的步骤。
7. 分析水泵常见故障及排除方法。
8. 泵站的技术经济指标有哪些？

知 识 拓 展

水泵定期保养规程

1. 目的是确保水泵始终处于良好的运行或备用状态。

2. 适用生活水泵，消防泵、喷洒泵、补压泵、排污泵。

3. 职责管理处机电部负责日常维护保养，工程部机电维修组负责按计划维修保养。

4. 内容

（1）生活水泵每周进行一次一般性检查保养，每半年进行一次全面保养。

（2）消防水泵和喷淋泵、补压泵每 2 周进行一次试运行，运行时间 10～15min，消防泵启动时在管网顶部试消火栓出口喷水射程达 6m 以上，每半年进行一次全面保养。

（3）排污泵每半年进行一次全面保养。

（4）水泵保养时应把与泵体相连的 5m 范围内的阀门、压力表、管道等随泵同时保养。

（5）泵体的保养：

1）检查泵体应无破损、铭牌完好、水流方向指示明确清晰、外观整洁、油漆完好。

2）补充润滑油，若油质变色，有杂质，应予更换。

3）检查盘根密封情况，若有漏水应增加或更换石棉绳填料。

4）联轴器的连接螺栓和橡胶圈若有损坏应予更换。

5）紧固机座螺栓并防锈处理。

6）生活水泵因运转频繁，每年应拆开联轴器两端轴承进行清洗或更换。

（6）电机的保养：

1）外观应整洁，铭牌完好，接地线连接良好。

2）拆开电机接线盒内的导线连接片，用 500V 兆欧表摇测电机绕组相与相之间，相对地间的绝缘电阻值应不低于 0.5MΩ。

3）电机接线盒内三相导线及连接片应牢固紧密。

（7）阀门、管道及附件的保养：

1）各个阀门的开关应灵活可靠，内外无渗漏。

2）单向阀动作应灵活，阀体内外无漏水。

3）压力表指示准确，表盘清晰。

4）管道及各附件外表整洁美观，无裂纹，油漆应完整无脱落。

5）点动判断水泵转向是否正确，若有误应予更正。

（8）控制柜的保养：

1）断开控制柜总电源，检查各转换开关，启动、停止按钮动作应灵活可靠。

2）检查柜内空气开关、接触器、继电器等电器是否完好，紧固各电器接触线头和接线端子的接线螺栓。

3）清洁控制柜总电源，检查各转换开关，启动、停止按钮动作应灵活可靠。

4）合上总电源，检查电源指示应正常。

（9）保养完毕启动水泵，观察电流表、指示灯是否正常。

（10）观察水泵运转应平稳，无明显振动和异声，压力表指示正常，控制柜各电器无不良噪声。

教学单元 **6**

给 水 泵 站

 知识目标

通过学习本教学单元的内容，使学生：

1. 了解给水泵站的组成与分类。
2. 掌握水泵机组选择方法。
3. 掌握水泵机组布置要求。
4. 掌握水泵吸压水管路布置要求。
5. 掌握给水泵站辅助设备要求。
6. 掌握泵站变配电设施要求。
7. 掌握泵站噪声的防治要求。
8. 掌握给水泵站工艺设计的方法。

技能目标

通过学习本教学单元的内容，使学生：

1. 能根据使用条件经济合理地选择水泵机组。
2. 会进行水泵机组基础尺寸的计算。
3. 合理地布置水泵机组和吸压水管路。
4. 能合理地选择辅助设备和水锤防护设备。
5. 能根据要求合理地选择泵站噪声防治方法。
6. 会正确识读给水泵站工艺设计图纸。
7. 能根据要求进行给水泵站工艺设计。

　　给水泵站是城市给水系统的重要组成部分，是装设水泵机组（水泵和原动机）、管道及各种辅助设备的构筑物。它的作用是为水泵机组及运行管理人员提供良好的工作条件，保证机组的正常运行。

　　为了保证水泵机组的正常运行与维护，在给水泵站中，除了设置水泵机组外，还需要设置一些辅助设施，如计量设备、起重设备、引水设备、排水设备、采暖通风设备、水锤消除设备、电气设备、通信设施、防火与安全设施等。

　　合理的设计与安装水泵站对发挥泵站的效益、节省工程投资、延长机组的使用寿命和安全运行都具有重要的意义。

　　为了掌握给水泵站的设计与管理技术，必须学习水泵机组选择与布置，水泵吸、压水管路的布置，泵站中辅助设备选择与布置，以及水泵安装、维护等方面的知识，并掌握其相关技能。

6.1　给水泵站的组成与分类

　　水泵、管道、电机构成了泵站的主要工艺部分，组合成一体才能发挥作用。因而，要正确设计和管理水泵站，不但需要掌握水泵工作原理和安装要求，还要掌握泵站得设计和管理技术。包括如何选泵、水泵布置、基础设计、吸压水管路设计和阀门及管配件安装等技术。

6.1.1　给水泵站的组成

　　给水泵站主要由以下部分组成：

　　（1）水泵机组

　　水泵机组包括水泵和电动机，它是泵站中最重要的组成部分。

　　（2）管路

　　管路主要指水泵的吸水（进水）管路和压水（出水）管路。水泵通过吸水管路从吸水井（池）中吸水，经水泵加压后通过压水管路送至输配水管网。

　　（3）引水设备

　　当水泵工作为吸入式启动时，需设引水设备。主要指真空引水设备，如真空泵、引水罐等。

　　（4）起重设备

　　当泵站内设备及管道安装、检修时，需要吊车、捯链等起重设备。

　　（5）排水设备

　　排水设备主要指排水泵、排水沟、集水坑等，用以排除泵站内地面积水。

　　（6）计量设备

　　计量设备主要指流量计、压力计、真空表、温度计等，用以计量水流量。

　　（7）采暖及通风设备

　　采暖设备主要为采暖用的散热器、电热器、火炉等。通风设备主要为通风机等设备。

　　（8）电气设备

　　电气设备指给水泵站的变、配电设备、水泵控制设备和泵站照明设备等。

（9）防水锤设备

防水锤设备用以保护泵站设备和管路系统因发生水锤而受到破坏，主要有水锤消除器等。

（10）其他设备

泵站应设置照明、通信、安全与防火等设施。泵站应设置正常工作照明、事故照明以及必要的安全照明装置。应设置生产调度通信和行政管理通信的通信设施。按规定设置安全与防火设施。

在泵站中除设有机器间用以安装水泵机组外，还需要设有高、低压配电室、控制室、值班室、修理间等辅助房间。图6-1为某给水泵站平面布置图。

图 6-1 某给水泵站平面布置图
1—操作室与配电室；2—地下式泵房；3—走道；4—短梯；
5—水泵基础；6—真空泵基础；7—集水坑

6.1.2 给水泵站的分类

给水泵站分类的方法较多，常用的方法有以下几种。按水泵机组相对于地面的位置关系，可分为地面式、地下式、半地下式三类；按操纵方式分为人工手动控制（按钮控制）、半自动、全自动和遥控控制四类；按水泵与吸水井水位的相对关系，可分为灌入式工作和吸入式工作两类；按泵站在给水系统中的作用，可分为取水泵站、送水泵站、加压泵站和循环泵站。后者是给水工程中常见的分类方法。

1. 取水泵站

取水泵站在给水系统中亦称为一级泵站。在以地表水为水源的给水系统中，取水泵站一般由吸水井、泵房、闸阀井三部分组成，其工艺流程如图6-2所示。地表水经取水头部（取水构筑物）自流进入吸水井中，设在取水泵房内的水泵从吸水井中吸水，经取水泵加压后送入净水厂内的净水构筑物进行净化处理。

图 6-2 地表水取水泵站工艺流程图
1—水源；2—吸水井；3—取水泵房；
4—闸阀井；5—净水厂

地表水取水泵站一般位临水体岸边建造，因此，站址的水文地质、工程地质、航运等因素，都会直接影响到泵站的结构形式、埋深及工程造价。

这类泵站的基本特点是：整个泵房的高度较大，埋深较大，常建成地下式；泵房通常与取水构筑物合建；泵房一般采用圆形钢筋混凝土结构，沉井法施工。

当选择地下水作水源，而水质符合用户要求时不需净化处理，取水泵站可以将地下水直接送至用户，其工艺流程如图 6-3 所示。

2. 送水泵站

送水泵站在给水系统中又称为二级泵站，通常设在净水厂内，其工艺流程如图 6-4 所示。

取水泵站输送的原水经水厂净化后进入净水厂的清水池贮存，后经管道自流入吸水井，水泵从吸水井吸水，经加压后输送入城市给水管网。

图 6-3　地下水取水泵站工艺流程

图 6-4　送水泵站工艺流程
1—清水池；2—吸水井；3—送水泵站；
4—管网；5—高地水池（水塔）

这种泵站的基本特点是：泵站埋深较浅，通常建成地面式或半地下式；为了适应用户水量、水压的变化，需要设置多台水泵机组，因而泵房面积较大；泵站形状一般为矩形、砖混结构。

3. 加压泵站

当城市输配水管线很长，或某些供水对象所处位置较高时，可以在城市给水管网中设加压泵站。在加压泵站中，水泵从输配水管网吸水，经过加压后，送入下游输配水管网，因而又称之为中途加压泵站。加压泵站有串联加压和水库加压两种形式，其工艺流程如图 6-5 所示。

(a)　　　　　　　　　　　　(b)

图 6-5　加压泵站供水方式工艺流程
1—二级泵房；2—加压泵房；3—水库泵站；
4—配水管网；5—输水管；6—止回阀

4. 循环泵站

在工业企业内部，生产用水一般可以循环使用，或者经简单处理后回用，以达到节约用水的目的。

例如，在电站冷却循环给水系统中所设的循环泵站，一般设有输送冷、热水的两组水泵，热水泵将生产车间排出的废热水压送到冷却构筑物内进行降温处理，冷却后的水再由冷水泵输送到生产车间使用。从生产车间排出的废水温度

图 6-6　循环给水系统工艺流程
1—生产车间；2—净水构筑物；3—热水井；
4—循环泵站；5—冷却构筑物；6—集水池；
7—补充新鲜水

因此循环泵站大多为半地下式。

高，而且含有杂质时，需要将废水先输送到净水构筑物进行处理，然后进行冷却处理，再用水泵送回生产车间使用，其工艺流程如图 6-6 所示。

循环泵站的基本特点是：供水对象所需要的水压比较稳定，但是水量随季节气温改变而有所变化；供水安全可靠性要求较高，要求机组备用率较高，水泵台数较多。为了便于管理，水泵多采用自灌式，

6.2　水　泵　选　择

6.2.1　水泵选择的基本原则

水泵选择是指确定泵站中水泵的型号、规格和台数。正确地选用水泵机组，对于节省泵站投资、降低运行管理费用、节省能源、保证泵站供水的安全可靠性都具有重要的作用。

选泵的主要依据是用户所需的流量、扬程及其变化规律。水泵的选择应遵循以下基本原则：

（1）所选水泵机组应满足用户最高日各个时刻（含最大的）的用水要求，保证供水的安全可靠性。

（2）依据所选水泵建造的泵站造价低。

（3）水泵机组长期在高效率下工作，运行及管理费用低。

（4）水泵性能好，使用寿命长，便于安装与检修。

（5）在水泵供水能力上应考虑近、远期结合，留有发展余地。

6.2.2　泵站的设计流量和扬程

泵站的设计流量和设计扬程亦称为泵站的供水能力，它是选择水泵的主要依据。泵站的供水能力应依据用户所需要的流量和扬程及其变化来确定，即依据供水系统的具体情况来确定。

1. 泵站的设计流量

工业与城镇供水泵站设计流量应根据设计水平年、设计保证率、供水对象的用水量、城镇供水的时变化系数、日变化系数、调蓄容积等综合确定。用水量主要包括综合生活用水（包括居民生活用水和公共建筑用水）、工业企业用水、浇洒道路和绿地用水、管网漏损水量、未预见用水、消防用水等。

（1）一级泵站的设计流量

1）以地表水为水源的一级泵站设计流量。

泵站从地表水源取水，经加压后由输水管输送至净水厂。为了减小取水及净水构筑物及输水管道的尺寸，节省投资，泵站通常采取 24 小时均匀工作的供水方式，此时泵站的设计流量为：

$$Q_1 = aQ_d/T \quad (\mathrm{m^3/h}) \tag{6-1}$$

式中　Q_1——一级泵站的设计流量，$\mathrm{m^3/h}$；

Q_d——供水对象最高日用水量，$\mathrm{m^3/d}$；

T——泵站一日内工作小时数；

a——考虑管道漏损及净水构筑物自身用水而采用的系数，一般取 $a=$ 1.05～1.1。

2）以地下水为水源的一级泵站设计流量。

① 当采用地下水作水源，而水质符合用水标准时，不需要设置净水构筑物，一级水泵可以将水直接送至集水池，然后由二级泵站（送水泵站）将水供给用户。在这种情况下，一级泵站的设计流量为

$$Q_1 = \beta Q_d/T \quad (\mathrm{m^3/h}) \tag{6-2}$$

式中　Q_1、Q_d、T——意义同前；

β——给水系统自身用水系数，一般取 1.01～1.02。

② 如果一级泵站将符合用水要求的地下水直接供给用户，此时一级泵站起到了二级泵站的作用。可按二级泵站流量确定方法来确定一级泵站的设计流量。

（2）二级泵站的设计流量

二级泵站直接向用户供水，而用户的用水量是随机变化的，要使泵站既要满足用户在不同时刻的用水要求，又要使泵站经济运行，就要求泵站有相应的运行调节方式。运行调节方式不同，泵站的设计流量和扬程也不同。目前我国常用的给水泵站运行调节方式有以下几种。

1）给水系统设水塔或高位水池等调节构筑物的供水方式。

对于小城镇，由于供水量不大，二级泵站多采用均匀供水方式，泵站的设计流量按给水管网最高日平均时用水量计算。这样虽然调节构筑物容积占全日用水量百分比较大，但其绝对值不大，在经济上是合适的。

2）泵站分级供水方式。

在大、中城市的给水系统中，由于用水量较大，通常采用多水源、无水塔的供水系统，如果二级泵站按城市逐时用水量变化曲线供水，相对来讲，在技术和经济上有一定难度。因此，通常采用泵站分级供水方式，即按最高日逐时用水量变化曲线确定水泵各时段的分级供水线，每个供水时段采用不同的水泵并联组合供水。为了便于调度管理，分级不宜超过三级，以免设置较多水泵，既增加了泵房面积，同时也增加日常调度管理工作的难度。这种供水方式泵站的设计流量应采用最高日最大时用水量。

3）定速泵与调速泵并联供水方式。

采用泵站分级供水方式时，在某一级的运行范围内，随着用户用水量的变化，而导致水泵工况点变化幅度仍然较大，有时仍难以保证水泵在高效率下运行。可以采用定速泵与变频调速泵并联供水的方式，在调速泵的调节下，保证水泵在高效率下工作，从而达到节省电耗，经济运行的目的。这种方式在各大中型泵站中得到广泛应用。此时，泵站的设计流量按最高日最大时用水量计算。

2. 泵站的设计扬程

(1) 一级泵站设计扬程

一级泵站的设计扬程应根据给水系统的具体情况来计算。当泵站送水至水厂净水构筑物时，可按下式计算

$$H = H_{ST} + \sum h_s + \sum h_d + H_c \quad (m) \tag{6-3}$$

式中　　H——水泵的设计扬程，m；

　　　　H_{ST}——水泵静扬程，吸水井最低水位与净水厂混合井水面高差，m；

　　　　$\sum h_s$——水泵吸水管路的水头损失，m；

　　　　$\sum h_d$——水泵压水管路的水头损失，m；

　　　　H_c——安全水头，一般取 2～3m。

(2) 二级泵站的设计扬程

二级泵站的设计扬程，应视管网中有无水塔以及水塔在管网中的位置等具体情况经计算确定。其基本计算公式如下

$$H = H_{ST} + \sum h + H_{sev} + H_c \quad (m) \tag{6-4}$$

式中　　H——水泵的设计扬程，m；

　　　　H_{ST}——水泵静扬程，即吸水井最低水位与给水管网控制点的地面高程差，m；

　　　　$\sum h$——水泵吸水管起端至管网控制点间管道总的水头损失，m；

　　　　H_{sev}——管网控制点所要求的自由水压（服务水头），m；

　　　　H_c——安全水头，m，一般取 1～2m。

式中 $\sum h$ 按水泵最高时供水量计算。

当泵站采用分级供水时，应按泵站分级供水时的流量确定泵站分级供水扬程。

6.2.3　水泵的选择

水泵选择就是要确定水泵的型号、规格和台数。

1. 水泵型号的确定

首先要根据输送介质的性质（水质、水温等）、水量及水压要求、水泵工作环境、泵房埋深等因素选择水泵的型号。例如卧式还是立式；单级还是多级；清水泵还是污水泵、杂质泵、污泥泵等；深井泵还是潜水泵；叶片泵还是其他泵等。应优先选用性能好、便于安装、维修和管理方便的泵型。

2. 水泵台数的确定

要根据用户用水量的变化情况，确定泵站运行调节方式（工作制度）。

当泵站采用均匀供水时。可以选择几台同型号、同规格的水泵；当采用分级供水和调速供水方式时，可以选择几种规格的水泵，以便大小搭配，灵活调度，组成多种并联组合，以求得最佳经济效果。

从泵站运行管理和维护方面来讲，水泵型号和台数不宜过多。二级泵房确定水泵台数时可参考表 6-1。根据供水对象对供水可靠性的要求，要选定一定数量的备用泵，一般宜设 1～2 台备用泵。

按水厂规模定水泵台数　　　　　　　　　　表 6-1

水厂规模 （万 m³/d）	各泵流量比例 （大泵：水泵）	水泵台数			
		工作泵	备用泵	总数	水泵组合数
1 以下	2：1	2	1	3	3
1～5	2：2：1	2～3	1	3～4	5（3 台工作泵时）
5～10	2：2：2：1	3～4	1	4～5	7（4 台工作泵时）
10～30	2.5：2.5：2.5：1：1	4～5	1	5～6	11（5 台工作泵时）

（1）对于不允许减少供水量和不允许间断供水的泵站，应有 2 套备用机组。

（2）对于允许短时间减少供水量，备用泵只保证事故用水量的泵站，或允许间断供水的泵站，可设一套备用机组。

（3）城市供水系统中的泵站以及建筑小区给水泵站，可设一套备用机组。

（4）备用泵的型号宜与泵站内最大水泵型号相同。备用泵要处于完好状态，随时能启动工作，与工作泵互为备用，轮流工作。

3. 水泵规格的确定

在确定了单台水泵型号之后，根据单台水泵在不同分级时的出水量和扬程查水泵性能曲线图（表），来选定水泵的规格，并确定所选水泵的功率、效率、气蚀余量、流量、扬程等参数，并计算出扬程利用率。所选水泵要符合节能的要求，要使水泵的工作范围处在运行的高效区，如果不能保证水泵运行时所有的工况点都在高效区内，则应保证频率出现较高的工况点在高效区（如平均日平均时），频率出现较低的工况点可以短时间不在高效区（如最高日最高时或最低时）；要使所选水泵能适应常年运行中水量和扬程的变化，以便灵活调度。

当供水量和水压变化较大时，可采用机组调速、叶轮更换、调节叶片角度等措施，适应用户水量的变化，减少能量消耗。

当供水量变化较大而水泵台数较少时，应考虑大小型号搭配，但水泵型号不宜过多，电动机的电压宜一致。

当采用潜水泵时，要求水泵常年运行在高效区，在最高水位和最低水位时也能安全、稳定运行。潜水泵所配电动机的电压等级宜为低压。

4. 近期和远期的结合

水泵站建设要留有发展的余地，尤其是扩建比较困难的取水泵站，可以考虑近期（5～10 年）用小泵大基础，远期（10～20 年）换大泵的方法，或者采用预留机组位置的措施。

5. 选泵后的校核

水泵初选后，还要进行消防时和事故时的校核，检验泵站发生以上两种情况时，泵站的流量和扬程能否满足要求。如果不能满足要求，则要调整给水系统中最不利管段的管径，或者重新选择水泵。

（1）一级泵站校核

一级泵站只要求进行消防时校核。一级泵站消防任务是在规定的时间内向清水池补充消防储备水，由于补水时间较长，泵站供水强度不会增加很大，因此，可以不设专用消防水泵,只需在补水期间开启备用泵,增加泵站供水能力即可。备用泵的流量可用下式校核。

$$Q \geqslant \frac{2a(Q_f + Q') - 2Q_r}{t_f} \tag{6-5}$$

式中　Q——备用泵流量,m³/h;

Q_f——设计消防用水量,m³/h;

Q'——最高日连续最大两小时平均用水量,m³/h;

Q_r——一级泵站正常运行时的流量,m³/h;

t_f——补充消防用水时间,一般为 24～48h,详见《建筑设计防火规范》(2018 年版)GB 50016;

2——火灾延续时间,h;

a——净水构筑物本身用水系数。

(2)二级泵站校核

1)二级泵站消防时校核。

二级泵站在消防时的任务是,既要供给平时用水量,又要保证供给消防用水量,同时还要满足消防水压要求。因此,在火灾紧急情况下,供水强度较平时有很大增加,整个给水系统负荷突然加重。例如 10 万人口的城镇,生活及工业用水设计流量为 150L/s,而消防时按两处同时着火计,需要消防水量 60L/s,此时,泵站供水能力增加到 210L/s。由于给水系统中管道流量增大,管网水头损失也增加,因此,还需要检验二级泵站的水压能否满足消防时要求。

我国采用低压消防制,即火灾时,管网最不利点消火栓保证水压为 0.1MPa,消防给水要求扬程不高,一般情况下,在大中城市启动工作泵和备用水泵就能满足消防时的要求,因而不用设置专用消防泵。对于小城镇泵站供水量较小,火灾时供水强度增大很多,当开启备用泵也满足不了消防时流量的要求时,应增加一台消防水泵。如果泵站中水泵扬程满足不了消防时要求,那么在消防时,所有正常工作的水泵都不能使用,需要另外选择适合消防时扬程的水泵,而水泵流量应按最高日最高时用水量与消防用水量之和设计,这样势必增大泵站容量,造成投资加大。在低压消防制条件下,这是不合理的,可以通过增大给水管网中个别管段直径,降低消防时所需水泵扬程的办法来解决。

2)二级泵站事故时校核及最大转输时校核。

事故时,最不利管段损坏需要检修,势必造成管网中水头损失增加。此时,要求二级泵站供水流量不能低于正常设计流量的 70%,并满足正常供水时水压要求。

当管网中设置对置水塔或网中水塔,最大转输时,管网中水头损失会增加,所需水扬程有所增加,此时应验算水泵在发生最大转输时的供水能力能否满足设计要求。

【例 6-1】已知某城市给水系统最高日最高时用水量为 920L/s,时变化系数 K_h 为 1.7,日变化系数 K_d 为 1.3,管网中无调节构筑物。经管网水力计算,最高时输水管网水头损失为 1.5m,配水管网水头损失为 11.5m;泵站吸水井最低水位到管网中最不利点地形高差为 2m,配水管网控制点所需的服务水头为 16m。

试根据以上资料为该水厂送水泵站选择水泵。

【解】（1）确定泵站的设计流量和扬程

因给水管网中无调节构筑物，泵站采用分级工作的调节方式，所以该泵站供水能力应按最高时所需的水量和扬程计算。

最高时用水量即为泵站供水量 $Q_h = 920L/s$

最高时泵站扬程 H 为

$$H = 2 + 1.5 + 11.5 + 16 + 2 + 2 = 35m$$

上式计算中取泵站内管路水头损失为 2m，取安全水头 2m。

（2）选择水泵型号

根据所给资料以及选泵的原则，拟选用 Sh 型单级双吸卧式离心清水泵。

（3）确定工作泵台数

按所给资料，水厂供水量为 5 万～10 万 m^3/h，以 3 台水泵为宜。为了使调节流量方便，采用大小泵搭配，流量分配采用 2：2：1。

（4）确定水泵规格

在确定水泵规格时，既要满足最高时用水要求，也要满足其他时用水要求，又要使水泵长期在高效率下运行和保证较高的扬程利用率。

可以参考以下方法确定水泵规格：

（1）在 Sh 型水泵型谱图上做出管路近似参考特性曲线（ab），如图 6-7 所示。因为管路特性曲线方程为 $H = H_{ST} + SQ^2$，该曲线为一条二次抛物线，为简化运算，用管路近似参考特性直线 ab 来代替曲线。a 点为最大用水工况点，其坐标为（920，35），即流量为 920L/S，扬程为 35m，由最大用水时管路的总水头损失 $\sum h =$

图 6-7 选泵参考特性

SQ^2 可得到 $S=1.77s^2/m^5$，从而可以确定，当流量较小工况点 b 的流量为 100L/s 时，所需扬程 $H=H_{ST}+SQ^2=20+1.77×10.11^2=20.02m$，则 b 点坐标为 (100，20)。在图上作 ab 连线，从图上可以看出，在分级供水方式下，与 ab 线有交点的水泵均可以用于该给水泵站。但从 ab 线跨越各种型号水泵高效段的情况和大小泵流量比例看，12Sh-13、14Sh-13、20Sh-13 较合适。

（2）选择水泵方案

在具体确定水泵规格时可以选择几个方案，然后经方案比较后，确定一个最佳方案。

第 1 方案：

在图 6-7 中找到 1 台 20Sh-13 型泵和 2 台 12Sh-13 型泵，3 台水泵并联工作时，可以满足用水要求，而且以上两种规格水泵在单泵运行时曲线的高效程均与 ab 线相交，说明这 3 台泵组合，适应给水系统流量变化的范围较大。例如两台 12Sh-13 与 1 台 20Sh-13 水泵并联工作时，在扬程 35m 情况下，1 台 12Sh-13 泵出水量均为 200L/s，1 台 20Sh-13 泵出水量均为 550L/s，三泵并联工作总出水量为 950L/s，满足最高时用水量 920L/s 的要求和运行在高效段、扬程利用率高的要求。而且当用水量降低时，以上两种规格水泵并联组合及单独运行，同样能满足用水量变化的要求和水泵在高效率下运行、扬程利用率较高的要求。例如两种规格水泵在单泵单独运行时，流量分别在 240L/s 和 600L/s；当 1 台 20Sh-13 和 1 台 12Sh-13 并联运行时，可以在 750L/s 流量下与 ab 线相交。因此选择 1 台 20Sh-13 和 2 台 12Sh-13 规格水泵作为第一方案。

选泵方案比较　　　　　　　　　　　表 6-2

	用水量变化范围(L/s)	运行水泵型号及台数	水泵扬程(m)	所需扬程(m)	扬程利用率(%)	水泵效率(%)
第 1 方案 1 台 20Sh-13 2 台 12Sh-13	750～920	1×20Sh-13 2×12Sh-13	38～35	29.5～35	77～100	86～88 65～80
	650～750	1×20Sh-13 1×12Sh-13	37～35	27～29.5	73～84	88～87 74～81
	500～650	1×20Sh-13	38～30	24.5～27	64～90	87～82
	250～500	2×12Sh-13	37.5～27.55	21～24.5	56～89	67～81
	<250	1×12Sh-13	～28	～21		～81
第 2 方案 1 台 14Sh-13 1 台 14Sh-13 1 台 12Sh-13	750～920	1×14Sh-13 1×14Sh-13A 1×12Sh-13	38～35	29.5～35	77～100	82～75 83～85 65～78
	610～750	1×14Sh-13 1×14Sh-13A	40～31	26.5～29.5	66～87	84～71 82～81
	400～610	1×14Sh-13A 1×12Sh-13	37.5～29	22.5～26.5	60～91	84～81 65～81
	250～400	1×14Sh-13A	39～26.5	21～22.5	54～85	83～75
	<250	1×12Sh-13	～27.5	～21		～80

第 2 方案：

从图 6-7 还可以找到用 1 台 14Sh-13 和 1 台 14Sh-13A、1 台 12Sh-13 3 台水泵并联工作，在扬程 35m 时，出水量分别为 410L/s、310L/s、200L/s，三泵并联总出水量为 920L/s，满足最大工况要求。并且可以看出 14Sh-13A 和 12Sh-13 并联及单独工作时均与 ab 线有交点。说明并联组合后，能满足用水量变化时的要求和水泵运行效率高、扬程利用率较高的要求。因此，选择 1 台 14Sh-13、1 台 14Sh-13A 和 1 台 12Sh-13 规格水泵作为第 2 方案。

（3）列出水泵分级供水运行参数表，见表 6-2。

从表 6-2 中可以看出每个供水方案在分级供水时用水量变化范围、运行水泵的型号和台数、水泵提供扬程、给水系统所需扬程、扬程利用率、水泵效率等，以便进行方案比较。

从表 6-2 中可以看出，第 1 方案能量利用略好于第 2 方案，尤其是在出现概率较大的平均时用水量范围内（370～570L/s），能量浪费较少，从水泵台数和设备价格上看，两个方案相差不多。因而选择第 1 方案。

【例 6-2】　某水厂新建送水泵站一座，最高日供水量为 2.8 万 m³/d，该给水系统中设有水塔，泵站采用分级工作制，拟分为两级，一级供水时流量为日用水量的 3.9%，所需水泵扬程为 42m；二级供水时流量为日用水量的 5.1%，所需水泵扬程为 48.5m。试为该送水泵站选择水泵。

【解】　（1）水泵设计参数确定。

一级供水时泵站设计流量及扬程：

设计流量

$$Q=\frac{28000\times3.9\%}{3600}\times1000=304L/s$$

设计扬程　　　　　　　　　　$H=42m$

二级供水时泵站设计流量及扬程：

设计流量　　　　$Q=\frac{28000\times5.1\%}{3600}\times1000=397L/s$

设计扬程　　　　　　　　　　$H=48.5m$

（2）水泵型号的确定。

该泵站用于抽送清水，且吸水水位变化不大，依据选泵原则，初步确定采用 Sh 型卧式清水泵。

（3）水泵台数的确定。

该水厂供水量在 1 万～5 万 m³/d 内，选择 2～3 台工作泵为宜。

（4）水泵规格的确定。

依据泵站分级工作时的流量及扬程要求，查 Sh 型水泵性能曲线图，进而确定水泵的规格，确定方法同【例 6-1】。共选择 Ⅰ、Ⅱ 两个方案，其基本参数见表 6-3。

选择水泵方案表 表 6-3

方案号	设计参数	选用泵型和台数	实际工作参数
Ⅰ	一级供水时 $Q=340L/s$ $H=42m$	4 台 8Sh-9A 并联工作	$H=42m$ $Q=81\times4=324L/s$ $N=49.5\times4=198kW$ $\eta=67\%$
	二级供水时 $Q=397L/s$ $H=48.5m$	6 台 8Sh-9A 并联工作	$H=48.5m$ $Q=68\times6=408L/s$ $N=47\times6=282kW$ $\eta=68\%$
Ⅱ	一级供水时 $Q=304L/s$ $H=42m$	1 台 8Sh-13A 和 1 台 12Sh-9A 并联工作	$H=42m$ $Q=57+248=305L/s$ $N=31+131=162kW$ $\eta=77\%,\eta=78\%$
	二级供水时 $Q=397L/s$ $H=48.5m$	2 台 12Sh-9A 并联工作	$H=48.5m$ $Q=200\times2=400L/s$ $N=116\times2=232kW$ $\eta=83\%$

比较两个方案可以看出，方案Ⅰ水泵为同一型号同一规格，便于管理，供水可调性比较灵活。但机组台数较多，占地面积大，设备费用高，而且水泵效率较低。方案Ⅱ机组台数较少，水泵效率较高。经综合考虑，采用第Ⅱ方案。

为保证供水安全可靠，备用 1 台 12Sh-9A 机组。因此，该泵站共选 4 台机组，其中 3 台 12Sh-9A、1 台 8Sh-13A。

6.3 水泵基础与机组布置

6.3.1 水泵机组基础设计

水泵与电动机安装在共同的基础上。基础的作用是支承并固定机组，使得机组运行平稳，不产生振动和沉降。因而要求基础坚实牢固，能承受机组的静荷载和动荷载。

卧式水泵一般采用混凝土块状基础。立式水泵一般采用圆柱形混凝土基础，或者与泵房基础及楼板筑成一体。混凝土要浇制在坚实的地基上，以免产生基础下沉。

卧式水泵基础尺寸一般按水泵机组的安装尺寸确定。机组的安装尺寸可以从"水泵样本"或有关手册中查得，参见附录。

1. 带底座的小型水泵基础尺寸

小型水泵一般均带有底座，水泵与电动机安装在底座上，其基础的尺寸为：

基础长 $L'=$底座长度 $L_1+(0.2\sim0.3)$ （m）

基础宽 $B'=$底座螺孔间距 $B_3+0.3$ （m）

基础高 $H'=$水泵地脚螺栓长度 $z+(0.15\sim0.2)$ （m）

地脚螺栓长度 z 均为 $20d+4d$ （d 为地脚螺栓直径，$4d$ 为螺栓叉尾或弯钩高度）。

图 6-8 为 Sh 型双吸带底座离心泵安装外形尺寸图，具体安装尺寸查同型号水泵安装尺寸表，见附录 2。

6-1 Sh 型双吸离心泵安装外形尺寸微课

图 6-8　Sh 型双吸离心泵安装外形尺寸图（带底座）

2. 不带底座的大、中型水泵基础尺寸

大、中型水泵一般不带底座，其基础尺寸可根据水泵机组地脚螺栓孔距（长、宽方向）加 0.4～0.5m，来确定基础的长度和宽度。如果水泵与电动机要求的基础宽度不同，可取大者，基础高度的确定方法与带底座水泵相同。图 6-9 为 Sh 型双吸不带底座离心泵安装外形尺寸图，其具体安装尺寸可在水泵安装尺寸表中查得。

图 6-9　Sh 型双吸离心泵安装外形尺寸图（不带底座）

145

3. 基础高度校核

用上述方法确定的基础高度应按水泵机组的重量校核。要求基础的重量应为机组重量的 $2.5\sim4.0$ 倍。由此水泵基础高度为

$$H' = \frac{(2.5\sim4.0)(W_P+W_J)}{\rho_H \cdot L' \cdot B'} \tag{6-6}$$

式中　H'——水泵基础高度，m；

　　　W_P——水泵的质量，kg；

　　　W_J——电动机的质量，kg；

　　　ρ_H——混凝土的密度，$\rho_H=2400kg/m^3$；

　　L'、B'——基础的长度和宽度，m。

由式（6-6）计算出的基础高度与按地脚螺栓长度计算出的基础高度值相比较后取大值。一般基础高度不应小于 $500\sim700mm$，并不小于临近管沟的深度。基础顶部应高出室内地坪 $0.1\sim0.2m$。基础的底应尽量放在地下水位以上，否则应将泵房底板做成整体的连续钢筋混凝土板，将机组安装在地板上凸起的基座上。

6.3.2　泵房布置与水泵机组的布置

1. 泵房布置

泵房布置应根据泵站的总体布置要求和站址地质条件，机电设备型号和参数，进、出水流道（或管道），电源进线方向，对外交通以及有利于泵房施工、机组安装与检修和工程管理等，经技术经济比较确定。泵房布置应符合下列规定：

（1）满足机电设备布置、安装、运行和检修要求；

（2）满足结构布置要求；

（3）满足通风、采暖和采光要求，并符合防潮，防火、防噪声、节能、劳动安全与工业卫生等技术规定；

（4）满足内外交通运输要求；

（5）注意建筑造型，做到布置合理、适用美观，且与周围环境相协调。

2. 水泵机组的布置

水泵机组的布置是泵站设计的重要内容之一，因为它直接关系泵房的建筑面积以及泵站工程造价。水泵机组布置应满足设备的运行、维护、安装和检修的要求。基本要求是：供水安全可靠；管道布置简短；安装与维护方便；机组排列整齐、美观、紧凑、合理；起重设备简单；并应留有扩建余地。

常见的布置形式有以下几种：

（1）纵向排列（机组轴线平行布置）

如图 6-10 所示，纵向排列这种布置形式适用于 IS 型单级单吸悬臂式离心泵。因为 IS 型水泵轴向进水顶端出水，采用这种排列形式可以使吸水管保持顺直，机组布置较为紧凑整齐；检修方便，泵房长度较小，但宽度较大。由于 IS 泵一般重量较轻，可以采用移动式吊装设备。

当泵房内既有 IS 型水泵又有 Sh 型（单级双吸式）水泵时，也可以采取这种布置形式。如果 Sh 型水泵台数较多时，不宜采取这种布置形式。

如图 6-10 所示，机组之间各部分尺寸应符合下列要求：

1）泵房大门口要有足够的面积，要能容纳最大设备，并有检修操作余地。一般要求管道外壁与墙面的净距 A 为最大设备的宽度加 1.0m，但不得小于 2.0m。

2）管道之间的净距 B 值应不小于 0.7m。

图 6-10　水泵机组纵向排列

3）管道外壁与配电设备之间应有一定的安全操作距离 C。当配电设备为低压时，C 值不小于 1.5m；当配电设备为高压时，C 值不小于 2.0m。

4）水泵外形突出部分与墙壁的净距 D 值，须满足管道安装及水泵检修要求，不宜小于 1.0m。如果水泵外形不突出基础，则 D 值为基础至墙壁的净距。当电动机容量不大于 55kW 时，不应小于 1.0m；当电动机容量大于 55kW 时，不应小于 1.2m。

5）电动机外形突出部分与墙壁的净距 E，应满足电动机转子检修能顺利拆装。E 值一般为电动机轴长加 0.5m，但应大于 3.0m，如果电动机外形不突出基础，则 E 值表示基础与墙壁的距离。

6）水管外壁与相邻机组的突出部分的净距 F 不应小于 0.7m。如果电动机容量大于 55kW 时，F 不应小于 1.0m。

（2）横向排列（水泵轴线呈一直线布置）

如图 6-11 所示，横向排列这种布置形式适用于侧向进水、侧向出水的 Sh 型双吸式水泵，进出水管顺直，水力条件好；这种布置形式虽然泵房长度大些，但跨度小；吊装设备采用单轨吊车即可。

图 6-11　水泵机组横向排列

在图 6-11 中，各部分尺寸应符合下列要求：

1）净距 A_1 与图 6-10 中 A 的要求相同。

2）净距 B_1，应按管道配件的安装要求确定。如果水泵出水侧为泵房操作主通道，不宜小于 3.0m。

3）进水侧水泵基础与墙壁的净距 D_1，应据管道配件的安装需要确定，但不宜小于 1.0m。

4）净距 C_1 原则上为电动机轴长加 0.5m，但距低压配电设备不小于 1.5m；距高压配电设备不小于 2.0m。

5）水泵基础之间的净距 E_1 应满足水泵或电动机检修要求，对于非中开式水泵一般为水泵轴长（或电动机转子长）加 0.5m。如果电动机或水泵突出基础，

147

E_1 表示突出部分的净距。

（3）横向双行排列

如图 6-12 所示。当泵房内机组台数较多时，为了减小泵房的长度，可以采用该种布置形式。它适合于 Sh 型双吸泵，布置紧凑，节省泵房面积，但泵房跨度较大，起重设备需采

图 6-12　水泵机组横向双行排列（倒、顺转）

用桥式行车，在机组台数较多的圆形取水泵站中多采用这种布置形式。

采用横向双行排列布置需要注意的是，从电动机向水泵端看，两行水泵的转向是相反的，因此，在水泵订货时应向厂方特别说明，以便厂方配置不同转向的轴套止锁装置。

在进行水泵机组布置时，还应满足以下规定：

1）泵房内应留有一定宽度的人行通道。主要通道宽度不小于 1.2m；一般布置在出水管一侧；靠近设备处的次要通道宽度不小于 0.7m。

2）对于卧式水泵及小叶轮水泵机组单排布置时，当电动机功率不大于 55kW 时，两机组间的净距不小于 1.0m；当电动机功率大于 55kW 时，不应小于 1.2m。设备突出部分与墙壁之间距离不应小于 0.7m。当机组竖向布置时相邻近、出水管道间净距小于 0.6m。卧式水泵及小叶轮水泵机组双排布置时进、出水管道与相邻机组间净距宜为 0.6～1.2m。

3）叶轮直径较大的立式水泵机组间净距不应小于 1.5m，并应满足进水流道的布置要求。

4）大型水泵应有检修场地，场地大小应使被检修设备周围有 0.7～1.0m 的空地。当考虑就地检修时应保证泵轴和电动机转子在检修时能拆卸。

5）辅助设备的布置以不增加泵房面积为原则，可以沿墙、楼梯间处布置，也可以架空布置。

6）泵房至少应设一个可以搬运最大尺寸设备的门。

6.4　吸水管路和压水管路布置

吸水管路和压水管路是泵站重要的组成部分。合理地布置与安装吸、压水管路，对于保证水泵的安全运行，节省投资与节能都有着重要的作用。

6.4.1　吸水管路的布置

非自灌充水水泵吸水管路通常处在负压状态下工作，所以对吸水管路的基本要求是不漏气、不积气、不吸气，否则会使水泵的工作产生故障。为此常采取以下措施：

（1）为保证吸水管路不漏气，要求管材必须严密。因此，管材常采用钢管，接口采用焊接或法兰连接。

（2）吸水管道内水中含有溶解性气体时，会因管道中压力减小而逸出，如果

在吸水管路某处出现积气,就会形成气囊,而影响管道的过水能力,严重时会破坏真空吸水。为了使水泵能及时排走吸水管路中的气体,吸水管应有沿水流方向连续上升的坡度,且 $i \geqslant 0.005$,使管内气体从水泵入口处的泵壳顶端排出。

(3)吸水管的安装与敷设应避免在管道内形成气囊。图6-13所示为吸水管几种正确与不正确的安装方法。

不正确　　　　　　　　　　　　正确

图6-13　正确的和不正确的吸水管安装

(a)　　　　　　　　　　(b)

图6-14　吸水管在吸水井中的位置

(a)间距示意;(b)淹深悬高示意

(4)吸水管安装在吸水井内,吸水井有效容积应不小于最大一台泵5min的抽水量。为了防止在吸水管进口处产生旋流而吸入空气,所以要求进口要有一定的淹没深度、悬高和一定的间距。吸水管进口在吸水井中的位置要求如图6-14所示。具体尺寸要求为:

1)吸水管进口淹没水深 $h \geqslant 0.5 \sim 1.0\text{m}$,否则应设水平隔板。水平隔板边长为 $2D$ 或 $3d$,如图6-15所示。

2)吸水管进口应设喇叭口,以使吸水管进口水流平稳,减少损失,喇叭口

6-2　正确和不正确的吸水管安装动画

图 6-15 吸水管末端的隔板装置

大头直径 $D=(1.3\sim1.5)d$（d 为吸水管直径）；喇叭口高度为 $(3.5\sim7.0)(D-d)$。

3）喇叭口最低点悬空高度不小于 0.5m。

4）喇叭口中心与侧墙距离取 $(1.25\sim1.5)D$。

（5）吸入式（非自灌式）工作的水泵，每台水泵应设单独的吸水管。并应尽量减少吸水管长度和管件，以减少吸水管水头损失。当泵站内机组台数为 3 台及 3 台以上时，可以采用多台水泵从共用吸水总管吸水，但数量不少于 2 条，当 1 条发生事故时，其余吸水管仍能通过设计水量。如图 6-16 所示，在吸水总管上应设置闸阀，以利切换和检修。设置共用吸水管时，应使吸水总管处于正压状态。

（6）当集水池水位高于水泵轴线时，吸水管路上应设闸阀，以利于水泵检修。

（7）当水中有大量杂质时，喇叭口下面应设置滤网。当水泵为人工灌水或利用压力管道中的水灌泵启动时，吸水管上应设底阀。底阀是一种止回阀，设有过滤网，阻力较大。底阀有水下式和水上式两种。水下式底阀装于吸水管的末端，因易于损坏，需经常检修，给使用带来不便。目前多采用水上式底阀，如图 6-17 所示。它具有使用效果好，安装检修方便等特点。使用水上式底阀时，应使吸水管水平段有足够的长度，以保证水泵充水启动时，管道中能产生足够的真空值。

图 6-16 水泵共用吸水管路布置
1、2、3—隔离、切换闸阀

图 6-17 水上式底阀
1—吸水管；2—底阀；3—滤罩；4—工作台

（8）吸水管设计流速一般为：吸水管直径小于 250mm 时，流速为 $1.0\sim1.2$m/s；吸水管直径为 $250\sim1000$mm 时，流速为 $1.2\sim1.6$m/s；吸水管直径大于 1000mm 时，流速为 $1.5\sim2.0$m/s。自灌式工作的水泵，吸水管设计流速可以适当加大。

要求启动快的大型水泵，宜采用自灌充水。

6.4.2　压水管路的布置

对压水管路的基本要求是耐高压、不漏水、供水安全、安装及检修方便。

（1）压水管路常采用钢管，焊接接口，与设备连接处或需要经常检修处采用法兰接口。

（2）为了避免管路上的应力（自重应力、温度应力、水锤作用力）传至水泵，以及安装和拆卸方便，可在压水管路适当位置上设补偿接头或可挠性接头。图 6-18 为钢制柔性法兰补偿器。图 6-19 为可曲挠双球体橡胶接头。

6-3 法兰盘安装
微课

图 6-18　法兰补偿器

图 6-19　可曲挠双球体橡胶接头

（3）为承受压力管路中内应力所产生的内部推力，要在管道转弯、分支、汇合等受内部推力处设支墩或拉杆；闸阀处应设座墩。

（4）离心泵必须要关闸启动。因此，在水泵压水管上应设阀门；为了满足切换、调节和检修的要求，压水管路上也要设置阀门。水泵出口阀门的工作压力应按零流量下水泵扬程选定（一般为设计扬程的 1.3～1.4 倍）。当管道直径 $DN \geqslant$ 300mm 时，因启动较为困难，应采用电动或水力闸阀。

（5）当不允许水倒流时，需设止回阀。在下列情况下，水泵压水管上应设止回阀：

1）井群给水系统；

2）城市供水系统多水源、多泵站；

3）倒流使管网可能产生负压的情况；

4）遥控泵站无法关闸；

5）管道放空后抽真空启动困难的泵站。

止回阀结构形式有多种，如普通旋启式止回阀（图 6-20）、缓闭式止回阀、液控止回蝶阀等。

（6）水泵出水管设计流速为：当出水管直径 DN 小于 250mm 时，流速为 1.5～2.0m/s；当出水管直径在 250～1000mm 时，流速为 2.0～2.5m/s；当出水管直径

6-4 旋启式
止回阀动画

图 6-20　旋启式止回阀

151

大于 1000mm 时，流速为 2.0～3.0m/s。

（7）对供水安全性要求较高的泵站，在压水管路布置时应满足如下要求：

1）能使泵站内任何一台水泵及闸阀停用检修而不影响其他水泵工作。

2）输水干管一般不少于 2 条。每台水泵能输水至任何一条输水管。

通常在泵站内水泵台数在 2～3 台以上，一般情况下要设 2 条输水管、1 条联络管（水泵并联出水管）、若干个阀门，以满足上述要求。这些阀门平时处于开启状态，使用机会较少，不易损坏，一般不考虑修理时的备用问题，但是应加强平时养护，以保证供水的可靠性。

在图 6-21（a）所示的泵站中，有 3 台水泵（2 用 1 备）。在每台水泵的出水管、联络管、输水管上分别设有阀门 1、2、3。当正常工作时，任何一台水泵都可以向 2 条输水管供水；当检修一个阀门 3 时，该条输水管和 1 台水泵停止工作，2 台水泵可向另一条输水管供水；当检修一个阀门 2 时，只能有 1 台水泵向一条输水管供水；如果检修一个阀门 2 时，仍要求有 2 台水泵供水，则应在联络总管上设双重阀门，如图 6-21（b）所示。

(a)　　　　　　　　(b)

图 6-21　3 台水泵压水管布置

如图 6-22 所示，如果泵房跨度受到限制时，可将输水管上的阀门及联络管上的阀门设在室外的阀门井中。

吸、压水管道上设置的阀门如果参与自动控制，或启动频繁，或直径大于等于 DN300 的阀门，宜采用电动、气动或液压驱动。

6.4.3　管道敷设

泵站内的吸、压水管道一般不采用直接埋地，通常设在管沟内、地面上或架空敷设。

（1）地面上敷设。

如图 6-23 所示，水泵吸、压水管道直进直出，敷设在泵房地面上，减小了管道长度和水头损失，水力条件好，便于安装、检修和操作，一般在 DN>500mm 及泵房埋深较大时，采取这种敷设方式。

为了便于泵房内通行，可以在出水管一侧设跨越管道的便桥式梯子，或者筑成平台，但要考虑检修方便。

（2）管沟中敷设。

如图 6-24 所示，水泵吸、压水管道均敷设在管沟中。这种敷设形式使得泵房内整洁、通行便利。在 DN<500mm 的地面式或地下式泵站中较多采用。

图 6-22 联络管在站外的压水管路布置　　　　图 6-23 管道在室内地面上敷设

为了减少吸水管路的水头损失，也可以将吸水管敷设在地面上，压水管敷设在管沟中，压水管一侧作为泵房的主要通道，这种布置形式也很多见（图 6-25）。

图 6-24 管道在管沟中敷设　　　　图 6-25 吸水管在地面上压水管在管沟中

为了便于检修，地沟上应有能承受负荷的活动盖板，管沟断面应有一定的尺寸要求如图 6-26 所示。

1）管外壁至沟底净距不小于 350mm。

2）管顶至沟盖板净距不小于 100～200mm。

3）沟壁与管壁的净距不小于 350mm，当管径较大时，可以不对称敷设，一侧不小于 350mm，另一侧不小于 450mm。

图 6-26 管道在管沟中的敷设
L_1 不小于 100～200mm；L_2 不小于 350mm；L_3 不小于 350mm；L_4 不小于 450mm

4）管沟底应有坡向集水坑或排水口的坡度，一般为 0.01。

（3）架空敷设。

将管道安装在泵房地面的上空称为架空敷设。一般站内管道不宜做架空敷设，只有在地下式泵房出水总管与室外管道连接时，才架空出水总管。架空敷设时，管底与地面的距离不宜小于 1.2m，不能架设在电气设备的上方，不得妨碍泵房内交通及吊装与检修。

（4）泵房外的吸、压水管道，应埋在冰冻线以下。

6.5 给水泵站主要辅助设施

泵房内除了水泵机组以外，还应设有引水设备、起重设备、排水设备、采暖与通风设备、计量设备、变配电设备、防水锤设备、通信、安全与防火设施等。这些辅助设备的正确选择，对于保证泵站的正常运行是非常重要的。

6.5.1 引水设备

离心式水泵工作方式分自灌式与吸入式两种。自灌式工作的水泵不需要引水设备。而吸入式工作的水泵，在启动前必须使吸入管和泵内充满水才能启动工作。因此必须设引水设备。水泵引水方式分两类，一是吸水管带有底阀，二是吸水管不带底阀。

1. 吸水管带有底阀引水

（1）人工引水。

将水从泵壳顶部的引水孔灌入泵内，同时打开排气阀排气。这种方法引水时间长，仅用于临时性小型水泵。

6-5 压力水
灌泵动画

图 6-27　压力水灌泵示意图

（2）压力水灌泵。

利用给水系统中的压力水灌入泵体，同时打开排气阀排气。压力水可以由泵站总出水管道中引出，如图 6-27 所示。这种方法适用于压力管道内经常有水且小型水泵。

（3）高位水箱灌水。

在泵房内设一高位水箱，利用水箱中的水自流灌入水泵。所注水量不多时，可采用这种方法，如图 6-28 所示。

2. 吸水管不带底阀引水

当吸水管不带底阀时，需采用真空引水。常用的真空设备有真空泵、水射器等。

（1）真空泵引水。

真空泵引水的优点是，水泵启动快、工作可靠、易于实现自动控制。因此在泵站中得到普遍采用。目前使用最多的是水环式真空泵，型号有 SZB、SZZ、S 型三种。

1）水环式真空泵的构造与工作原理。

水环式真空泵的构造如图 6-29 所示。它由星状叶轮 1、进气口 3、排气口 4 和旋转水环 2 组成。

水环式真空泵在启动前，泵内灌入一定量的水。叶轮偏心安装在泵壳内，当叶轮旋转时，由于离心力的作用，将水甩向四周而形成一旋转水环 2，水环上部的内表面与泵壳相切，沿顺时针方向旋转的叶轮，在前半转（图 6-29 中右半部）的过程中，水环内表面渐渐与泵壳离开，各叶片间形成的空间渐渐增加，压力随之降低，空气从进气管和进气口吸入泵内。当叶轮旋转至后半转（图 6-29 中左半部）的过程中，水环的内表面又渐渐地与泵壳接近，各叶片间形成的空间渐渐减小，压力随之升高，空气便从排气口和排气管排出。叶轮不断地旋转，真空泵就不断地吸气和排气。

图 6-28　高架水箱灌水

1—水箱；2—水箱出水管；3—出水支管；4—浮球阀；
5—出水管；6—单向阀；7—集水坑

图 6-29　水环式真空泵构造图

1—星状叶轮；2—水平；3—进气口；
4—排气口；5—进气管；6—排气管

6-6 高位水
箱灌水动画

2）水环式真空泵的性能。

泵站中常用的水环式真空泵有 SZB 和 SZZ 型。S——水环式；Z——真空泵；B——悬臂式。SZZ 型是电动机与真空泵为直连式，这种泵体积小，质量轻，价格低。图 6-30 为 SZB 型真空泵性能曲线图。

3）水环式真空泵的选择。

选择水环式真空泵要依据所需的抽气量和真空度。

真空泵的抽气量可按下式计算

图 6-30　SZB 型真空泵性能曲线

$$Q_V = K\frac{V_P + V_S}{T} \quad (\mathrm{m^3/min}) \qquad (6\text{-}7)$$

式中　Q_V——真空泵抽气量，$\mathrm{m^3/min}$；

K——漏气系数，一般取 1.05～1.10；

V_P——泵站中最大一台水泵泵壳容积，$\mathrm{m^3}$，相当于水泵吸水口面积乘以水泵吸水口至压水管阀门间距离；

V_S——从吸水井最低水位至水泵吸水口的吸水管中空气容积，$\mathrm{m^3}$；

T——水泵引水时间，min，一般应小于 5min，消防水泵应不大于 3min。

真空泵最大真空值 H_{vmax}，可按集水池最低水位至水泵轴线的垂直距离 H_{ss} 计算。例如 $H_{ss}=5\mathrm{m}$，则 $H_{vmax}=\dfrac{5000}{13.6}=368\mathrm{mmHg}$。

根据 Q_V 和 H_{vmax}，查真空泵产品样本，便可选择合适的真空泵。一般选 2 台（1 用 1 备）。

4)水环式真空泵抽气系统。

水环式真空泵抽气系统由气水分离器、循环水箱、真空泵、真空管道组成,如图6-31所示。

图 6-31　水环式真空泵抽气系统
1—水泵；2—水环式真空泵；3—真空表；4—气水分离器；
5—循环水箱；6—玻璃水位计

气水分离器的作用是分离来自水泵的水和杂质,以免进入真空泵内。在清水泵站中可以不设气水分离器。水环式真空泵在运行时有热量放出,如不及时排出,真空泵就会因温度升高而损坏。为此在系统上设循环水箱,使真空泵中有少量的水不断循环,以及时带走产生的热量,但是,吸入的水量不宜过多,否则将影响真空泵的抽气量。

真空泵的布置,原则上不增加泵房面积,可以沿墙布置。抽气管可以沿墙架空敷设。抽气管与水泵泵壳顶排气孔相连。真空管(抽气管)直径可据水泵大小,采用 $DN25 \sim DN50$ 即可。

图 6-32　水射器引水

（2）水射器引水。

如图 6-32 所示,水射器引水是利用压力水通过水射器喷嘴处产生高速水流,使喉管处产生真空的原理,将水泵内的气体抽走。水射器应连接水泵泵壳排气孔,在开动水射器前,应将水泵压水管上的阀门关闭,当水射器出水管能带出被吸的水时,就可以启动水泵。

水射器具有结构简单、占地少、安装方便、工作可靠、便于维护等优点,是一种常用的引水设备。缺点是效率低,需供给大量的高压水。

6.5.2　计量设备

为了经济有效地调度泵站的工作,站内必须设置计量设施。目前,泵站常用的计量设施有电磁流量计、超声波流量计、插入式涡轮流量计、插入式涡街流量计、均速管流量计等。

1. 电磁流量计

电磁流量计是依据电磁感应定律制成的计量水量的仪器，如图 6-33 所示，当被测的导电液体，在导管中以平均速度切割磁力线时，便产生感应电动势 E。感应电动势 E 的大小与磁力线密度 B 和导体运动的平均速度 v 成正比，即

图 6-33　电磁流量计工作原理

$$E = BvD \times 10^{-8} \quad (V) \quad (6\text{-}8)$$

因为流量　　$Q = \dfrac{1}{4}\pi D^2 \cdot v$

由此可导出

$$Q = \frac{\pi}{4}\frac{E}{B}D \times 10^{-6} \quad (cm^3/s) \tag{6-9}$$

式中　Q——导管内通过的流量，cm^3/s；

　　　E——产生的电动势，V；

　　　B——磁力线密度，T；

　　　D——导管管径，cm；

　　　v——导体通过导管的平均速度，cm/s。

所以，当磁力线密度一定时，流量与产生的电动势成正比，测出电动势，即可以计算出流量。

图 6-34　LD 型电磁流量计外形图

电磁流量计由传感器（变送器）和转换器（放大器）组成。传感器安装在管道上，其外形同双法兰短管相似，如图 6-34 所示，它将管道内通过的流量变换为信号，再通过转换器将信号放大并转换成直流电信号输出，通过仪表进行流量记录指示、调节控制等。

电磁流量计具有变送器结构简单、工作可靠、水头损失小，不易堵塞、电耗小、反应灵敏、测量范围大，计量方便，安装方便，占地少，重量轻等优点。但价格较高，应避免潮湿及水浸、阳光直射和高温，应远离大的电器设备（如电动机、变压器等）。为了保证测量精度，从传感器电极起上游 5 倍管道直径，下游 3 倍直径范围内，不得安装扰动管内水流的设备及管件。埋地管道上的传感器应安装在钢筋混凝土的水表井中。电源线和信号线应分别穿在金属管内敷设，转换器应安装在便于查看的场所。

常用电磁流量计型号为 LD 型，导管直径可以小于或等于管道直径，流量计

的量程应比管道的设计流量大些，一般设计流量应在量程的 65%～80% 范围内，最大流量不超过量程。转换器、显示器应配套选用。

图 6-35　超声波流量计安装示意

2. 超声波流量计

超声波流量计是利用超声波在流体中的传播速度随着流体的流速变化这一原理设计的。图 6-35 为超声波流量计安装示意图，超声波流量计是由两个探头（超声波发生和接收元件）及主机两部分组成。它的优点是电耗小，水头损失小，测量精度高，即可以计量累加流量，也可以计量瞬时流量。

超声波流量计应安装在专门设置的箱井中，探头的安装部位要求上游的直管段不小于 10 倍管径，下游的直管段不小于 5 倍管径。

3. 插入式涡轮流量计

插入式涡轮流量计（图 6-36）主要由变送器和显示仪表两部分组成，测量元件为一涡轮头，将它插入被测管道的某一深度处，当流体通过管道时，推动涡轮头中的叶轮旋转。利用叶轮的旋转速度与管道中通过的流量成正比的原理来进行流量的测量。

(a)　　　　　　(b)

图 6-36　插入式涡轮流量计

(a) 外形图；(b) 结构图

1—信号传送线；2—定位杆；3—阀门；4—被测管道；5—涡轮头；

6—检测线圈；7—球阀；8—插入杆；9—放大器

为了保证测量精度（仪表常数精度为±2.5%），传感器安装点上、下游应保证有一定长度的直管段和不安装扰动水流的管件，管道的流速范围应为 0.5～2.5m/s。

插入式涡轮流量计目前还没有专门的命名型号，一般采用变送器的型号作为流量计的型号。目前国产的插入式涡轮流量计有 LWC 型与 LWCB 型。后一种可以在管道不断流的情况下拆装，不必设检修旁通管。

4. 插入式涡街流量计

涡街流量计又称为漩涡流量计，如图 6-37 所示。它无可动件，具有结构简单、安装方便、量程范围较宽、测量精度高（±1.5%～±2.5%）等优点。目前测量管径在 50～1400mm。

图 6-37　插入式涡街流量计

用于泵站计量的设备还有均速管流量计等。

6.5.3　起重设备

为了便于设备、阀门、管道的安装及检修，泵站应设置起重设备，宜根据水泵或电动机的重量按下列规定选用：

起重量小于 0.5t 时，采用固定钓钩或移动吊架；

起重量在 0.5～3.0t 时，采用手动或电动起重设备；

起重量大于 3.0t 时，采用电动起重设备。

当泵房起吊高度大，吊运距离长或起吊次数多的泵房，可以适当提高起吊的操作水平。

泵站常用的起重设备有吊架、单轨吊车梁吊车、桥式吊车三种。吊车有移动式和固定吊钩式两种，配用环链式手拉葫芦；单轨吊车和桥式吊车可以采用手动和电动两种方式。图 6-38 为手动单轨吊车，图 6-39 为电动桥式起重机。

1. 起重设备的选择

选择泵站起重设备主要是确定起重设备的形式与规格。起重设备形式的选择，主要依据起重量、起重高度和吊车跨度来确定，可按表 6-4 选择。

泵房起重设备形式选定　　　　　　　　　　　　　　　表 6-4

起重量(t)	<0.5	0.5～2.0	2.0～5.0	>5.0
起重设备形式	移动吊架或固定吊钩、手动	手动起重设备	手动或电动	电动起重设备

(a)   (b)

图 6-38   手动单轨吊车

(a) 小车外形图；(b) 起重捣链

图 6-39   DL 型电动单梁桥式起重机外形图（单位：mm）

注：厂房屋顶高度应比起重机最高尺寸大于等于 100mm。

    起吊高度大、吊运距离长、起吊次数多或双行排列的泵房，可以适当提高起吊的机械化水平。

    起重量应以泵房内最重的一台设备计算，并应适当考虑远期起重量的增加。对于大型泵站，当设备重量在 10t 以上时，应考虑解体吊装。解体吊装的设备应取得厂家同意，并在操作规程上说明，防止发生超载吊装。

吊车提升高度是指室内地坪至吊取物装置上极限位置的高度，应按泵房形式、吊车类型等情况经计算确定。吊车的提升高度一般为 3~16m，当超过 16m 时，在订货时要有加长钢索的说明，一般可以加长到 30m。

吊车的跨度是指桥式吊车两条轨道中心的间距，确定跨度时，要考虑吊车的作业范围及与泵房跨度的配合。

2. 起重设备的布置

起重设备的布置主要是确定起重机的设置高度和作业面。

（1）吊车的设置高度。

吊车的设置高度应满足以下要求：

1）重物吊起后，应能在机器间内最高机组或设备顶上通过。

2）在地下式泵站中，能将重物吊运至上层平台的出口。

3）如果需要汽车开入机器间，则应能将重物吊到汽车上。

（2）吊车作业面。

固定吊钩和移动吊架只能作垂直运动，因而作业面为一个点。

单轨吊车梁轨合一。吊车可以沿吊车梁做直线运动，其作业面为一条线。对于横向排列的机组，应位于机组轴线上空设置单轨吊车梁；对于纵向排列的机组，应位于水泵和电动机之间的上空设置单轨吊车梁；为使吊装设备进出方便，可以使单轨吊车梁居泵房大门正中布置。如果要考虑管道上阀门的吊装，可以使单轨吊车梁采用 U 形布置，以扩大单轨吊车梁的工作面（图 6-40）。在进行 U 形线路布置时，应考虑其吊装线路最好从水泵出水阀门一侧通过，因为出水阀门操作较多，易于损坏。

桥式吊车的大车沿轨道可以作前后运动，小车沿梁可以作左右运动，因此其作业范围为一个面。适用于机组作任何排列的泵房。需要注意的是，由于结构上的原因，桥式吊车钩的落地点距泵房墙壁应有一定的距离，即存在行车工作死区。图 6-41 为桥式吊车工作面示意图，图中阴影部分为行车工作死区，需要吊装的设备不应设在盲区内。

图 6-40 单轨吊车梁 U 形布置
1—进水阀门；2—出水阀门；
3—单轨吊车梁；4—大门

图 6-41 桥式吊车工作面示意图
1—进水阀门；2—出水阀门；
3—吊车边缘工作点轨迹；4—死角区

3. 泵房高度的确定

泵房地面层的净高应考虑吊车安装及起吊的需要，并应满足通风，采光等条件。应遵守以下规定：

（1）无起重设备或采用固定吊钩或移动吊架时，泵房净高（进口处室内地坪

或平台距屋顶梁底的距离）不小于 3.0m;

（2）当采用单轨起重机时，吊起物低部与吊运所越过的物体顶部之应保持有 0.5m 以上的净距;

（3）当采用桁架起重机时，除应遵守以上规定外，还应考虑起重机安装和检修的需要;

（4）对地下式泵房，需要满足吊运时吊起物低部与地面层地坪间净距不小于 0.3m。

设计有立式水泵的泵房除应符合以上规定外，还应考虑以下措施:

（1）尽量缩短水泵传动轴长度;

（2）水泵层的楼盖上设吊装孔;

（3）设置通向中间轴承的平台或爬梯;

（4）管井泵房屋盖上应设吊装孔。

以安装单轨吊车为例，泵房高度 H 可按图 6-42 计算。

（1）地面式泵房高度

$$H = a + b + c + d + e + f \quad (m) \tag{6-10}$$

图 6-42　单轨吊车泵房高度

式中　a——单轨吊车梁高度，m;

　　　b——吊车钢丝绳绕紧状态下最小尺寸，m;

　　　c——吊绳垂直长度，m，对于水泵为 $0.8x$;对于电动机为 $1.2x$; x 为起重部件宽度;

　　　d——最大设备高度，m;

　　　e——吊起物底部和最高设备顶部的净空，一般不小于 0.5m;

　　　f——最高一台机组顶至室内地坪的高差，m。

（2）地下式泵房高度

$$H = H_1 + H_2 \quad (m)$$

式中　H_1——泵房地面上部分高度，m;

　　　H_2——泵房地下部分深度，m。

$$H_1 = a + b + c + d + h \tag{6-11}$$

式中　h——吊起物底部与大门平台地坪的净距，一般取 0.2m。

当 $H_2 < e + f - h$ 时

$$H = (a + b + c + d + e + f) - h \quad (m) \tag{6-12}$$

6.5.4　通风与采暖

泵房通风与采暖的方式应根据当地的气候条件、泵房形式及对空气参数的要求确定。

由于电动机等设备在运行中散发热量，使得泵房内温度升高，从而使电动机绝缘老化，效率降低，同时对工作人员的身体健康也产生不利影响，因而泵房需要通风、换气。

泵房一般采用自然通风，当自然通风不能满足要求时，可采用机械通风。中控室和微机室宜设空调装置。

在北方地区，地面式泵房一般采用自然通风，建筑上保证足够的开窗面积（开窗面积为泵房地面面积的 1/7～1/5）即可满足通风要求。在南方地区及地下式泵房则要采用机械通风。

机械通风分为抽风式和排风式，抽风式是将风机放置在泵房上层窗户顶上，通过接到电动机排风口的风道将热风抽出室外，冷空气自然补入。排风式是在电动机附近安装风机，将电动机散发的热气，通过风道排至室外。通风机的选择依据是风量和风压。

寒冷地区的泵房应设有采暖设施。对于自动化泵站，机器间采暖温度为 5℃，非自动化泵站为 16℃，辅助房间室内温度不低于 18℃。小型泵站可以采用电热器取暖，大型泵站需考虑集中供暖的方法。

6.5.5 其他设施

1. 排水设施

水泵运行中轴封装置、闸阀等漏水、水泵及管道等检修时放水，以及冲洗泵房地面时产生的污水都需要及时排除，以保持泵房内环境清洁和安全运行。对于地面式泵房，积水可以自流排入室外下水道。对于地下式或半地下式泵房，一般需要设手摇泵，电动排水泵或水射器等设备提升排除积水。无论是自流排水还是提升排水，泵房地面都要有一定的坡度，坡向排水沟，排水沟应有不小于 0.01 的坡度，将污水排向集水坑。采用提升排水时，排水泵不应少于 2 台，其流量可按 5～10min 排除集水坑中污水的要求确定。

2. 通信设施

泵站应设有通信设施，一般在值班室内设专用通信工具，以供生产调度和通信联络用。泵房电话间应采取隔声措施，以防噪声干扰。

3. 防火与安全设施

泵房应设有防用电起火和雷击起火的设施，以保护人身及设备安全。应满足有关规范的要求，例如变电所应设避雷器，变电所及泵房应设避雷针，要有防雷和保护接地设施，35kV 及以上输电线路应设避雷线。值班室、配电室要设置必需的灭火设施。泵房的耐火等级要符合有关规定。

6.6 停泵水锤及防护

6.6.1 停泵水锤及其危害

离心泵的正常启动、停车及管道内流量发生变化时，在压力管道内都会产生一定程度的水锤现象，但由于水锤压力较小，因而不会造成水锤事故。泵站的水锤事故往往是由于停泵水锤所引起的。

所谓停泵水锤是指突然断电或其他原因造成开阀停车时，在水泵和压力管道中由于流速的突然变化而引起压力升降的水力冲击现象。例如电力系统或电器设

163

备发生故障、水泵机组偶发故障等原因，都可能发生离心泵开阀停车，从而引发停泵水锤。

停泵水锤的最高压力可达正常工作压力的200%，甚至更高，可以使管道及设备击毁，一般事故造成"跑水"、停水；严重事故造成泵房被淹、设备损坏、设施被毁，甚至于造成人身伤亡事故。

发生停泵水锤时，在水泵压水管路起伏较大处，还会发生断流水锤，即在管路最高点处产生负压，当压强值小于相应温度下的饱和压力时，在该处发生汽化而形成汽腔，使连续水流中断（水柱分离），当增压波传来时，汽腔被压缩，在汽腔消失的瞬间，两股水流撞击，从而引发断流水锤，其压强值将超过连续水流的水锤压强值，因而危害更大。

为了防止停泵水锤事故的发生，在泵站设计中宜进行停泵水锤计算，当停泵水锤压力值超过管道试验压力值时，必须采取消除水锤的措施。

6.6.2　停泵水锤防护措施

1. 防止断流水锤（水柱分离）的措施

（1）敷设压水管路时应尽量避免局部突起，以防出现负压过大而引起水柱分离。

（2）在管路可能产生水柱分离处设置充水箱或调压塔，当停泵水锤管内压力降低时及时补水，以防产生水柱分离。

（3）尽可能降低压力管道中流速。

2. 防止增压过高的措施

（1）设置水锤消除器。

水锤消除器是具有一定泄水能力的安全阀，一般安装在止回阀下游。水锤消除器有下开式水锤消除器、自闭式水锤消除器、自动复位式水锤消除器等。图6-43为自动复位下开式水锤消除器，工作原理如下：水泵突然停止后，管线起端的压力下降，水锤消除器缸体2外部的水经阀门9流到管8，缸体中的水经阀3流到管8，此时在重锤5作用下，活塞1下落到虚线所示位置，当最大水锤压力到来时，高压水即经排水管4排出。一部分水经止回阀瓣上的小孔回流到缸体内，直到活塞下的水量慢慢增大，压力加大，使活塞上升，重锤复位，排水管管口封住。缓冲器6用以使重锤平稳复位。

（2）设空气缸。

如图6-44所示，在压力管路上设置空气缸，利用气体体积与压力成反比的原理，当发生水锤时，管道内压力升高，空气被压缩，起气垫的作用；当管道内形成负压，甚至发生水柱分离时，它向管道内补水，可以有效地消减停泵水锤的危害。

（3）设缓闭阀。

缓闭阀常用有缓闭式止回阀、缓闭式止回蝶阀。缓闭式止回阀由止回阀和缓闭机构组成，当突然停泵时，通过缓闭传动机构，使止回阀逐渐关闭，允许部分水通过水泵倒流回水池，从而减弱了水锤强度，在泵站中得到广泛采用。图6-45为液压式缓闭止回蝶阀。

图 6-43 自动复位下开式水锤消除器

1—活塞；2—缸体；3—阀瓣上钻有小孔的单向阀；

4—排水管；5—垂锤；6—缓冲器；7—保持杆；

8—管道；9—闸阀（常开）；

10—活塞联杆；11—支点

图 6-44 空气缸

A—没有气囊；B—有气囊

（4）取消止回阀。

实践表明，止回阀的突然关闭危害极大。因此，在压水管路较短、水泵倒转危害较小的情况下，以及突然停电可以及时关闭出水闸阀时，可以不设止回阀，从而可以减少停泵水锤发生的可能性。

图 6-45 液压式缓闭止回蝶阀

6.7 泵站变配电设施

变电站是泵站的重要组成部分。工艺技术人员需要了解有关变配电及设备布置等知识，以便向电气设计人员提出明确的要求和资料，使泵站设计更加完善。

在泵站初步设计以前，建筑单位应就电力负荷等级、负荷容量、电压等级、供电方案、用电地点等问题，向当地电力部门申报。

6.7.1 变配电系统中负荷等级及电压选择

1. 负荷等级

电力负荷的等级，是根据用电设备对供电可靠性的要求来决定的。电力负荷一般分为三级。

（1）一级负荷是指突然停电将造成人身伤亡危险，或重大设备损坏且难以修复，而带来重大损失的电力负荷。例如大中城市的水厂、钢铁厂等重要企业均按一级电力负荷设计。一级负荷的供电方式，要求有两个独立电源供电。

（2）二级负荷是指突然停电将产生大量废品，大量原材料报废或发生主要设备破坏事故，但采用适当措施后能避免损失的电力负荷。例如某些城市水厂允许短时间断水，经采取适当措施能恢复供水，利用管网调度等手段，可以避免用水单位造成重大损失的即属于二级负荷。二级负荷的供电方式应有两回路供电，当采用两回路供电有困难时，允许由一回路专用线供电。

（3）三级负荷是指不属于一、二级负荷的电力负荷。例如只供生活用水的村镇小型水厂，（总功率小于100kW）属三级负荷。三级负荷对供电方式无特殊要求，可以一路供电。

一般小型水厂，可以采用一路电源供电。中型水厂应视其重要程度可由两个独立电源同时供电，或由一个常用电源和一个备用电源供电。大型水厂一般属一级负荷，需两路电源供电。对于不得间断供水的泵房，应设两个外部独立电源。如不能满足时，应设备用动力设备，其能力要满足发生事故时的用水要求。

2. 电压选择

泵站电压的选择与泵站规模（负荷容量）和供电距离有关。对于小型水厂（总功率小于100kW），供电电压一般为380V；大多数中、小型水厂供电电压多为10kV；大型水厂供电电压多为35kV。

6.7.2 泵站中常用的供配电系统

泵站常用的变配电系统有单台配电变压器单母线供电；两台配电变压器单母线分段供电。

图6-46适用于村镇水厂、小型水厂三级电力负荷。图6-46（a）适用于10kV，320kVA以下的接线系统的接线。图6-46（b）、（c）适用于10kV，大于320kVA系统的接线。

图6-47所示为10kV总变电所接线图（双电源）。总变电所设两台主变压器，两台厂变压器。主变压器将10kV电压降为6kV后进行配电。厂变压器将10kV降为380V后进行配电。变压器容量宜按全负荷的75%考虑。图中每个油开关前后均设置隔离开关。隔离开关主要是在油开关需要检修时起切断电路的作用。在高压电路中，隔离开关只能在断路情况下动作。泵站中如果配用10kV的高压电动机，则可以直接连接。

图6-48为6～10kV变电所常用接线图。图6-48（a）适用于一个常用电源，一个备用电源，可以自动切换，中间的隔离开关作检修时切断用。图6-48（b）

图 6-46　10kV 变电所一次接线图

QS—高压隔离开关；QM—高压负荷开关；QF—断路器；FU—熔断器；TM—电力变压器

适用于备用电源允许手动切换，切换时可以允许短时间停电的场合。对于中、小型水厂，一般由 6kV 或 10kV 电压以双电路供电，经降压为 380V 后进行配电使用。

图 6-47　10kV 总变电所接线图（双电源）

图 6-48　6~10kV 变电所常用接线图

（a）双电源自动切换；（b）双电源手动切换

6.7.3　变电站布置

变电站是泵站重要组成部分。它由高压配电室、变压器室、低压配电室组成。变压器可以设在室外或者室内。变电所分以下几种类型。

1. 独立变电所

设置于距泵房 15~20m 范围内的单独场地或建筑物内。其优点是离开人流较多的

167

地方，比较安全；便于处理变电所与泵房建筑上的关系。其缺点是线路长，消耗电能，且维护不便。

2. 附设变电所

置于泵房外，但有一面或两面墙壁与泵房相连。其优点是使变压器靠近了用电设备，节省能耗。

3. 室内变电所

变电所全部或部分设置在泵房内部或泵房的一侧。变电所应有单独通向室外的大门。这种类型的优点是维护管理方便，因而较多采用。

图6-49为变电所和水泵房几种结合布置方案，可供参考。

图6-49　变电所与水泵房的组合布置
1—水泵房；2—低压配电室（包括值班室）；3—变压器室；4—高压配电室

6.7.4　供配电设备

泵站的供配电设备是用来接受、变换和分配电能的电气装置。主要有变压器、导线、开关装置、熔断器、保护电器、测量传感器及配套仪表、避雷装置、功率因数补偿器等组成。泵站电气设备选择应遵循下列原则：

（1）性能良好、可靠性高、寿命长；

（2）优先选用节能、环保型产品；

（3）功能合理，经济适用；

（4）小型、轻型、成套化，占地少；

（5）维护检修方便，不易发生误操作；

（6）确保运行维护人员的人身安全；

（7）便于运输和安装；

（8）对风沙、污秽、腐蚀性气体、潮湿、凝露、冰雪、地震等危害，应有防护措施；

（9）设备噪声应符合现行国家标准《工业企业噪声控制设计规范》GB/T 50087的有关规定。

泵站电气设备布置应符合下列规定：

（1）应结合泵站枢纽总体规划，交通道路、地形，地质条件，自然环境和水工建筑物等特点进行布置，减少占地面积和土建工程量，降低工程造价；

（2）布置应紧凑，并有利于主要电气设备之间的电气连接和安全运行，且检修维护方便。降压变电站应尽量靠近主泵房、辅机房；

（3）泵站分期建设时，应按分期实施方案确定。

配电设备装设在由开关厂生产的标准配电屏内（通常称控制屏、开关柜、配电盘）。配电屏是根据用户的要求，将线路、配电设备进行组合使之具有不同功能的薄钢板柜。按功能选定的配电屏分别安装在高压配电室、低压配电室、控制室内。在符合电气安装要求的前提下，高、低压配电屏也可以安置在同一配电室内。

6.7.5　电动机的选择

与水泵配套电动机的选择，就是要确定电动机的规格、型号。具体确定电动机的类型、额定功率、额定电压、转速、防护形式等。并应尽量节省投资，运行安全经济，管理维护方便等。一般应考虑以下因素：

（1）电动机选择的基本依据是水泵的轴功率的转速。所选电动机的额定转速 n_e 应与水泵设计转速相一致。电动机的额定功率可按下式计算

$$P_e \geqslant P_j = k \frac{N}{\eta_c} \tag{6-13}$$

式中　　P_e——电动机的额定功率，kW；

　　　　P_j——水泵计算轴功率，kW；

　　　　k——考虑启动因素的因数，一般取 $k=1.05\sim1.10$；

　　　　N——运行中水泵最大轴功率，kW；

　　　　η_c——传动效率，直接传动时 $\eta_c=1.0$。

（2）根据电动机功率的大小并参考外网电压来确定电动机的额定电压。

1）$P_e<100\text{kW}$ 时，选用 380V/220V 电动机；

2）$P_e>200\text{kW}$ 时，选用 10kV 电动机；

3）$P_e=100\sim200\text{kW}$ 时，可视情况，根据多数电动机的额定电压确定。

当外网电压为 10kV 高压，而电动机功率又较大时，应尽量选用高压电动机。因为这种电动机一般为水冷式，具有体积小、重量轻、效率高、噪声低等优点。

（3）根据水泵的工作环境和安装方式，选择电动机的防护形式和安装方式及构造形式。例如无潮湿、无粉尘、无有害气体的地面式泵站，可选用一般防护式电动机，如 JS$_2$、JSI$_2$、JSG 等系列；在潮湿、有灰尘的场合（如地下式取水泵站）选用封闭扇冷式电动机。卧式水泵配卧式电动机，立式水泵配立式电动机。

（4）根据投资少、效率高、运行简便等条件，选择电动机的类型。在给水排水泵站中广泛使用三相交流异步电动机，有鼠笼式和绕线式。

鼠笼式电动机具有结构简单，价格便宜，工作可靠，维护较为方便，易于实行自动控制等优点；缺点是启动电流大，并且不能调节转速。常用鼠笼式电动机有 YO$_2$ 型、JS 型。

绕线电动机适用于功率较大或者需要调速的情况下，常用有 JK 型、JKG 型。

（5）对于 300kW 以上的大型机组，可以选用同步电动机，它具有很高的功率因数，对于节省电耗有重要经济意义。当外网电压为 10kV 高压，而电动机功率又较大时，应尽量选用高压电动机。因为这种电动机一般为水冷式，具有体

积小、重量轻、效率高、噪声低等优点。

（6）使用潜水泵时所配电动机电压等级宜为低压。

6.8　泵站噪声及防治

6.8.1　噪声的危害

噪声是各种不同频率和不同声强的声音无规律的杂乱组合。它是一种令人烦恼、讨厌、产生干扰、刺激，使人心神不安，妨碍和分散注意力及对人体有危害的声音。

噪声可以造成职业性听力损失。长期工作在强噪声的环境中，就会在强噪声的刺激下，形成永久性听力疲劳，使听觉器官发生病变，即形成职业病（噪声性耳聋）。一般来讲，经常在90dB（A）以上的噪声环境下长期工作，就有可能发生噪声性耳聋。

在噪声的影响下，可以诱发多种疾病，例如头疼、脑涨、昏晕、耳鸣、多梦、失眠、心慌和全身疲乏无力等。

噪声还会对人体的消化系统和心血管系统造成损害，可以使人心跳加快，心律不齐，血压升高，血管痉挛，以致冠心病等。

噪声能对人们的正常生活产生严重的干扰，例如妨碍睡眠、干扰谈话等。

在嘈杂的环境里，人的心情易于烦躁，易于疲劳，分散注意力。因此，噪声会使劳动效率降低，会引发工伤事故。

6.8.2　泵站的噪声源

工业噪声源主要来自三个方面，即空气动力性噪声、机械性噪声、电磁性噪声。

空气动力性噪声是由于气体振动产生的，例如通风机、鼓风机、空压机等产生的噪声。

机械性噪声是由于固体振动而产生的。例如阀件，水泵轴承等产生的噪声。

电磁性噪声是由于电动机的定子及转子空隙中交变力作用产生的交流嗡嗡声。如电动机、变压器、交流控制与保护电气产生的噪声。

由此可见，泵站中产生的噪声是以上三种噪声的集合。对生产和人身健康具有一定的危害作用。

6.8.3　泵站噪声的防治措施

为了改进操作人员的工作环境和满足周围环境对防噪的要求，泵房应采取相应的防噪措施，其标准应符合现行的国家标准《声环境质量标准》GB 3096 和《工业企业噪声控制设计规范》GB/T 50087 的规定。《泵站设计标准》GB 50265 要求，主泵房电动机层值班地点允许噪声标准不得大于 85dB（A），中控室和通信室在机组段内的允许噪声标准不得大于 70dB（A），中控室和通信室在机组段外的允许噪声标准不得大于 60dB（A）。若超过上述允许噪声标准时，应采取必要的降声、消声或隔声措施。

泵站防噪一般采取如下措施：

1. 选用低噪声的机电设备

选用低转速的设备（例如水泵机组），噪声要低一些。设备结构的改进也会降低噪声。

2. 吸声

泵房进行吸声处理，主要是利用多孔性吸声材料（如玻璃棉、矿渣棉、毛毡、甘蔗纤维板、水泥木丝板、棉絮等）和泡沫、颗粒类吸声材料（如聚氨酯泡沫塑料、泡沫玻璃、泡沫水泥、膨胀珍珠岩等）来吸收声能。吸声处理是在结构上利用吸声材料做成表面装饰或悬挂于空间的吸声体。在工程上吸声材料通常布置在顶棚，如果在四周墙上布置吸声装置，则宜布置在墙裙以上（一般裙高 1.5m）。当车间较大而声源较小时，在声源附近悬挂吸声体较为经济有效。

3. 隔声

在噪声传播途径中采用隔声方法，是较好的一项控制措施。隔声就是将声源置于隔声罩内，与值班人员隔开，或者将值班人员置于隔声良好的隔声室内，与噪声源隔开，从而使值班人员免受噪声危害。与吸声材料相反，隔声结构通常都是密实、沉重的材料，如砖墙、混凝土、钢板、木板等。

4. 隔振

水泵机组高速旋转产生的振动以波动的形式传给基础、地板、墙体等，以弹性波的形式传到泵房内，以噪声的形式出现。隔振、减振是消除机械噪声的基本方法。如在机组与基础之间安装橡胶隔振垫或弹簧减振器；在水泵吸压水管道上设置可挠性接头；在机组周围设置隔振沟、立管穿越楼板时做成防振立管；管道支、吊架上垫以防振材料或设防振吊架等措施都是很有效的。

减振的设计与安装可参考有关设计手册或给水排水标准图集中《水泵隔振基础及其安装》部分。

6.9 给水泵站的构造特点

6.9.1 取水泵站的构造特点

如前所述，地面水源取水泵站，往往建成地下式的。

地下式一级泵站由于"临水埋深"，在结构上要求承受土压和水压，泵房筒体和底板要求不透水，有一定自重以抵抗浮力。这就大大增加了基建投资。因此，对于地下式泵房应尽可能缩小其平面尺寸，以降低期工程造价。在地质条件允许时，一级泵站多采用沉井法施工。因此，大都采用圆形结构。其缺点是布置机组及其他设备时，不能充分利用建筑面积，此外，安设吊车也有一定困难。因此，有时泵房地下部分是椭圆形，而地上部分做成矩形。泵房筒体的水下部分用钢筋混凝土结构，水上部分可用砖砌。泵房底板一般采用整体浇筑的混凝土或钢筋混凝土底板，并与水泵机组的基础浇成一体。为了减小平面尺寸有时也采用立式水泵。配电设备一般放置上层以充分利用泵房内空间。压水管路上的附件，如止回阀、闸阀、水锤消除器及流量计等一般设在水泵房外的闸阀井（或称切换井）。这样不仅可以减小泵房建筑体积，而且当压水管道损坏时，水流不致向泵房内倒灌而淹没泵房。泵站与切换井间的管道应敷设于支墩或钢筋混凝土垫板上，以免不均匀沉陷。泵站与吸水井分建时，吸水管常放在钢筋混凝土暗沟内，暗沟上应留出入的人孔，暗沟的尺寸，应保证工人可以进入检查、处理漏水漏气事故。当需要换管子时，可以通过人孔把管子取出来。暗沟与泵房连接处应设沉降缝，以防不均匀沉降而导致管道破裂。泵房内壁四周应有排水沟，水汇集到集水坑中，然后用排水泵抽走。排水泵的流量可选用 $10\sim30L/s$，其扬程由计算确定。

一级泵站有时抽的是未经处理的浑水。因此，一般需要另外接入自来水作为水泵机组的水封用水。

地下式泵站中，上下垂直交通可设 $0.8\sim1.2m$ 宽的坡度为 $1:1$ 或稍小坡度的扶梯，每两个中间平台之间不应超过 20 级踏步。站内一般不设卫生间、贮藏室；但应设电话与各种指示讯号，以便调度联系。为防止火灾，泵站内外要考虑灭火设备。

地下式一级泵站扩建时有一定困难，所以在第一次修建时，即应考虑将来的扩建问题，通常泵房一次建成，设备分期安装。泵站内的机器间的电力照明按每平方米地板面积 $20\sim25W$ 计算。

泵站的大门，应比最大设备外形尺寸大 $0.25m$。对于特别笨重的设备应预先留出安装孔。为了保证泵房内有良好的照明，应在泵房的纵墙方向开窗，窗户面积通常应大于地板面积的 $1/7\sim1/6$，最好为 $1/4$。在泵房附近没有修理厂时，应在泵房内留出 $6\sim10m^2$ 的面积，放置备用零件并作为修理用。

6.9.2　二级泵站构造特点

二级泵站的工艺特点是水泵机组较多，占地面积较大，但吸水条件好。因此，大多数二级泵站建成地面式或半地下式。

地面式的优点是施工方便，造价较低和运行条件较好。地下式水泵站的优点是，启动水泵比较方便。在地下式泵房中，应设置排除积水的管道，在该管道上应装有止回阀，以防止大雨时，雨水倒流。若泵房地坪高低于室外排水管标高时，则应设置抽水设备。

二级泵站由于机组台数较多，因而附属的电气设备及电缆线也较多。在进行工艺设计时，应结合土建与供电要求一并考虑。但是，对于二级泵站，土建造价相对地比经常电能耗费小。因此，在设计二级泵站时，要着重注意工艺上的要求和布置，土建结构应保证满足工艺布置的要求。

二级泵房属于一般的工业建筑，常用的是柱墩式基础。墙壁用砖砌筑于地基梁上，外墙可以是一砖、一砖半或两砖厚，根据当地的气候寒暖而定。为了防潮，墙身用防水砂浆与基础隔开。对于装有桥式吊车的泵房，墙内须设置壁柱。机组运行时，由于震动而发生很大噪声，影响工人健康。为此，首先应保证机组安装的质量，同时要把机组与基础连接好，如有必要亦可采取消声措施。在管道穿过墙壁处采用柔性穿墙套管也可减少噪声的传播。泵房设计还应考虑抗震和人防要求。从抗震角度出发，泵房最好建成地下式或半地下式的。如果地下水位很高，施工困难或受其他条件限制，不能修建地下式时，也可设计成地面式泵房，但必须尽量做到：平、立面简单、体形规整，不做局部突出的建筑。水泵站内还应有水位指示器，当清水池或水塔中水位最高或最低时，便可自动发出灯光或音响信号。

6.9.3　深井泵站构造特点

深井泵站通常由泵房和变电所组成。深井泵房的形式有地面式、半地下式和地下式 3 种。不同结构形式的泵房各有其优缺点。地面式的造价最低，建成投产迅速；通风条件好，室温一般比半地下式的低 5~6℃；操作管理与检修方便；室内排水容易；水泵电动机运行噪声扩散快，音量小；但出水管弯头配件多，不便于工艺布置，且水头损失较大。半地下式比地面式造价高；出水管可不用弯头配件，便于工艺布置；水力条件好，可稍节省电耗及经常运行费用，人防条件较好；但通风条件较差，夏季室温高；室内有楼梯，有效面积缩小；操作管理，检修人员上下，机器设备上下搬运均较不便；室内地坪低，不利排水；水泵电动机运转时，声音不易扩散，音量大；地下部分土建施工困难。地下式的造价最高；施工困难最多；防水处理复杂；室内排水困难；操作管理，检修工作不便；但人防条件好；抗震条件好；因不受阳光照射，故夏季室温较低。实践表明：以上 3 种形式，以前两种为好。

深井泵房平面尺寸一般均很紧凑，因此选用尺寸较小的设备对缩小平面尺寸有很大意义。设计时应与机电密切配合，选择效能高、尺寸小、占地少的机电设备。此外，深井泵房设计，还应注意泵房屋顶的处理，屋顶检修孔的设置以及泵房的通风、排水等问题。

6.10　给水泵站布置示例

6.10.1　立式水泵地下式取水泵站示例

图 6-50 为某电厂采用立式水泵的地下式取水泵站。该泵站从某一河流取水，泵站由格栅间、机器间和栈桥等部分组成。在竖向上分为操作间、电动机间、水泵间（机器间）三层。

泵房内安装四台沅江 36—23 型水泵，出水流量为 $7m^3/s$，设有起重量为 10t 的桥式吊车一台。泵房内采用机械通风。

水泵进出水管各设阀门一个，压水管上的止回阀设在泵房外的专用阀门井中。

6.10.2　卧式水泵半地下式二级泵站示例

图 6-51 为卧式水泵半地下式二级泵站。泵站为矩形平面布置，采用半地下式。泵站内安装有 4 台 8Sh 9A 型卧式双吸离心泵，水泵从吸水井吸水，每台水泵设单独的吸水管，出水管上设闸阀和止回阀。水泵机组采用横向排列的布置形式。进出水管道均敷设在地沟中。地面集水沿地面坡度流向集水沟汇集至集水坑，然后由排水泵排除。设有 SZB-8Q 型真空泵 2 台（1用1备）。泵房左侧设一个大门，右侧设置一个小门与值班室和配电室相通。

图 6-50　立式水泵地下式取水泵站（单位：mm）

图 6-51　卧式水泵半地下式二级泵站

6.10.3　深井泵房示例

图 6-52 所示为地面式深井泵房。泵房安装有 JD 型深井泵 1 台（图 5-52 中1）。在水泵出水管上设有闸阀 2，止回阀 4。为了便于拆卸和安装管路，安装一柔性接口 5，在闸阀 2 前接出一根水管 11 与深井泵的预润孔相接，供橡胶轴承润

图 6-52　地面式深井泵房（单位：mm）

滑。在出水管路上接一支管 3，作为排砂管，当出水不合格时可作为放水口。泵房进口左侧平台设消毒间 6，右侧一角放置配电盘 7。屋顶设有天窗 8，以供检修和安装机组时起吊用。深井泵填料函漏水经排水管 9 排至集水坑 10。

6.10.4　潜水泵站示例

潜水泵是将水泵和电动机制成一体，通常安装在集水井中，将机器间与集水井合为一体，因而大大减少了泵站的占地面积，节省工程造价，并且具有泵站结构简单、设备配置简化，安装维护方便，运行噪声小、运行效率高等优点，近年来在取水工程中较多采用。图 6-53 为潜水泵房的示例。该泵站为钢筋混凝土地下建筑。由吸水井、潜水泵吸室和钢竖井组成。潜水泵室安装有 4 台潜水泵，每台潜水泵的出水管布置在管廊中，在出水管上设止回阀和蝶阀。变配电室设在泵站地面一层。

图 6-53　潜水泵房布置示意图（单位：mm）

1—深井；2—吸水室；3—分水锥；4—水泵机组；5—井筒；6—潜水泵室；

7—电缆密封压盖；8—电缆；9—电缆沟；10—接线盒；11—水位计；

12—进水虹吸管；13—连通虹吸管；14—格网

6.11　给水泵站工艺设计

6.11.1　设计的依据及参考资料

1．设计的主要依据

设计的主要依据有经批准的设计任务书，主管部门的指示和决议，有关部门的协议文件，工程地质、水文与水文地质资料、地形及气象、自然情况等资料。

（1）设计任务书。

（2）规划、人防、卫生、供电、航道、航运等部门同意在一定地点修建泵站的正式许可文件。

（3）地区气象资料：最低、最高气温，冬季采暖计算温度，冻结平均深度和起止日期，最大冻结层厚。

（4）地区水文与水文地质资料：水源的供水位、常水位、枯水位资料；河流的含砂量、流速、风浪情况等；地下水流向、流速、水质情况及对建筑材料的腐蚀性等。

（5）泵站所在地附近地区一定比例的地形图。

（6）泵站所在地的工程地质资料，抗震设计烈度资料。

（7）用水量、水压资料（污水泵站还应有水质分析资料）以及给水排水制度。

（8）泵站的设计使用年限。

（9）电源位置、性质、可靠程度、电压、单位电价等。

（10）与泵站有关的给水排水构筑物的位置与设计标高。

（11）水泵样本，电动机和电器产品目录。

（12）管材及管配件的产品规格。

（13）设备材料单价表，预算工程单位估价表，地方材料及价格，劳动工资水平。

（14）对于扩建或改建工程，还应有原构筑物的设计资料、调查资料、竣工图或实测图。

2. 参考资料

参考资料仅作为设计时参考，不能作为设计的依据。主要有各种参考书、口头调查资料、本地区内现有泵站的图纸、施工经验与施工方法，以及其他有关的参考资料。

6.11.2　泵站工艺设计的步骤和方法

泵站工艺设计的任务是，确定水泵机组及辅助设备的规格、型号和台数；进行机组及吸、压水管路的布置；确定出泵房的平面尺寸及建筑高度；绘制出泵站的平、剖面图。

泵站工艺设计主要步骤和方法如下：

（1）确定泵站设计流量和扬程。

（2）初步选择水泵机组的规格、型号和台数。由于初选水泵时，还不能确切地知道泵站内部管路的压力损失，暂时可按 2.0m 估算，然后按第（9）条进行校核。

（3）与水泵配套的电动机应根据水泵的轴功率及转速来选择。如果水泵厂方供应配套电动机，则可以不必另选电动机。

（4）确定水泵机组基础尺寸。按初步选定的水泵机组，查相应产品样本，确定水泵机组的基础尺寸及安装尺寸。

（5）计算水泵吸、压水管路的直径。

（6）进行水泵机组的布置以及吸、压水管道的布置。

（7）根据地形条件及吸水井最低水位确定水泵的安装高度。

（8）确定水泵轴线高程以及吸、压水管道、基础等主要部分的标高。

（9）精选水泵和电动机。准确地计算出泵站吸、压水管路水头损失（一般从水泵吸水口至泵站切换井），进一步换算水泵扬程。如果初选的水泵机组不合适，则需要重新选择水泵机组。

（10）进行消防及事故时校核。主要是校核消防时以及管网发生损管事故时，泵站的流量和扬程能否满足要求。如果不满足要求，需要重新选择水泵机组。

（11）选择泵站中的辅助设备，并进行布置。

（12）确定泵房的建筑高度。依据水泵的安装高程、起重设备的设置要求来确定泵房建筑各主要部分的标高。

（13）确定泵房平面尺寸，设计泵站总平面图。机组和管路平面布置方式确定后，就可以根据基础长度、基础间距确定出机器间的最小长度，如图 6-54 所示。按基础宽度、吸压水管道及管件的尺寸，可确定出机器间的最小宽度。机器间的平面尺寸确定后，再考虑通道、检修用地等因素，最后确定出机器间的平面尺寸。

泵站的总平面布置除机器间外。还包括变压器室、配电室、值班室、修理间

图 6-54　机器间长度 L 和宽度 B

a—机组基础长度；b—基础间距；c—基础与墙距离；l_1、l_3、

l_4、l_5、l_6—分别为水泵进口短管、出口短管、止回

阀、闸阀、短管的长度；l_2—机组基础宽度

等。总平面布置的原则是运行管理安全可靠、检修及运输方便、技术经济上合理并留有发展余地。

变配电设备一般布置在泵站的一端，低压配电设备也可以布置在泵房内侧。

当泵房内安装有立式泵或轴流泵时，配电设备一般装设在机器间上层或中层平台上。

控制设备可以设在机组附近，也可以集中装设在配电室内。配电室内设有各种配电柜，应便于电源进线，便于操作，应靠近机组。

变压器室应设置在独立的房间内，且应位于泵站一端。

值班室应与配电间、机器间相通，且能很好的通视。要尽量做到不因配电间的设置而增大泵房跨度。

修理间的布置应便于重物的内部吊运及向外运输。因此，在修理间的外墙上应开有大门，并与整体的道路设计相适应。

（14）向有关工种提出设计任务。

给水泵站设计需要泵站工艺、建筑、结构、电气等各专业技术人员的配合。工艺设计人员应通过总工程师向有关专业工种提出相关设计任务。

（15）绘图及编制设计计算书、设计说明书、审核、会签并出图。

（16）编制施工图预算。

6.11.3　泵站技术经济指标

泵站的主要技术经济指标有单位水量基建投资、输水成本和电耗三项。

1. 单位水量基建投资 a

泵站基建总投资 A 包括土建、设备及管道、电气等项费用。初步设计和扩大初设设计阶段按概算指标计算；施工图设计阶段按预算指标计算；工程竣工后按工程决算进行计算。当泵站设计日供水量为 Q（m^3/d）时，则单位水量基建投资 a 为：

$$a = A/Q \quad （元/m^3）\tag{6-14}$$

2. 输水成本 b

泵站的年运行费用 B 包括以下几项：

（1）折旧及大修费 b_1。按国家现行规定计算。

（2）电费 b_2。全年电费可按下式计算

$$b_2 = \frac{\sum Q_i H_i T_i}{\eta_p \eta_m \eta_n} \rho g \cdot d \quad （元）\tag{6-15}$$

式中　Q_i——一年中泵站随季节变化的平均日输水量，m^3/s；

H_i——相应于 Q_i 的泵站输水扬程，m；

T_i——一年中平均泵站工作小时数，h；

η_p——水泵效率，%；

η_m——电动机效率，%；

η_n——电网的效率，%；

ρ——水的密度，取 $\rho = 1000\text{kg/m}^3$；

g——重力加速度，g $= 9.81\text{m/s}^2$；

d——1kW·h 电的价格，元/(kW·h)。

（3）工资福利费 b_3。按劳动定员及职工平均工资水平计算。

（4）经常养护费 b_4。

（5）其他费用 b_5。按国家规定应计入成本的各项其他费用。

即

$$B = b_1 + b_2 + b_3 + b_4 + b_5$$

若全年泵站的总输水量为 Q（m^3），则输水成本 b 为

$$b = \frac{Q}{B}（元/\text{m}^3） \qquad (6\text{-}16)$$

3. 泵站电耗 e_c

泵产电耗是指抽升 1000m^3 水的电耗，即

$$e_c = \frac{E_c}{Q_c} \times 1000 \quad (\text{kW·h}) \qquad (6\text{-}17)$$

式中　E_c——泵产在一昼夜内所消耗的电能，kW·h；

　　　Q_c——泵产在一昼夜内所抽升的水量，m^3。

泵产以上三项指标，在泵站设计时，可作为方案比较的参考；泵站投产后，可作为年度经营活动，分析检查泵站效率，提出降低运行成本技术措施的主要依据。

6.11.4　给水泵站工艺设计示例

1. 设计依据

（1）某水厂新建二级（送水）泵站一座，设计供水量为 $50000\text{m}^3/\text{d}$；

（2）给水系统工艺设计中拟定泵站分二级工作：

1）一级供水每小时供水量为设计日供水量的 5.0%。此时输配水管网水头损失值为 20.00m；

2）二级供水每小时供水量为设计日供水量的 2.9%。

（3）消防时水量 $Q_x = 144\text{m}^3/\text{h}$，此时输配水管网总压力损失 $\sum h_x = 32.5\text{m}$。

（4）泵站室外地面标高为 109.200m；吸水井最高水位标高为 109.200m，最低水位为 105.200m，吸水井距泵站距离为 5.0m。

（5）给水管网中最不利供水点地面标高为 111.200m，自由水压 H_0 为 28m。试设计该送水泵站。

2. 确定泵站设计参数

泵站一级工作时设计流量 Q_{I}

$$Q_I = 50000 \times 5.0\% = 2500 \text{m}^3/\text{h} = 694 \text{L/s}$$

泵站二级工作时设计流量 Q_{II}

$$Q_{II} = 50000 \times 2.9\% = 1450 \text{m}^3/\text{h} = 403 \text{L/s}$$

泵站一级工作时设计扬程 H_I

$$\begin{aligned} H_I &= Z_c + H_0 + \sum h_I + \sum h_b + H_{安} \\ &= (111.20 - 105.20) + 28 + 20 + 2 + 2 \\ &= 58 \text{mH}_2\text{O} \end{aligned}$$

式中 Z_c——地形高差(水泵静扬程),m;

$\sum h_b$——泵站内管道水头损失,暂按2.0m估算;

$H_{安}$——安全工作水头,按2.0m计。

泵站二级工作时的设计扬程 H_{II}

$$H_{II} = Z_c + H_0 + \sum h_{II} + \sum h_b + h_{安} \tag{6-18}$$

式中,$\sum h_{II}$ 为二级供水时,输配水管网的压力损失,据水力学计算公式,可用下式求得

$$\sum h_{II} = \sum h_I \frac{Q_{II}^2}{Q_I^2} \tag{6-19}$$

因此

$$\begin{aligned} H_{II} &= 6 + 28 + (20 + 2)\frac{403^2}{694^2} + 2 \\ &= 43.4 \text{mH}_2\text{O} \end{aligned}$$

3. 水泵机组的选择

(1) 水泵的选择

该泵站用于抽升清水,并且流量较大,依据选泵的原则,初步选定 Sh 型卧式离心清水泵。查水泵型谱图及水泵样本。绘制出水泵并联工作曲线及管路特性曲线,用图解法确定出水泵工况点,以确切得到水泵实际工作参数。图 6-55 为选定水泵工况点曲线。在曲线上可以查得:

图 6-55 选定水泵工况点曲线

2 台 14Sh-9A 水泵并联工作时,其工况点在 M 点,对应的流量和扬程分别为 700L/s 和 58m,恰好满足泵站一级工作时的要求。

1 台 14Sh-9A 水泵单独工作时,其工况点在 N 点,N 点对应的流量和扬程分

别为 43.5m 和 406L/s，能满足泵站二级工作时的要求。

所选水泵的具体参数见表 6-5。

选择水泵方案表

表 6-5

设计参数	选用泵型	实际工作参数	设计参数	选用泵型	实际工作参数
一级供水时 $Q=694$L/s $H=58$m	2 台 14Sh-9A	$H=58$ $Q=350\times2=700$L/s $N=257\times2$kW $\eta=80\%$	二级供水时 $Q=403$L/s $H=43.4$m	1 台 14Sh-9A	$H=43.4$m $Q=406$L/s $N=260$kW $\eta=76\%$

为保证供水的安全可靠性，共选择 4 台 14Sh-9A 型水泵（其中 2 台备用）。

（2）电动机的选择

根据水泵样本提供的配套可选电动机，选定 JS136-4 鼠笼式三相交流异步电动机，其参数如下：

额定电压 $V=380$V；　　　　　　　$N=300$kW；

$n=1475$r/min；　　　　　　　　$W=2000$kg。

（JS136-4 型号意义为 JS-鼠笼式；1-机座号；36-铁心长度；4-级数）

4. 机组基础设计

水泵机组基础采用混凝土块状基础。14Sh-9A 型水泵不带底座，查附录 2，其基础尺寸计算如上：

$$基础长度\ L = 地脚螺栓间距 + (400\sim500)$$
$$= L_4 + L_6 + L_8 + (400\sim500)$$
$$= 440 + 1053 + 760 + 447$$
$$= 2700\text{mm}$$

$$基础宽度\ B = 地脚螺栓间距(宽度方向) + (400\sim500)$$
$$= b + (400\sim500)$$
$$= 790 + 410 = 1200\text{mm}$$

$$基础高度\ H = 地脚螺栓长度 + (0.15\sim0.2)$$
$$= 24d + 200$$
$$= 24\times34 + 200$$
$$= 1016\text{mm}$$
$$= 1.016\text{m}$$

按机组重量校核基础高度（按式 5-6）：

$$H' = \frac{(2.5\sim40)(W_\text{P} + W_\text{J})}{\rho_\text{H} \cdot L \cdot B}$$
$$= \frac{3\times(1200 + 2000)}{2400\times2.70\times1.2}$$
$$= 1.23\text{m}$$

经比较取基础高度 H 为 1.40m。

5. 水泵吸、压水管路计算

当泵站为一级供水时，泵站出流量为 694L/s，单台水泵的出水量 $Q=347$L/s；二级供水时泵站出流量为 403L/s，单台水泵出水量 $Q=403$L/s。则单台水泵吸、

压水管路应按 $Q=403\text{L/s}$ 设计。

管材均采用钢管。

（1）吸水管管径。

14SH-9A 型水泵，当 $Q=403\text{L/s}$ 时，由钢管水力计算表查得管径 $d=600\text{mm}$ 时，流速 $v=1.40\text{m/s}$，$i=3.91‰$。

（2）压水管管径。

14Sh-9A 型水泵，当 $Q=403\text{L/s}$ 时，管径 $d=500\text{mm}$ 时，流速 $v=1.99\text{m/s}$，$i=10.2‰$。

以上计算吸、压水管道流速均在允许流速范围内，符合要求。

6. 机组和管路布置

根据吸水井最低水位和水泵的吸水性能，确定泵房为矩形平面布置，半地下式。

4 台水泵机组采用横向排列布置。相邻机组基础之间间距为 2200mm。依据工艺要求，泵房总长度为 33180mm，宽度为 12000mm。

泵房采用半地下式，平面为矩形。泵房左端设一进出设备的大门。配电室、控制室、值班室设在泵房右侧地上一层。

吸水管路和压水管路采取直进直出的方式敷设在室内地面上。

每台水泵设单独吸水管，并设有手动阀门，阀门型号为 D371J，直径 $DN600$，长度 $L=154\text{mm}$，重量 $W=380\text{kg}$。

压水管道上设型号为 D941X-10 电动蝶阀，直径 $DN500$，长度 $L=350\text{mm}$，重量 $W=600\text{kg}$，并设有液压缓闭式止回蝶阀，型号为 HD741 X-10，$DN500$，$L''=350\text{mm}$，$W=1358\text{kg}$。采用 $DN600$ 联络管与每台水泵出水管相接。在联络管上设有型号为 D37LJ-10 的电动蝶阀 2 个。在联络管上接出 2 条 $DN600$ 输水管，将水输送至城市管网。

7. 吸水井设计

吸水井尺寸按满足安装水泵吸水管进口喇叭口的要求设计。

喇叭口直径（大口）$D=(1.3\sim1.5)d=800\text{mm}$；喇叭口高度为 $35(D-d)=700\text{mm}$；喇叭口距吸水井井壁距离为 800mm，喇叭口之间的净距为 1600mm；喇叭口距井底距离为 800mm；喇叭口淹没水深为 1.20m。

按以上要求，吸水井长度为 7200mm，但是考虑水泵机组的间距，将吸水井长度确定为 18000mm。吸水井宽取 3000mm，吸水井高度取 6500mm（其中超高 300mm）。

经计算吸水井有效容积为 372m³，大于泵站 1 台泵 5min 的抽水量，故满足要求。

8. 确定水泵线标高及其他主要标高

（1）水泵轴线标高。

14Sh-9A 型水泵允许吸上真空高度 $[H_s]$ 可在水泵性能曲线上查得：当 $Q=403\text{L/s}$ 时，$[H_s]=3.5\text{m}$。水泵允许安装高度按下式计算

$$H_{ss}=[H_s]-\frac{v^2}{2g}-\sum h_s \qquad (6\text{-}20)$$

吸水管长度暂按 10m 估算，其沿程压力损失

$$iL = \frac{3.91}{1000} \times 10 = 0.04\text{m}$$

吸水管局部压力损失为

$$\sum \xi \frac{v^2}{2g} = (\xi_1 + \xi_2 + \xi_3)\frac{v^2}{2g} + \xi_4 \frac{v_1^2}{2g}$$

$$= (0.1 + 0.6 + 0.01)\frac{1.40^2}{2 \times 9.81} + 0.18\frac{1.6^2}{2 \times 9.81}$$

$$= 0.1\text{m}$$

式中 ξ_1——吸水管进口喇叭口局部阻力系数，取 0.1；

      ξ_2——90°弯头局部阻力系数，取 0.6；

      ξ_3——阀六阻力系数，取 0.1；

      ξ_4——偏心渐缩管局部阻力系数，取 0.18；

      v——吸水管中流速，$v = 1.40\text{m/s}$；

      v_1——水泵进口处流速，$V_1 = 1.6\text{m/s}$。

由以上计算可得到吸水管路总压力损失为：

$\sum h_s = iL + \sum \xi \frac{v^2}{2g} = 0.14\text{m}$，为安全起见以及长期运行后，泵性能有可能下降，因此，取 $\sum h_s = 1.0\text{m}$。

因此 $H_{ss} = 3.5 - \frac{1.40^2}{2 \times 9.81} - 1.0 = 2.40\text{m}$

因此可以计算，水泵泵轴标高＝吸水井最低水位标高＋H_{ss}＝105.20＋2.4＝107.60m。

（2）其他各主要标高。

基础顶面标高＝泵轴标高－泵轴距基础顶面高度（H_1）＝107.60—0.56＝107.04m，泵房地面标高基础顶面标高＝基础顶面标高－0.20＝106.84m

同理，据泵轴标高，查水泵机组外形尺寸图，即可推算出水泵进、出口中心标高等，其计算结果见图 6-56。

9. 水泵扬程的校核

根据水泵机组及管路布置平面图，重新计算泵站内吸、压水管路压力损失，复核水泵扬程。

泵房内吸、压水管路总的压力损失$\sum h$计算如下：

$\sum h = \sum h_s + \sum h_d = 1.0 + 0.44 = 1.44\text{m}$（压水管压力损失为 0.44m，计算过程从略），可见 1.44m 小于估算值 2.0m，故初选水泵机组符合要求。

10. 消防时校核

消防时泵站供水量 $Q_火$ 为

$$Q_火 = Q_I + Q_x = 694 + 144 = 838\text{L/s}$$

设备材料一览表

编号	名称	规格	单位	数量	备注
1	喇叭口	DN800 600	个	4	
2	90°弯头	DN600	个	4	
3	蝶阀	DN600 L=154	个	4	D371J-10
4	偏心渐缩管	DN600 350	个	4	
5	三通	DN600 600	个	6	
6	正回阀	DN500 L=350	个	4	HD741X-10
7	电动闸阀	DN600 L=350	个	4	D941X-10
8	蝶阀	DN500 L=154	个	2	D371J-10
9	蝶阀	DN500 L=154	个	4	D371J-10
10	同心渐扩管	DN350 500	个	4	
11	超声波流量计	DN700	台	2	SP-1
12	水泵	14Sh-9A	台	4	一台备用
13	电动机	JS136-4	台	4	一台备用
14	真空泵	SZB-8	台	4	一台备用
15	起重机	SDXQ	台	1	
16	排水泵	50QW15-7-0.75	台	2	一台备用
17	同心渐扩管	DN500 600	个	4	

说　明

1. 本图尺寸标高以米计,其余以毫米计;
2. 管道防腐,刷一遍红丹漆,两遍防锈漆;
3. 本图外墙标注尺寸为墙内净尺寸。

II—II 剖　面 (1:100)

I—I 剖　面 (1:100)

平面图

图 6-56　给水泵站工艺图

消防时泵站扬程 $H_火$ 为

$$H_火 = Z_c + H_0 + \sum h_火$$
$$= (111.20 - 105.20) + 10 + 32.5$$
$$= 48.5 \text{mH}_2\text{O}$$

在消防时，开启 3 台 14Sh-9A 水泵，完全能满足火灾时对流量和扬程的要求。

11. 辅助设备的选择

（1）引水设备

当吸水井水位低于水泵轴线时，水泵启动需采用真空泵引水。

真空泵的抽气量 Q_v

$$Q_v = k \frac{V_p + V_s}{T} \quad (\text{m}^3/\text{min})$$
$$= 1.05 \times \left[\frac{1}{4} \pi \times 0.35^2 \times 1.6 + \frac{1}{4} \pi 0.6^2 \times 10 \right] / 5$$
$$= 1.05 \times 2.98 / 5$$
$$= 0.63 \text{m}^3/\text{min} = 10.43 \text{L/s}$$

真空泵所需的真空值 H_{vmax} 为

$$H_{vmax} = \frac{H_{ss}}{13.6} = \frac{2.4 \times 1000}{13.6} = 177 \text{mmHg}$$

根据 Q_v、H_{vma}，选取 SZB-8 型水环式真空泵 2 台（1 用 1 备），布置在泵房一侧靠墙边处。

（2）计量设备

在压水管上设超声波流量计，选取 SP-1 型超声波流量计 2 台，安装在泵房外输水干管上，距离泵房 7m。

在压水管上设压力表，型号为 Y-60Z，测量范围为 0.0～1.0MPa。在吸水管上设真空表，型号为 Z-60Z，测量范围为 -0.1～0.0mmHg。

（3）起重设备

选取单梁悬挂式起重机 SD×Q，起重量 2t，跨度 5.5～8.0m，起升高度 3.0～10.0m。

根据起重机的要求计算确定泵房净高度 12m。

（4）排水设备

设潜水排污泵 2 台，1 用 1 备，设集水坑 1 个，容积为 2.0×1.0×1.5 = 3.0m³。

选取 50QW15-7-0.75 型潜水排污泵 2 台（1 用 1 备）。

12. 设计图

泵站设计图如图 6-56 所示。

思 考 题 与 习 题

1. 给水泵站分哪几类？泵站主要是由哪些部分组成的？各部分作用是什么？

2. 选择水泵时应考虑哪些因素？

3. 水泵机组布置形式有哪几种？各适用于什么条件？其主要特点是什么？

4. 水泵吸、压水管路布置有哪些要求？

5. 停泵水锤的危害有哪些？有哪些防护措施？

6. 给水泵站的主要辅助设备（施）有哪些？如何选择？

7. 给水泵站设计步骤有哪些？

8. 试述给水泵站的构造特点。

9. 学会识读给水泵站工艺图。

10. 泵站设计时如何计算总扬程？

11. 什么叫水泵的工况点？如何确定？

12. 某取水泵站从水源取水，将水输送至蓄水池。已知水泵流量 $Q=1800\text{m}^3/\text{h}$，吸、压水管道均为钢管，吸水管长为 $l_s=15.5\text{m}$，$DN_a=500\text{mm}$，压水管长为 $l_d=450\text{m}$，$DN_d=400\text{mm}$。局部水头损失按沿程水头损失的 15% 计算。水源设计水位为 76.83m，蓄水池最高水位为 89.45m，水泵轴线高程为 78.83m。设水泵效率在 $Q=1800\text{m}^3/\text{h}$ 时为 75%。

试求：

（1）水泵工作时的总扬程为多少？

（2）水泵的轴功率为多少？

13. 某泵站装有一台 6Sh-9 型泵，性能参数见下表，管道阻力参数 $S=1850.0\text{s}^2/\text{m}^5$，静扬程 $H_{sT}=38.6\text{m}$，此时水泵的出水量、扬程、轴功率和效率各为多少？

6Sh-9 型泵性能参数

流量（L/s）	扬程（m）	转速（r/min）	轴功率（kW）	效率（%）
36	52		24.8	74
50	46	2950	28.6	79
61	38		30.6	74

知 识 拓 展

南水北调工程是迄今为止世界上规模最大的调水工程，工程横穿长江、淮河、黄河、海河四大流域，涉及十余个省（自治区、直辖市）。工程输水线路长，穿越河流多，工程涉及面广，效益巨大，包含水库、湖泊、运河、河道、大坝、泵站、隧洞、渡槽、暗涵、倒虹吸、PCCP 管道、渠道等水利工程项目，是一个十分复杂的巨型水利工程，其规模及难度国内外均无先例。仅东、中线一期工程土石方开挖量 17.8 亿 m^3，土石方填筑量 6.2 亿 m^3，混凝土量 6300 万 m^3。

南水北调工程规划最终年调水规模为年调水量 448 亿 m^3。其中，东线 148 亿 m^3，中线 130 亿 m^3，西线 170 亿 m^3。南水北调东线一期工程输水干线长 1467km，全线共设立 13 个梯级泵站，共 22 处枢纽、34 座泵站，总扬程 65m，总装机台数 160 台，总装机容量 36.62 万 kW，总装机流量 4447.6m^3/s，具有规模大、泵型多、扬程低、流量大、年利用小时数高等特点。

我国北方的地势比长江下游高出了许多并且距离又远，因此许多十分庞大的水泵才能将水给传送过去，于是我国的专家们就得在南水北调的东线工程上整整安装了 34 座大大小小的水泵站，这也是世界上最大的水泵站群了。这些水泵的直径达 5m 甚至 8m 左右，其中最小只有 1m 左右。想要让那么多水泵一起合作也十分不容易，不过还是被我国的工程师们克服了。据了解，现在东线工程可以达到瞬间调水规模 448 亿 m^3，可见我国在该领域的成功。

南水北调工程建成后将成为亚洲乃至世界大型泵站数量最集中的现代化泵站群，其中水泵水力模型以及水泵制造水平均达到国际先进水平。

教学单元7
排 水 泵 站

Chapter **07**

知识目标

通过学习本教学单元的内容，使学生：
1. 掌握排水泵站组成和分类。
2. 掌握集水池布置。
3. 掌握泵房的布置。
4. 掌握污水泵站工艺设计方法。
5. 掌握雨水泵站工艺设计方法。
6. 了解一体化预制泵站的工作过程。

技能目标

通过学习本教学单元的内容，使学生：
1. 能根据使用条件合理地选择水泵机组和辅助设备。
2. 能进行水泵机组、管道、集水池的布置。
3. 能进行排水泵站工艺设计。

7.1　概　　述

7.1.1　排水泵站分类

提升污（废）水、污泥的泵站统称为排水泵站。排水泵站通常按以下方法分类：

（1）按排水性质，排水泵站可分为污水（生活污水、生产污水）泵站、雨水泵站、合流泵站、污泥泵站等。

（2）按在排水系统中的作用，排水泵站可分为中途（区域）泵站、终点（总提升）泵站。

（3）按水泵启动前引水方式，排水泵站可分为自灌式泵站和非自灌式泵站。

（4）按泵房平面形状，排水泵站可分为圆形、矩形、组合形泵站。

（5）按集水池与水泵间的组合情况，排水泵站可分为合建式泵站和分建式泵站。

（6）按水泵与地面相对位置关系，排水泵站可分为地下式泵站和半地下式泵站。

（7）按水泵的操纵方式，排水泵站可分为人工操作泵站、自动控制泵站和遥控泵站。

（8）按水泵的泵型可分为：离心泵站、轴流泵站、混流泵站、潜水泵站、立式泵站、卧式泵站等。

（9）按使用情况可分为：永久性泵站、半永久性泵站和临时泵站。

（10）按规模划分可分为：大型泵站（35kV）、中型泵站（10kV）、小型泵站（0.4kV）。

7.1.2　排水泵站的基本组成

排水泵站的基本组成有事故溢流井、格栅、集水池、机器间、出水井、辅助间和专用变电站等。

1. 事故溢流井

事故溢流井作为应急排水口，当泵站由于水泵或电源发生故障而停止工作时，排水管网中的水继续流向泵站。为了防止污水淹没集水池，在泵站进水管前设一专用闸门井，当发生事故时关闭闸门，将污水从溢流排水管排入自然水体或洼地。溢流管上可根据需要设置阀门，通常应关闭。事故排水应取得当地卫生监督部门同意。

2. 格栅

格栅用来拦截雨水、生活污水和工业废水中大块的悬浮物或漂浮物，用以保护水泵叶轮和管道配件，避免堵塞和磨损，保证水泵正常运行。

格栅由一组平行的栅条组成，一般倾斜放置在泵站前的集水池内，安装在集水池前端，倾角角度为 $60°\sim70°$。有条件时，宜单独设置格栅间，以利于管理和维修。小型格栅拦截的污物少，可采用人工清除。大型格栅多采用机械清除。

3. 集水池

集水池的功能是，在一定程度上调节来水量的不均匀，以保证水泵在较均匀的流量下高效率工作。集水池的尺寸应满足水泵吸水装置和格栅的安装要求。

4. 水泵间（机器间）

水泵间用来安装水泵机组和有关辅助设备。

5. 辅助间

为满足泵站运行和管理的需要，所设的一些辅助性用房称为辅助间。主要有修理间、贮藏室、休息室、卫生间等。

6. 出水井

出水井是一座把水泵压水管和排水明渠相衔接的构筑物，主要起消能稳流的作用，同时还有防止停泵时水倒流至集水池中的作用。压水管路的出口设在出水井中，这样可以省去阀门，降低造价及运行管理费用。

7. 专用变电站

专用变电站的设置应根据泵站电源的具体情况确定。

7.1.3 排水泵房的基本形式

排水泵房的形式应根据进出水管渠的深度和方向、选用泵的型号和台数、建设规模、施工方法、管理水平、水文地质条件等因素，从泵站的造价、施工、管理等方面综合考虑，通过方案比较后确定。本节介绍常见排水泵房的基本形式。

1. 干式泵房和湿式泵房

（1）干式泵房

干式泵房的集水池和机器间由隔墙分开，只有水泵的吸水管和叶轮淹没在水中。这样机器间可经常保持干燥，如图 7-1（a）所示。其优点是有利于对水泵的检修和保养；可以避免污水对轴承、管件、仪表的腐蚀和养护；管理条件好。

（2）湿式泵房

湿式泵房的电动机设在电动机间。水泵的叶轮、轴承、引水管等淹没在集水池中，水泵间与集水池合建在一起，如图 7-1（b）所示。其特点是结构比干式泵房简单；集水池有效容积的范围大；但对水泵部件的腐蚀严重，管理人员工作条件差，往往要带水维修。

工程上，立式轴流泵的泵房既可以布置成干式泵房，也可以布置成湿式泵房。潜水泵的泵房常用湿式泵房。

图 7-1　干式泵房和湿式泵房

（a）干式泵房；（b）湿式泵房

7-1 干式泵房和湿式泵房动画

2. 合建式泵房和分建式泵房

合建式泵房和分建式泵房主要指集水池和机器间是合建在一起还是分成两个独

立的构筑物，一般应根据水文地质条件、地形、水泵型号、管理要求等情况来定。

（1）合建式泵房

合建式泵房是机器间与集水池合建在一起为一个构筑物，机器间和集水池可以上、下布置或前、后布置。合建式泵房还可以将超越井、格栅井、集水池、机器间、出水井等部分全部合建在一个建筑屋内，如图 7-2（a）所示。

7-2 合建式泵房和分建式泵房动画

图 7-2　合建式泵房和分建式泵房
（a）合建自灌式泵房；（b）分建非自灌式泵房
1—集水池；2—机器间；3—立式水泵；4—集水池进水管；5—吸水管；6—机组

合建式泵房适于中、小型排水量，水泵不超过 4 台。其优点：圆形结构受力条件好，便于沉井法施工，降低工程造价，水泵启动方便，易于根据吸水井中水位实现自动操作。缺点：机器内机组与附属设备布置较困难，当泵房很深时，工人上下不便，且电动机容易受潮。由于电动机深入地下，需考虑通风设施，以降低机器间的温度。若将此种类型泵站中的卧式泵改为立式离心泵（也可用轴流泵），就可避免上述缺点。但是，立式离心泵安装技术要求较高，特别是泵房较深，传动轴甚长时，需设中间轴承及固定支架，以免泵运行时传动轴发生振荡。由于合建式泵房能减小泵房面积，降低工程造价，并使电气设备运行条件和工人操作条件得到改善，故在我国仍广泛采用。

（2）分建式泵房

分建式泵房就是机器间和集水池分别建成两个独立的构筑物，如图 7-2（b）所示。

分建式泵房适于大型泵站。其优点：在机组、管道和附属设备的布置方面较为方便，启动操作简单，机器间没有被污水渗透的危险，易于实现自动化；电气设备置于上层，不易受潮；工人操作管理条件良好。其缺点：建造费用高，不利于施工。

3. 圆形泵房和矩形泵房

泵房的形状根据工艺要求、水量大小以及水泵机组台数、施工条件等因素来确定，有圆形、方形、矩形和组合形。

（1）圆形及下圆上方组合形泵房

当泵站规模较小，水泵不超过 5 台时，下部结构宜采用圆形，具有受力条件好、便于施工的优点。上部建筑可建成圆形或方形。上部建筑为方形时平面利用率高，方便机组和附属设备的布置。圆形泵房可采用沉井法施工，如图 7-3（a）、（c）所示。

（2）矩形及组合形泵房

当泵房规模较大，水泵超过 4 台时，地下部分多采用矩形或梯形，上部为矩形。组合形更具水力条件较好的优点。矩形及组合形泵房多为开槽施工，如图 7-3（b）所示。

7-3 圆形泵房
和矩形泵房动画

(a)　　　　　　　　　　(b)　　　　　　　　　　(c)

图 7-3　圆形泵房和矩形泵房

（a）合建自灌式圆形泵房；（b）合建自灌式矩形泵房；（c）合建自灌式下圆上方形泵房

1—集水池进水管；2—集水池；3—机器间；4—水泵出水管；5—水泵机组；6—格栅；7—电动机

4. 半地下式泵房和全地下式泵房

（1）半地下式泵房

泵房的机器间包括地上和地下两部分，称为半地下式泵房。机器间的高程取决于非自灌式水泵吸水管的最大吸程和水泵自灌式起动的要求。地上建筑物空间要满足采光、照明、通风、吊装、运输、维修及操作的要求，并设置工作人员的值班室和配电室。排水泵站一般采用半地下式泵房。泵房均为半地下式泵房，如图 7-3 所示。

（2）全地下式泵房

在某些特定情况下，泵房的全部构筑物都要求设置在地面以下，地面上只留有供出入泵房的门（人孔）、通气孔、吊装孔，这种泵房形式称全地下式泵房。全地下式泵房几乎没有占地问题，当地面上不允许建筑物时可设成全下式泵房，全地下式泵房可以减少噪声和气味对周围环境的影响。全地下式泵房的所有进出口的高程都应比室外地面高出 0.2m 以上，并高出防洪设计的洪水位 0.5m。全地下自灌式泵房如图 7-4 所示。

图 7-4 全地下自灌式泵房

(a) I-I 剖面；(b) 平面

1—人孔；2—出风孔；3—吊装孔；4—推拉门；5—出风口；6—进风口

5. 自灌式泵房和非自灌式泵房

根据水泵及吸水管的充水情况，水泵的起动可分为自灌式泵房、半自灌式泵房和非自灌式泵房 3 种。

（1）自灌式泵房

采用自灌式泵房时水泵叶轮（或泵轴）应低于集水池的最低水位，在最高、最低和中间水位 3 种情况下水泵都可以直接起动。这种起动方式不需要设置引水的辅助设备，操作简单，起动及时，便于自控。缺点是泵房埋深大，工程造价高，管理、维修不便，电动机容易受潮，需加强室内通风和烘干空气的设施。自灌式泵房在排水泵站中应用很广，特别是要求开起及时的立交泵站、自动化程度要求高的污水泵站、较重要地区的雨水泵站、开启频繁的污水泵站都应尽量采用自灌式泵房，如图 7-5（a）所示。

（2）非自灌式泵房

非自灌式泵房中水泵的泵轴高于集水池的最高水位，如图 7-5（b）所示。水泵不能直接起动，由于吸水管不能设底阀，所以需设引水设备。每次起动前都需用引水设备灌水起动，故操作较为烦琐，对管理人员操作要求高。这种泵房的最大优点是深度较浅，施工简单，室内通风、卫生条件好，管理维护方便。

（3）半自灌式泵房

半自灌式泵房的水泵叶轮在最高水位和最低水位之间。对于进水水位变化较大的泵房，可以采用半自灌式的运行方式，即最高水位时自灌，水位低时引水

图 7-5　水泵与集水池的位置

（a）自灌式；（b）非自灌式

起泵。

非自灌式泵房和半自灌式泵房的引水设备同给水泵房。

7.1.4　排水泵站的一般规定

1. 规模

泵站布置应在满足城镇总体规划和城镇排水专业规划要求的前提下，合理布局，提高运行效率。排水泵站宜按远期规模设计，水泵机组可按近期规模配置。排水泵站可根据水环境和水安全的要求，与径流污染控制、径流峰值削减或雨水利用等调蓄设施合建，并应满足国家现行有关标准的规定。

2. 占地面积

泵站的占地面积与泵站性质、规模以及所处的位置有关。表 7-1 为国内各大城市一些泵站的资料汇总，可供参考。

国内各大城市各种泵站的流量与占地面积　　　　　　　　表 7-1

设计流量（m³/s）	泵站性质	占地面积(m³)	
		城、近郊区	远郊区
<1	雨水	400～600	500～700
	污水	900～1200	1000～1500
	合流	700～1000	800～1200
	立交	500～700	600～800
	中途加压	300～500	400～600
1～3	雨水	600～1000	700～1200
	污水	1200～1800	1500～2000
	合流	1000～1300	1200～1500
	中途加压	500～700	600～800
3～5	雨水	1000～1500	1200～1800
	污水	1800～2500	2000～2700
	合流	1300～2000	1500～2200

续表

设计流量 （m³/s）	泵站性质	占地面积（m³）	
		城、近郊区	远郊区
5～30	雨水 合流	1500～8000 2000～8000	1800～10000 2200～10000

注：1. 表中占地面积主要指泵站围墙以内的面积。从进水到出水，包括整个流程中的构筑物和附属构筑物以及生活用地、内部道路及庭院绿化等面积。

　　2. 表面占地面积系指有集水池的情况，对于中途加压泵站，若吸水管直接与上游出水压力管连接时，则占地面积尚可相应减小。

　　3. 污水处理厂内的泵房占地面积，由污水处理厂平面布置决定。

3. 排水泵站单独建设的规定

城市排水泵站一般规模较大，对周围环境影响较大，因此，排水泵站宜为单独的建筑物。如果污水泵站会产生易燃易爆和有毒有害气体应为单独的建筑物，并应配置相应的检测设备、报警设备和防护措施。单独设置的泵站与居住房屋和公共建筑物的距离应满足规划、消防和环保部门的要求。

4. 排水泵站的位置

排水泵站的位置应视排水系统的需要而定，通常建在需要提升的管（渠）段，并设在距排放水体较近的地方，尽量避免拆迁，少占耕地。

由于排水泵站一般埋深较大，且多建在低洼处，因此，泵站位置要考虑地质条件和水文地质条件，要保证不被洪水淹没，泵房室内地坪应比室外地坪高 0.2～0.3m；易受洪水淹没地区的泵站和地下式泵站，其入口处地面标高应比设计洪水位高 0.5m 以上；当不能满足上述要求时，应设置防洪措施。要便于设置事故排放口和减少对周围环境的影响，同时，也要考虑交通、通信、电源等条件。

单独设立的泵站与居住房屋和公共建筑的距离应满足规划、消防和环保部门的要求。泵站地面建筑物的造型应与周围环境协调，做到适用、经济、美观，泵站内应有绿化。

5. 排水泵站布置

泵站场地雨水排放应充分体现海绵城市建设理念，利用绿色屋顶、透水铺装、生物滞留设施等进行源头减排，并应结合道路和建筑物布置雨水口和雨水管道，接入附近城镇雨水系统或雨水泵站的格栅前端。地形允许散水排水时，可采用植草沟和道路边沟排水。

雨水泵站应采用自灌式泵站。污水泵站和合流污水泵站宜采用自灌式泵站。泵房宜设 2 个出入口，其中一个应能满足最大设备或部件的进出。排水泵站供电应按二级负荷设计，特别重要地区的泵站应按一级负荷设计。位于居民区和重要地段的污水泵站、合流污水泵站和地下式泵站，应设置除臭装置，除臭效果应符合国家现行标准的有关规定。自然通风条件差的地下式水泵间应设置机械送排风系统。有人值守的泵站内，应设隔声值班室并设有通信设施。远离居民点的泵站，应根据需要适当设置工作人员的生活设施。排水泵站内部和四围道路应满足设备装卸、垃圾清运、操作人员进出方便和消防通道的要求。规模较小、用地紧张、不允许存在地面建筑的情况下，可采用一体化预制泵站。

7.2 污 水 泵 站

7.2.1 水泵的选择

污水泵站的设计流量应按泵站进水总管的旱季设计流量确定，污水泵站的总装机流量应按泵站进水总管的雨季设计流量确定。

雨水泵站的设计流量应按泵站进水总管的设计流量确定。雨污分流不彻底、短时间难以改建或考虑径流污染控制的地区，雨水泵站中宜设置污水截流设施，输送至污水系统进行处理达标后排放。当立交道路设有盲沟时，其渗流水量应单独计算。

1. 污水泵站的设计流量

（1）泵站后设污水截流装置时

合流污水泵站设计流量按式（7-1）进行计算。

$$Q' = (n_0 + 1) \times (Q_d + Q_m) \tag{7-1}$$

式中　Q'——泵站设计流量，L/s；

　　　n_0——截流倍数；

　　　Q_d——设计综合生活污水量，L/s；

　　　Q_m——设计工业废水量，L/s。

（2）泵站前设污水截流装置时

雨水部分和污水部分应分别按式（7-2）、式（7-3）进行计算。

雨水部分设计流量

$$Q_p = Q_s - n_0(Q_d + Q_m) \tag{7-2}$$

式中　Q_p——泵站的设计流量，L/s；

　　　Q_s——截流后的设计流量，L/s；

　　　n_0——截流倍数；

　　　Q_d——设计综合生活污水量，L/s；

　　　Q_m——设计工业废水量，L/s。

污水部分设计流量

$$Q_p = (n_0 + 1) \times (Q_d + Q_m) \tag{7-3}$$

式中　Q_p——泵站的设计流量，L/s；

　　　n_0——截流倍数；

　　　Q_d——设计综合生活污水量，L/s；

　　　Q_m——设计工业废水量，L/s。

2. 泵站的设计扬程

污水泵和合流污水泵的设计扬程应根据设计流量时的集水池水位与出水管渠水位差、水泵管路系统的水头损失及安全水头确定。雨水泵的设计扬程应根据设计流量时的集水池水位与受纳水体平均水位差，以及水泵管路系统的水头损失确定。

泵站的设计扬程 H 应根据设计流量时的集水池最低水位与出水管渠的水位差和水泵管路系统的水头损失以及安全水头确定，可按下式计算：

$$H = H_{SS} + H_{Sd} + \sum h_s + \sum h_d + H_C \tag{7-4}$$

式中　H_{SS}——吸水地形高度，m，为集水池最低水位与水泵轴线的高程差；

　　　　H_{Sd}——压水地形高度，m，为水泵轴线与输水最高点（一般为压水管出口处）的高程差；

$\sum h_s$、$\sum h_d$——污水通过吸水管路和压水管路总的水头损失，mH_2O；

　　　　H_C——安全压力，一般取 $1\sim 2mH_2O$。

3. 水泵型号及台数的选择

应根据污水的性质来确定相应的污水泵或杂质泵等水泵的型号。当排除酸性或腐蚀性废水时，应选用耐腐蚀泵；当排除污泥时，应选择污泥泵。由于污水泵站一般扬程较低，可选择立式离心泵、轴流泵、混流泵、潜水污水泵等。

水泵台数一般不少于 2 台，不宜大于 8 台。对于小型泵站，水泵台数可按 2～3 台配置；对于大中型泵站，可按 3～4 台配置。尽可能选择同一型号水泵，以方便施工、安装与维护。当水量变化很大时，可配置不同规格的水泵，但不宜超过两种，或采用变频调速装置，或采用叶片可调式水泵。污水泵站应设备用泵，当工作水泵台数不大于 4 台时，可设 1 台备用机组。当工作水泵台数不小于 5 台时，备用泵宜为 2 台。潜水泵房备用泵为 2 台时，可现场备用 1 台，库存备用 1 台。

污水泵站常见水泵及适用条件见表 7-2。

污水泵站常见水泵及适用条件　　　　　　　　　　表 7-2

泵的种类	适用条件
立式轴流泵	① 中流量和大流量，低扬程； ② 适于雨水、合流、排灌泵站 $Q=2.0\sim15.0m^3/s$，$H=3\sim8m$
潜水轴流泵	① 大流量、低扬程； ② 适于雨水、污水、合流泵站 $Q=0.125\sim3.40m^3/s$，$H=1.5\sim9m$
立式和卧式混流泵	① 中流量、扬程较低； ② 适于雨水、合流泵站 $Q=0.25\sim1.0m^3/s$，$H=5\sim9m$ $Q=2.00\sim3.0m^3/s$，$H=7\sim15m$
立式排污泵	① 大、中、小流量，低扬程； ② 适于雨水、污水、合流泵站 $Q=80\sim10000m^3/h$，$H=5\sim30m$
卧式污水泵	① 中、小流量和较低扬程； ② 适于污水、合流、雨水泵站 $Q=0.03\sim0.18m^3/s$，$H=9\sim25m$ $Q=0.20\sim1.50m^3/s$，$H=7\sim15m$

续表

泵的种类	适用条件
潜水排污泵	① 中、小流量，中低扬程； ② 适于雨水、污水、合流泵站 $Q=15\sim3750\text{m}^3/\text{h}$，$H=7\sim40\text{m}$
耐腐蚀立式离心泵	① 小流量，较高扬程； ② 用于低浓度带腐蚀性污水 $Q=0.001\sim0.10\text{m}^3/\text{s}$，$H=16\sim33\text{m}$
螺旋泵	① 中小流量，低扬程； ② 适于污水、污泥 $Q=0.10\sim1.00\text{m}^3/\text{s}$，$H=3\sim7\text{m}$

选择的水泵宜在满足设计扬程时在高效区运行；在最高工作扬程与最低工作扬程的整个工作范围内能安全稳定运行。2 台以上水泵并联运行合用一条出水管时，应根据水泵性能曲线和管路特性曲线验算单台水泵工况，使之符合设计要求。

7.2.2 集水池

1. 集水池容积的确定

集水池的容积应根据设计流量、水泵能力和水泵工作情况等因素确定，污水泵站集水池的容积不应小于最大一台水泵 5min 的出水量。水泵机组为自动控制时，每小时开动水泵不宜超过 6 次。

雨水泵站集水池的容积不应小于最大一台水泵 30s 的出水量，地道雨水泵站集水池容积不应小于最大一台泵 60s 的出水量。

合流污水泵站集水池的容积不应小于最大一台水泵 30s 的出水量。污泥泵房集水池的容积应按一次排入的污泥量和污泥泵抽送能力计算确定。活性污泥泵房集水池的容积，应按排入的回流污泥量、剩余污泥量和污泥泵抽送能力计算确定。

一体化预制泵站的集水池容积应按最大一台水泵的设计流量和每小时最大启停次数确定。

2. 污水泵房集水池的辅助设施

污水泵房的集水池宜设置冲泥和清泥等设施，以防止池中大量杂物沉积腐化，影响水泵的正常吸水和污染周围环境。可在水泵出水压力管上接出一根直径为 50~100mm 的支管，伸入集水坑中，定期打开支管的阀门进行冲洗池子底部污泥，用水泵抽除；也可在集水池上部设给水栓，作为冲洗水源，然后用泵抽除。含有焦油类的生产污水，当温度低时易粘结在管件和水泵叶轮上，因而宜设加热设施，在低温季节采用。自灌式工作的泵房，为适应水泵开停频繁的特点，要根据集水池水位变化进行自动控制运行；宜设置 UQK 型浮球液位控制器、浮球行程式水位开关、电极液位控制器等。

3. 集水池布置原则

（1）流入集水池的污水和雨水均应通过格栅。

（2）雨水泵站和合流污水泵站集水池的设计最高水位宜与进水管管顶相平。当设计进水管道为压力管时，集水池的设计最高水位可高于进水管管顶，但不得使管道上游地面冒水。

（3）污水泵站集水池的设计最高水位应按进水管充满度计算。

（4）集水池的设计最低水位应满足所选水泵吸水水头的要求。自灌式泵房尚应满足水泵叶轮浸没深度的要求。

（5）泵房宜采用正向进水，应考虑改善水泵吸水管的水力条件，减少滞流或涡流，规模较大的泵房宜通过数学模型或水力模型试验确定进水布置方式。

（6）泵站集水池前，应设置闸门或闸槽；泵站宜设置事故排出口，污水泵站和合流污水泵站设置事故排出口应报有关部门批准。

（7）雨水进水管沉砂量较多地区宜在雨水泵站集水池前设置沉砂设施和清砂设备。

（8）集水池池底应设置集水坑，坑深宜为 500～700mm。

（9）集水池应设置冲洗装置，宜设置清泥设施。

7.2.3　泵房（机器间）的布置

1. 机组布置

污水泵站中机组台数不应少于 2 台，但不宜多于 8 台，而且不论是立式还是卧式泵，都是从轴向进水，一侧出水。当水量变化很大时，可配置不同规格的水泵，但不宜超过 2 种，也可采用变频调整装置或采用叶片可调式水泵。常采用水泵轴线平行（并列）的布置形式，如图 7-6 所示。图 7-6（a）和（c）适用于卧式水泵，图 7-6（b）适用于立式水泵。

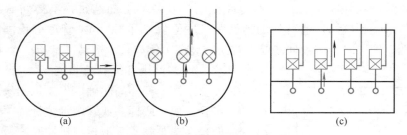

图 7-6　排水泵站机组布置
（a）卧式污水泵；（b）立式污水泵；（c）机组台数较多的矩形泵站

为了满足安全防护和便于机组检修，泵站内主要机组的布置和通道宽度，应符合下列要求：

（1）相邻两机组基础间的净距不宜小于 1.0m。

（2）机组突出部分与墙壁的净距不宜小于 1.2m。

（3）主要通道宽度不宜小于 1.5m。

（4）配电箱前面通道的宽度，低压配电时不小于 1.5m，高压配电时不小于 2.0m。当采用在配电箱后面检修时，后面距墙面不宜小于 1.0m。

（5）在有电动起重设备的泵房内，应有吊运设备的通道。

（6）当需要在泵房内就地检修时，应留有检修设备的位置，其面积应据最大设备（部件）的外形尺寸确定，并在周围设置宽度不小于0.7m的通道。

2. 管道布置

（1）吸水管路布置。每台水泵应设置一条单独的吸水管。这样不但可以改善水泵的吸水条件，而且还可以减少管道堵塞的可能性。

吸水管的流速一般采用0.7~1.5m/s，不得低于0.7m/s。当吸水管较短时，流速可适当提高。

吸水管进口端应装设喇叭口，其直径为吸水管直径的1.3~1.5倍。吸水管路在集水池中的位置和各部分之间的距离要求，可参照给水泵站的有关规定。

当排水泵房设计成自灌式时，在吸水管上应设有闸阀（轴流泵除外），以方便检修。非自灌式工作的水泵，采用真空泵引水，不允许在吸水管口上装设底阀。因底阀极易被堵塞，影响水泵启动，而且增加吸水管阻力。

（2）压水管路布置。压水管流速一般为0.8~2.5m/s。当2台或2台以上水泵合用1条压水管时，如果仅1台水泵工作，其流速也不得小于0.7m/s，以免管内产生沉积。单台水泵的出水管接入压水干管时，不得自干管底部接入，以免停泵时杂质在此处沉积。

当2台及2台以上水泵合用1条出水管时，每台水泵的出水管上应设置闸阀，并且在闸阀与水泵之间设止回阀；当污水泵出水管与压力管或压力井相连时，在水泵出水管上必须安装止回阀和闸阀等防倒流设施。如采用单独出水管口，并且为自由出流时，一般可不设止回阀和闸阀。

3. 管道敷设

泵站内管道一般采用明装。吸水管一般置于地面上。压水管多采用架空安装，沿墙敷设在托架上。管道不允许在电气设备的上面通过，不得妨碍站内交通、设备吊装和检修，通行处的地面距管底不宜小于2.0m，管道应稳固。泵房内地面敷设管道时，应根据需要设置跨越设施，例如，设活动踏梯或活动平台。

4. 泵站内部标高的确定

泵房内部标高的确定主要依据集水池进水管（渠）底标高或管内水位标高。合建式的自灌式泵站集水池板与机器间底板标高相同；对于非自灌式泵站，机器间底板较高。

（1）集水池各部标高如图7-7所示。污水泵站集水池最高水位按进水管充满度计算，集水池最高水位与最低水位之差称为有效水深，一般有效水深取1.5~2.0m。集水池最低水位标高为最高水位标高减去有效水深。最低水位应满足所选水泵吸水水头的要求。自灌式泵房尚应满足水泵叶轮浸没深度的要求。

集水池池底应有0.1~0.2的坡度，坡向吸水坑。吸水坑的尺寸取决于吸水管的布

图7-7　集水池标高示意图

置，并保证水泵有良好的吸水条件。吸水喇叭口朝下安装在吸水坑中。喇叭口下缘距坑底的距离 h_1 要不小于吸水管管径 R 的 0.8 倍，但不得小于 0.5m；边缘距坑壁 L_1 为（0.75～1.0）R；喇叭口在最低水位以下的淹没深度 h 不小于 0.4m；喇叭口之间的净距不小于 1.5 倍的喇叭口直径 D。

格栅安装清理污物的工作平台应高出集水池最高水位 0.5m 以上；其宽度视清除方法而定，采用人工格栅不小于 1.2m，采用机械格栅不小于 1.5m。沿工作平台边缘应设高度为 1.0m 的栏杆。安装格栅的下部小平台距进水管底的距离应不小于 0.5m，顺水方向的宽度 L_2 为 0.5m。格栅安装倾角 α 为 60°～70°。为了便于检修和清洗，从格栅工作平台至池底应设爬梯。

（2）水泵间各部标高程。对于自灌式泵站，水泵轴线标高可据喇叭口下缘标高及吸水管上管配件尺寸推算确定。

对于非自灌式泵站，水泵轴线标高可据水泵允许吸上真空高度和当地条件确定。

水泵基础高程可由水泵轴线高程推算，进而确定机器间的地面标高程及其他各部标高。水泵机组的基座，应按水泵要求配置，并应高出地坪 0.1m 以上。

机器间上层平台一般应比室外地面高 0.5m。泵房的各层层高应根据水泵机组、电气设备、起吊装置、安装、运行和检修等要求确定。

5. 主要辅助设备

（1）格栅。在水泵前必须设置格栅。格栅一般由一组平行的栅条或筛网制成。按栅条间隙的大小可分为粗格栅（50～100mm）、中格栅（10～40mm）和细格栅（3～10mm）三种。水泵前格栅的栅条间隙可据水泵型号确定，见表 7-3。

PW 型、PWL 型水泵前格栅的栅条间隙　　　　　表 7-3

水 泵 型 号	栅条间隙(mm)	截留污物量[L/(人·d)]
$2\frac{1}{2}$PW、$2\frac{1}{2}$PWL	≤20	人工：4～5 机械：5～6
4PW、4PWL	≤40	2.7
6PWL	≤70	0.8
8PWL	≤90	0.5
10PWL	≤110	<0.5
32PWL	≤150	<0.5

注：1. 水泵前格栅栅条间隙在 25mm 以内时，处理构筑物前可不设格栅。
　　2. 采用立式轴流泵时：20ZLB-70，栅条间隙小于等于 60mm；28ZLB-70，栅条间隙小于等于 90mm。
　　3. 采用 Sh 型清水泵时：14Sh，栅条间隙小于等于 20mm；20Sh，栅条间隙小于等于 25mm；24Sh，栅条间隙小于等于 30mm；32Sh，栅条间隙小于等于 40mm。

栅条断面形状主要有正方形、圆形、矩形、带半圆的矩形等。

为了减轻工人的劳动强度，宜采用机械格栅。机械格栅不宜少于 2 台，如果采用 1 台时，应设人工格栅备用。

污水过栅流速一般采用 0.6～1.0m/s，栅前流速为 0.6～0.8m/s，通过格栅的水头损失一般为 0.08～0.15mH$_2$O。

7-4 浮子水位
继电器动画

图 7-8　浮子水位继电器
1—浮子；2—绳子；3—杠杆；4—触点；
5—滑轮；6—重锤；7—下夹头；8—上夹
头；9、10—线路

（2）仪表及计量设备。排水泵站应设置的仪表主要有：水泵吸水管上应装设真空表；压力管上安装压力表；泵轴为泵液体润滑时设液位指示器，当采用循环润滑时设温度计和压力表，用以测量油的温度；监控水位应设水位计及控制水泵自动运行的水位控制器等。图 7-8 所示为浮子水位继电器。配电设备应设有电流计、电压计、计量表等。

由于污水中含有较多杂质，在选择计量设备时，应考虑防堵塞问题。污水泵站的计量设备一般设在出水井口的管渠上，可采用巴氏计量槽、计量堰等，也可以采用电磁流量计或超声波流量计等。

（3）引水设备。污水泵站一般采用自灌式工作时，不需要设引水设备。当水泵采用非自灌（吸水式）工作时，必须设置引水设备，可采用真空泵、水射器，也可以采用真空罐或密闭水箱引水。当采用真空泵引水时，需在真空泵与污水工作泵之间设置隔离罐，隔离罐的大小与气水分离罐相同。小型水泵也可设底阀。

（4）排水设备。为了确保排水泵房的运行安全，应有可靠的排水设施。排水泵工作间内的排水方式与给水泵站基本相同。为了便于排水，水泵间地面宜做成 0.01～0.015 的坡度，坡向排水沟，排水沟以 0.01 的坡度坡向集水坑。排水沟断面可采用 100mm×100mm，集水坑采用 600mm×600mm×800mm。对于非自灌式泵站，集水坑内的水可以自流排入集水池，在集水坑与集水池之间设一连接管道，管道上设阀门，可根据集水坑水位和集水池水位情况开阀排放。当水泵吸水管能产生真空时，可在水泵吸水管上接出一根水管伸入集水坑，在管上设阀门；当需要抽升时，开启管上阀门，靠水泵吸水管中的负压，将集水坑中的水抽走，这种方法省去引水设备，简单易行。

当水泵间污水不能自流排除，又不能利用水泵吸水管中负压抽升时，应设专门的排水泵，将集水坑中的水排入集水池。

（5）反冲设备。由于污水中含有大量杂质，会在集水坑内产生沉积，所以应设压力冲洗管。一般从水泵压水管上接出一根 $DN50～DN100$ 的支管伸入集水坑，定期进行冲洗，以冲散集水坑中的沉渣。

（6）采暖通风及防潮设备。由于集水池较深，污水中的热量不易散失（污水温度一般为 10～12℃），所以一般不需采暖设备。水泵间如果需要采暖，可采用火炉、散热器，也可采用电辐射板等采暖设施。

排水泵站的集水池通常利用通风管自然通风，通风管的一端伸入清理工作平台以下，另一端伸出屋面并设通风帽。水泵间一般采用自然通风，当自然通风满足不了要求时，应采用机械通风，保证水泵间夏季温度不超过 35℃。

当水泵间相对湿度高于 75%时，会使电动机绝缘强度降低，因而应采取防潮措施，一般采用电加热器或吸湿剂防潮。

（7）起重设备。为满足机泵安装与维修的需要，排水泵站必须安装起重设备。起重设备的选择与泵房内的水泵、电机、管道与阀门等设备的重量直接相关。门、过道及孔洞可能用于设备出入的地方，要有必要的宽度和净空。为使吊车正常运转，必须避开与出水管、闸阀、支架、走廊等的交汇处。起重量小于 3t 宜选用手动式电动捯链；起重量大于 3t 时，应选用电动单梁式双梁起重机。

（8）事故溢流井和出水井。事故溢流井的作用在 7.1 节中已阐述。在小型泵站中可以采用单道闸门溢流井，在大、中型泵站中宜采用双道闸门溢流井，如图 7-9 所示。

7-5　溢流井的布置动画

图 7-9　溢流井布置示意图
（a）单道闸门溢流井；（b）单道闸门溢流井；（c）双道闸门溢流井
1—来水管；2—溢流排水管；3—闸门

出水井的类型如图 7-10 所示。一般可分为淹没式、自由式和虹吸式三种出流方式。图 7-10（a）为淹没式出水井，水泵压水管出口淹没在出水井水面以下，为防止停泵时干渠中的水倒流，在出口处要设拍门或设挡水溢流堰；图 7-10（b）为自由式出流，即压水管出口位于出水井水面之上，这种形式虽然浪费了部分能量，但可以防止停泵时出水井中水倒流，省去管道出口拍门或溢流堰；图 7-10（c）为虹吸式出流，它具有以上两种出流形式的优点，即充分利用了水头，又能防止倒流，但需要在虹吸管顶部设真空破坏装置，以便在停泵时，破坏真空，截断水流，水泵出水压力井的盖板必须密封，所受压力由计算确定。水泵出水压力井必须设透气筒，筒高和断面根据计算确定。

雨水泵的出水管末端宜设防倒流装置，其上方宜考虑设起吊设施。合流污水泵站宜设试车水回流管，出水井通向河道一侧应安装出水闸门或考虑封堵措施。

在排水泵站中还应设有照明、消防、防噪声等设备（施），以及通信设施和

7-6 出水井
微课

图 7-10　出水井的类型
（a）淹没式出流；（b）自由式出流；（c）虹吸式出流
1—水泵压水管出口；2—出水管渠；3—溢流堰；4—拍门

工作人员生活设施等。

7.2.4　污水泵站的构造特点及示例

1. 污水泵站的主要构造特点

污水泵宜采用自灌式工作，因而泵站常建成地下式或半地下式，又因为泵站多建于地势低洼处，所以泵站地下部分常位于地下水位以下，在结构上应考虑防渗、防漏、抗浮、抗裂等。污水泵站地下部分一般采用钢筋混凝土结构，泵房地面以上部分一般为砖混结构。

为了改善吸水条件，应尽量缩短吸水管长度，因而常采用集水池与水泵间合建，只有当合建不经济或施工困难时才考虑分建。当采用合建时，可将集水池与水泵间用无门窗的不透水隔墙分开，以防集水池中臭气进入水泵间。集水池与水泵间应单独设门。

在地下式泵站中，扶梯通常沿泵房周边布置，如果地下部分超过 3m 时，扶梯中间应设平台，其尺寸可采用 1m×1m。扶梯宽度一般为 0.8m，坡度可采用 1∶0.75，最陡不得超过 1∶1。

泵站室外地坪标高应按城镇防洪标准确定，并应符合规划部门要求；泵房室内地坪应比室外地坪高 0.2～0.3m；当泵站有被洪水淹没的可能时，其入口处设计地面标高应比设计洪水水位高 0.5m 以上；当不能满足上述要求时，可在入口处设置闸槽等临时防洪设施。

位于居住区和重要地段的污水、合流污水泵站，应设置除臭装置。自然通风条件差的地下式水泵间应设机械送排风综合系统。

泵站宜设两个出入口，其中一个能满足最大设备或部件进出。

排水泵站供电应按二级负荷设计，特别重要地区的泵站，应按一级负荷设计。当不能满足上述要求时，应设置备用动力设施。

(a) I—I剖面

(b) Ⅱ—Ⅱ剖面

图 7-11　圆形合建式污水泵站

1—来水干管；2—格栅；3—吸水坑；4—冲洗水管；5—水泵吸水管；6—压水管；7—弯头水表；8—ϕ25 吸水管；9—单梁吊车；10—吊钩；11—水位计

坑中，进行反冲洗。

水泵间起重设备采用单轨吊车。在集水间设固定吊钩。

示例 2：图 7-12 为设 3 台立式水泵的圆形合建式泵站示意图。机器间设有 3 台 PWL 型污水泵，每台水泵设有单独的吸、压水管，并且在吸、压水管上均设有阀门，水泵的压水干管设在泵房外。起重设备采用单梁手动吊车。

示例 3：图 7-13 中（a）～（e）为设有 4 台潜水排污泵的地下式污水泵站工艺图。泵站设计流量为 7200m³/d。泵房建筑共三层，地面部分一层，地下部分二层，采用矩形平面布置。图 7-13（a）为泵房地上一层平面布置图，在该层设

2. 污水泵站示例

示例 1：图 7-11 为圆形合建式污水泵站工艺设计图。该泵房地下部分采用沉井施工，钢筋混凝土结构；上部为砖砌筑。集水池与水泵间中间用不透水的钢筋混凝土隔墙分开。井筒内径为 9m。

泵站设计流量为 200L/s，扬程为 230kPa。采用 3 台 6PWA 型卧式污水泵（其中 2 台工作，1 台备用）。每台水泵设计流量为 100L/s，扬程 230kPa。每台水泵设有单独的吸水管，管径为 350mm，因采用自灌式工作，所以每台水泵吸水管上均设有闸门；每台水泵采用 $DN350$ 的压水管，管上装有闸门，3 台水泵共用一条压水干管，管径为 400mm。

集水池容积按 1 台泵 5min 出水量计算，其平面面积为 16.5m²，有效水深为 2m，容积为 33m³。集水间内设人工格栅 1 个，宽为 1.5m，长为 1.8m，倾角为 60°。采用人工清除污物。工作平台高出最高水位 0.5m。

在压水干管的弯头部位安装有弯头流量计。水泵间内采用集水坑集水，在水泵吸水管上接出 1 根 ϕ32 的支管伸入集水坑中，进行积水排除。在水泵出水干管上接出 ϕ50 冲洗水管，通入集水池的吸水

207

(a) I—I剖面图

(b) Ⅱ—Ⅱ剖面图

图 7-12　立式水泵的圆形合建式泵站

1—来水干管；2—格栅；3—水泵；4—浮筒开关装置；5—洗面盆；

6—坐便器；7—休息室

有柴油发电动机间、配电及控制设备间（控制室）、值班室等。图 7-13（b）为地下一层平面布置图，该层布置有水泵出水管及排水总管，在水泵出水管上设有闸阀和止回阀，总管上设有检修闸阀，在该层设有手动单轨吊车，用于操作和维修。图 7-13（c）为地下二层平面布置图，该层为机器间（集水池），安装有 4 台 CP3152KT530 型自动耦合潜水排污泵、集水池容积为160m³。潜水泵上方的吊装孔盖板采取密封措施。图 7-13（d）、（e）为泵房剖面图。表 7-4 为主要设备一览表。

泵站主要设备表　　　　　　　　　　　　表 7-4

序号	名称	型号	规格	单位	数量	备注
1	排污泵	CP315EJ430	$DN200$	台	4	
2	柴油发电动机组	EJ708C	7Wv	台	1	
3	闸阀	Z41T-10	$DN100$	个	4	
4	旋启式止回阀	H44H-16C	$DN200$	个	4	
5	闸阀	Z44T-10	$DN450$	个	1	
6	闸门	Z4(4)	$DN1000$	个	1	
7	防水套管		$DN450$	个	1	
8	防水套管		$DN200$	个	4	
9	防水套管		$DN1000$	个	1	
10	套管		$DN200$	个	15	
11	进水阀门井		2000×2000	座	1	
12	手动单轨吊车	96-1	超质量 1t	台	1	
13	工字钢	25a		m	7	
14	钢管		$DN450$	m	10	
15	钢管		$DN200$	m	30	

(a)

图 7-13　潜水泵站工艺图（单位：mm）

（a）泵房一层平面布置图 1：50

(b)

(c)

图 7-13 潜水泵站工艺图（续）（单位：mm）

(b) 泵房地下一层平面布置图 1：50；(c) 泵房地下二层平面布置 1：50

图 7-13　潜水泵站工艺图（续）（单位：mm）

（d）A-A 剖面图 1∶50；（e）B-B 剖面图 1∶50

7.3　污水泵站工艺设计示例

7.3.1　设计依据

已知拟建污水泵站最高日最高时污水流量为 150L/s，污水进水管管径为 500mm，管内底标高为 34.90m，充满度为 0.7；泵站处室外地面高程为 41.80m；污水经泵站抽升至出水井，出水井距泵站 10m，出水井水面标高为 46.80m，拟建合建式圆形泵站，沉井法施工，采用自灌式工作，试进行该污水泵站工艺设计。

7.3.2　水泵机组的选择

1. 污水泵站设计流量及扬程的确定

污水泵站设计流量按最高日最高时污水流量 150L/s 计算。

扬程估算：

格栅前水面标高＝来水管管内底标高＋管内水深＝34.90＋0.5×0.7 ＝35.25m

格栅后水面标高＝集水池最高水位标高＝格栅前水面标高－格栅压力损失＝ 35.25－0.1＝35.15m

污水流经格栅的压力损失按 $0.1mH_2O$ 估算。集水池有效水深取 2.0m，则

集水池最低水位标高＝35.15－2.0＝33.15m

水泵净扬程＝出水井水面标高－集水池最低水位标高＝46.80－33.15 ＝13.65m

水泵吸、压水管路（含至出水井管路）的总压力损失估算为 $1.0mH_2O$。

因此，水泵扬程 $H=13.65+1.0=14.65m$

2. 水泵机组的选择

考虑来水的不均匀性，宜选择 2 台或 2 台以上的机组工作，以适应流量的变化。

查水泵样本，选用 6PWL 立式污水泵 3 台，其中 2 台工作，1 台备用。单泵的工作参数为 $H=14.65mH_2O$ 时，流量 $Q=75L/s$，转速为 $H=980r/min$，电动机功率 $N=30kW$，水泵效率 $n=69\%$；配套电动机选用 $JO_281\text{-}6(L_3)$ 型。

7.3.3　集水池容积及其布置

集水池容积按一台泵 5min 出水量计算，即

$$V'/m^3=\frac{75\times5\times60}{1000}=22.5$$

集水池面积 A

$$A'/m^2=\frac{V'}{h}=\frac{22.5}{2.0}=11.25$$

根据集水池面积和水泵间的平面布置要求确定泵站井筒内径为 8.0m。集水池隔墙距泵站中心为 1.0m（图 7-14），则集水池隔墙长 b 为：

$$b=2\sqrt{k^2-1^2}=2\times\sqrt{4^2-1^2}=7.8m$$

集水池实际面积 A 为：

$$A=\frac{2}{3}b \cdot h'=\frac{2}{3}\times7.8\times(3-0.3)=14>11.25\mathrm{m}^2$$

满足要求。

图 7-14　集水池面积
计算图

集水池内设有人工清除污物格栅一座，格栅间隙为 30mm，安装角度为 70°，格栅宽为 1.6m，长为 1.8m。

集水间布置及各部标高见图 7-15。

7.3.4　水泵机组布置

由水泵样本查得，6PWL 型水泵机座平面尺寸为 470mm×670mm，混凝土基础平面尺寸比机座平台尺寸各边加大 100mm，即为 670mm×870mm，如图 7-16 所示。

图 7-15　污水泵站剖面图

图 7-16　机组底座平面尺寸图

7.3.5　吸、压水管路的布置

1. 吸水管路的布置

为了保证良好的吸水条件，每台水泵设单独的吸水管，每条吸水管的设计流量均为 75L/s，采用 DN250 钢管，流速 $v=1.4\mathrm{m/s}$；在吸水管起端设一进水喇叭口，吸水管路上设 DN250 手动闸阀一个，90°变径弯头一个，柔性接口一个。吸水管路在水泵间地面上敷设。

2. 压水管路布置

由于出水井距泵房距离较小，每台水泵的压水管路直接接入出水井，这样可

图 7-17　污水泵站平面布置图

以节省压水水管上的阀门。压水管管材采用钢管，管径与吸水管管径相同（$DN250$），在压水管上设一个 $DN150 \times 250$ 渐扩管、柔性接口一个，$90°$弯头 2 个。管路采用架空敷设。

机组布置及吸、压水管路布置如图 7-17 所示。

7.3.6　泵站扬程的校核

在水泵机组选择之前，估算泵站扬程 H 为 $14.65 \text{mH}_2\text{O}$，其中水泵静扬程为 $13.65 \text{mH}_2\text{O}$，动扬程暂按 1.0m 估算。机组和管路布置完成后，需要进行校核，看所选水泵在设计工况下能否满足扬程要求。

在水泵总扬程中静扬程一项无变化，动扬程（管路总水头损失）一项需详细计算。

管路总水头损失$\sum h = h_\text{f} + h_j$，则

$$h_\text{f} = iL = 0.0127 \times 21 = 0.267 \text{mH}_2\text{O}$$

$$
\begin{aligned}
h_j &= (\xi_1 + 3\xi_2 + \xi_3 + \xi_4)\frac{v^2}{2g} \\
&= (2.0 + 3 \times 0.87 + 0.08 + 0.3) \\
&\quad \frac{1.4^2}{2 \times 9.81} = 0.5 \text{mH}_2\text{O}
\end{aligned}
$$

所以，$\sum h = 0.267 + 0.5 = 0.767 \text{m} < 1.0 \text{m}$（估算值），所选水泵满足扬程要求。

式中　　h_f——吸压水管路沿程水头损失，mH_2O；

$\quad\quad\quad h_j$——吸压水管路局部水头损失，mH_2O；

$\quad\quad\quad L$——吸、压水管路总长度，mH_2O；

$\quad\quad\quad i$——单位长度管道沿程压力损失，$\text{mH}_2\text{O/m}$；

$\quad\quad\quad \xi_1$——进水喇叭口局部阻力系数；

$\quad\quad\quad \xi_2$——$90°$弯头局部阻力系数；

$\quad\quad\quad \xi_3$——闸阀局部阻力系数；

$\quad\quad\quad \xi_4$——渐扩管局部阻力系数。

7.3.7　泵站辅助设备

（1）排水设备。水泵间内集水由集水沟汇至集水坑，用 1 台立式农用排污泵排除。集水沟断面尺寸为 $100 \text{mm} \times 100 \text{mm}$，集水坑尺寸为 $600 \text{mm} \times 600 \text{mm} \times 800 \text{mm}$。

（2）冲洗管道。在水泵压水管上接出一根 DN50 的支管伸入集水池吸水坑中，进行定期冲洗。

（3）起重设备。根据水泵和电动机重量及起吊高度，选用一台 TV-212 型倒链，起重量为 2t，起升高度为 12m，工字钢梁为 28 型，捯链紧缩最小长度为 1198mm。

其他略。

7.4　污水泵站工艺设计实例

设计内容主要包括：①泵的选择；②集水池容积及尺寸的确定；③吸水管和出水管的计算；④泵房的布置；⑤泵房的建筑形式；⑥起重设备的选择及布置；⑦电气设备和自控设备的设计；⑧泵房的建筑、电气与结构的设计；⑨施工方法的确定。下面将讨论泵站的主要工艺设计内容。

【实例】某污水处理厂最大设计流量为 1250L/s，污水提升泵房处地面标高为 750.20m，进水管管底标高为 746.50m，DN1000，经竖向计算确定提升泵房后第一个构筑物沉砂池的水位标高 754.70m，试进行该污水厂提升泵站的设计。

1. 水泵的选择

该污水泵站选用集水池与机器间合建式的圆形泵站。

（1）流量的确定　该泵站提升的设计流量为 $Q_{max}=1250$L/s。

设计拟定选用 4 台泵（3 用 1 备），则每台泵的设计流量为

$$Q = Q_{max}/3 = 1250/3 = 416.67\text{L/s}$$

（2）选泵前扬程的估算　水泵提升的静扬程为沉砂池水位（754.70m）与水泵集水池的最低水位 H_2 之差，集水池有效水深取 2.0m，通过格栅总的水头损失取 0.3m，在集水池最低水位 $H_2=H_1-2.0$m。集水池最高水位 H_1 取进水管水位，进水管充满度为 0.8，则 $H_1=746.5+0.9-0.3=747.0$m，$H_2=747.0-2.0=745.0$m。

静扬程 $H_{静}=754.70-745.0=9.7$m。

水泵吸水管和压水管水头损失估算为 3.0m，自由水头取 1.0m，则水泵扬程为

$$H = H_{静}+3.0+1.0=13.7\text{m}$$

（3）选泵　由 $Q=416.67$L/s，$H=13.7$m 可知，选用 350WL1714—15.3 型水泵 4 台，3 用 1 备，其各项性能参数如表 7-5 所示。

350WL1714—15.3 型水泵性能参数　　　　表 7-5

型号	流量 Q(m³/h)	扬程 H(m)	转速 n(r/min)	轴功率 W(kW)	效率
350WL1714—15.3	1714	15.3	590	91.6	78

2. 吸、压水管路实际水头损失的计算及水泵扬程的核算

（1）管径及流速的确定　$Q=416.67$L/s，吸水管选用 $DN=600$mm 的铸铁管，压水管为 $DN=500$mm 的铸铁管，则压水管内流速为

$$v_压 = \frac{4 \times Q}{\pi \times D^2} = \frac{4 \times 0.41667}{3.14 \times 0.50^2} = 2.12\text{m/s}，查《给水排水设计手册》第 1 册$$

知：$1000i=11.8$；

吸水管内流速为

$$v_吸 = \frac{4 \times Q}{\pi \times D^2} = \frac{4 \times 0.41667}{3.14 \times 0.60^2} = 1.47\text{m/s}，查《给水排水设计手册》第 1 册$$

知：$1000i=4.48$；

水泵进出口直径分别为 400mm，350mm，则水泵进出口流速为

$$v_{进口} = 3.32\text{m/s}，v_{出口} = 4.33\text{m/s}$$

（2）吸水管路水头损失计算　吸水管上附件有：

一个喇叭口 $D=1.5\times600=900$mm，$\xi_1=0.1$；

$D600$ 的 $90°$弯头一个，$\xi_2=0.6$；

$D600$ 的闸阀一个，$\xi_3=0.07$；

$D600\times400$ 的偏心渐缩管一个，$\xi_4=0.20$；

吸水管局部水头损失为

$$h_{局部} = \frac{\sum \xi v_i^2}{2 \times g} = \frac{(0.60 + 0.07 + 0.1) \times 1.47^2 + 0.20 \times 3.32^2}{2 \times 9.8} = 0.20\text{m}$$

设吸水管直线段管长 3m，则吸水管沿程损失为

$$h_{沿程} = il = \frac{4.48}{1000} \times 3 = 0.013\text{m}$$

吸水管总损失 $h_1=0.20+0.013\approx0.21$m

（3）压水管路损失　压水管上附件有：

$D350\times500$ 的渐缩管 1 个，$\xi_1=0.21$；

$D500$ 的截止阀 1 个，$\xi_2=3.0$；

$D500$ 的闸阀 1 个，$\xi_3=0.07$；

$D500$ 的 $90°$弯头 2 个，$\xi_4=0.59$；

则压水管路局部水头损失为

$$h_{局部} = \frac{\sum \xi v_i^2}{2 \times g} = \frac{(3.0 + 0.21 + 0.07 + 0.59 \times 2) \times 2.12^2}{2 \times 9.8} = 1.03\text{m}$$

设压水管管长 30m，则 $h_{沿程}=il=0.0118\times30=0.354$m，则压水管总水头损失 $h_2=1.03+0.354\approx1.38$m。

泵站内总水头损失 $\sum h=h_1+h_2=0.21+1.38=1.59$m。

（4）水泵扬程校核

$$H = H_静 + \sum h + 1.0 = 9.70 + 1.59 + 1.0 = 12.29\text{m} < 15\text{m}$$

能够满足需求，故选泵合适。

3. 集水池

（1）集水池形式　本设计的集水池与泵房共建，属封闭式。故须在集水池内

设通气管，通向地外，并将管口做成弯头或加罩，以防止雨水及杂质入内。集水池设有污泥斗，池底做成不小于 0.01 的坡度，坡向污泥井。从平台到池底应设向下的扶梯，台上应有吊泥用的梁钩滑车。

（2）集水池容积计算　集水池容积按最大一台泵 5min 的出水量计算，有效水深取 2.0m。

$$V = 5 \times 60 \times 416.671 = 125001L = 125.001m^3，取 V = 125m^3$$

则集水池面积 F 为

$$F = V/h = 125/2 = 62.5m^2$$

（3）集水池的排砂　污水杂质往往沉积在集水池内，时间长了腐化变臭，甚至堵塞集水坑，影响水泵工常吸水，因此在压水管路上设 $DN150$ 的压力冲洗管伸入集水坑，定期将沉渣冲起。由水泵拙走，集水池可设成连通的两格，以便检修。

4. 水泵机组基础的确定和污水泵站的布置

（1）水泵机组基础的确定　机组安装在共同基础上。基础的作用是支撑并固定机组，使之运行稳定；不致发生剧烈振动，更不允许发生沉降。

对基础的要求：

1）坚实牢固，除能承受机组静荷载外，还能承受机械振动荷载。

2）要浇制在较坚实的地基上，以免发生不均匀沉降或基础下沉。

查《给水排水设计手册》（第二版）第 11 册　常用设备，算得水泵机组基础尺寸为：1190mm×1190mm，机组总质量 780＋890＝1670kg，基础深度 H 为

$$H = \frac{3.0 \times W}{LB\gamma} = \frac{3.0 \times 1670}{1.19 \times 1.19 \times 2400} = 1.47m，为安全计，取 H = 2.0m。$$

（2）污水泵站的布置　因为所选用的台数仅为 4，所以泵房采用圆形，内水泵采用横向排列。这样虽增加了泵房长度，但由于立式泵占地面积小，跨度减小；水力条件好，节省电耗。

基础尺寸为 1190mm × 1190mm；基础间净距为 1.0m；泵房尺寸为：$R＝12000mm$

泵房与中格栅合建，污水泵房平面布置，如图 7-18 所示。

5. 泵房高度的确定

（1）地下部分　集水池最高水位为进水管水面标高，即

$$H_1 = 746.5 + 0.9 - 0.3 = 747.0m$$

集水池最低水位为：745.0m

设水泵吸水管中心标高在最低水位以下 0.6m，则吸水管中心线标高为 745.0－0.6＝744.4m

则泵轴标高为 744.4＋0.42＋0.2＝745.02m

机组基础部分埋于地下，露出地面 0.20m。

则基础顶标高为 745.02－0.42＝744.60m

基础地面标高为 744.60－0.20＝744.40m

图 7-18　污水泵房平面布置图

则泵房地下埋深 $H_{下}=750.20-744.40=5.80m$

（2）地上部分　地上部分高度 H_2 为

$$H_2=n+a_2+C_2+d+e+h$$

$$=0.1+0.7+1.06+0.72+2.50+0.2=5.28m$$

其中，n 取 0.1m；行车梁高度 a 取 0.7m；行车梁底至起吊钩中心距离 c，取 1.06m；起重绳的垂直长度 d 为 $0.85×0.85=0.72m$；最大一台水泵或电动机的高度. 取 2.50m；吊起物底部与泵房进口处室内地坪的距离 h 取 0.2m。

则泵房高度 $H=H_{下}+H_{上}=5.80+5.28=11.08m$。

水泵的开启方式为自灌式。

6. 泵房附属设施及尺寸的确定

（1）水位控制　污水泵房水泵采用自动控制机组运行，根据水位变化，应用可编程序控制系统 PLC 实现水泵开停的自动控制。起动停车自动控制的信号由水位继电器发出。

（2）计量设备　由于污水中含有机械杂质，其计量设备考虑被堵塞的问题，可采用电磁流量计作为计量设备。

（3）排水　在机器间的地板上应设有排水沟和集水坑。排水沟沿墙设置，坡度 $i=0.01$，集水坑平面尺寸为 $0.8m×0.8m$，深为 0.5m，在吸水管上接出 $DN100$ 的小管伸到集水坑内。当水泵工作时把坑内积水抽走。

7. 采光、采暖与通风

（1）集水坑一般不需要采暖设备，因为集水坑较深热量不易散失，且污水温度通常不低于 10～20℃，机器间采暖采用散热器设施。

（2）泵房在上层工作间设置窗户，保证有充足的自然采光，检修操作点采用集中照明。

（3）泵房通风主要解决高温散热和空气污染问题，污水泵站的机器间机组台数较多，功率较大，除四周设置窗户进行自然通风外，还设置机械通风和通气管。

8. 起吊设备

泵房起重设备根据起吊最大一台设备的重量进行选择，山水泵机组总重 $W = (780 + 890)\text{kg} = 1670\text{kg}$，可选用 DL-2 型电动单梁桥式起重机，其性能如表 7-6 所示。

DL-2 型电动单梁桥式起重机性能参数 　　表 7-6

型号	起重量 （t）	起升高度 （m）	起升速度 （m/min）	运行速度 （m/min）	工字梁轨 道型号	最大轮压 （kg）	重量 （kg）
DL-2	2	12	75	60	20°～45°	835	296
主起升电动机		慢速起升电动机		运行电动机		钢丝网	
功率 （kW）	转速 （r/min）	功率 （kW）	转速 （r/min）	功率 （kW）	转速 （r/min）	直径 （mm）	结构
3	1380	0.4	1380	0.4	1380	11	3×37+1—11—180—Ⅰ—b

9. 泵房值班室、控制室及配电间

值班室设在机器间一侧，有门相通，并设置观察窗，根据运行控制要求设置控制台和配电柜，其面积为 $12\sim18\text{m}^2$，能满足 $1\sim2$ 个人值班，因长年运行，因此安装电话。本设计泵房值班室及控制室合建，尺寸取为 $3\text{m}\times9\text{m}$，配电间尺寸为 $3\text{m}\times9\text{m}$。

10. 门窗及走廊、楼梯

（1）门：机器间至少应有满足设备的最大部件搬迁出入的门，宽不小于 4m。取宽 4.5m、高 4.0m，泵房靠近值班室一侧设小门，取高 2.0m、宽 1.0m。泵房与配电间之间设小门，尺寸与值班室小门相同。配电间通往室外的门也与其相同。

（2）窗：为了便于通风采光，开窗面积不小于泵房的 1/5，设 8 扇窗，其尺寸为 2500mm×2000mm。

（3）走道：在泵房四周设走道。走道栏杆高 1.0m，在机器间的一侧设有楼梯，楼梯坡度倾角为 1/0.75、宽 0.8m、扶手 1.0m。

（4）卫生设备：为了管理人员使用方便，应就近设洗手池，接 $DN25$ 的给水管，并备有供冲洗的橡胶管。

7.5　雨水泵站及合流泵站

雨水泵站的基本特点是流量大、扬程小，因此，多采用轴流式水泵，有时采用混流泵。雨水泵站一般工艺流程如下：

进水管 → 进水闸井 → 沉砂池 → 格栅间 → 前池 → 集水池 → 水泵间 → 出水井 → 出水管 → 出水闸井 → 出水口

对于合流泵站，集水池一般污、雨水合用，水泵可以分设，也可以共用。

7.5.1 污水泵房的基本类型

雨水泵房（合流泵房）集水池与水泵间一般合建。按照集水池与水泵间是否用不透水隔墙分开，可分为"干室式"和"湿室式"。

干室式泵房（图7-19）一般分为三层。上层为电动机间，安装电动机和其他电气设备；中层为水泵间，安装水泵轴和压水管；下层为集水池。集水池设在水泵间下面，用不透水的隔墙分开。集水池的雨水只允许进入水泵内，不允许进入机器间。因此电动机运行条件好，检修方便，卫生条件也好。其缺点是泵站结构复杂，造价较高。

湿室式泵房（图7-20）的电动机间下面即是集水池，水泵浸入集水池内。这种形式的泵房结构虽比"干室式"简单，造价低，但水泵检修不如"干室式"方便，泵房内潮湿，卫生条件差。

图 7-19　干室式泵房示意图

1—进水闸；2—格栅；3—集水池；4—水泵间；
5—泄空管；6—出水井；7—通气管；8—立
式泵机组；9—电动机间；10—电缆沟

图 7-20　湿室式泵房示意图

1—格栅；2—集水池；3—立式水泵；4—压
水管；5—闸门；6—出水井；7—立式电
机；8—电动机间；9—传动轴

城市雨水泵站及合流泵站一般宜布置为干式泵站，使用轴流泵的封闭底座，以利维护管理。

7.5.2 水泵选择

1. 设计流量和扬程

雨水泵站的设计流量应按进水管渠的设计流量计算。合流泵站内雨水及污水的流量，要分别按照各自的标准进行计算。当泵站内雨水、污水分成两部分时，应分别满足各自的工艺要求；当雨水、污水合用一套装置时，应既要满足污水，也要满足合流来水的要求，同时还要考虑流量的变化。合流泵站的设计流量，按下列公式进行计算：

泵站后设污水截流装置时

$$Q=Q_d+Q_m+Q_s=Q_{dr}+Q_s \tag{7-5}$$

式中　Q——合流管渠的设计流量，L/s；

　　　Q_d——设计综合生活污水量，L/s；

Q_m——设计工业废水量，L/s；

　Q_s——雨水设计流量，L/s；

　Q_{dr}——截流井以前的旱流污水量，L/s。

泵站前设污水截流装置时，雨水部分和污水部分分别按以下公式计算：

（1）雨水部分

$$Q_p = Q_s - n_o Q_{dr} \tag{7-6}$$

（2）污水部分

$$Q_p = (n_o + 1) Q_{dr} \tag{7-7}$$

式中　Q_p——泵站设计流量，L/s；

　Q_s——雨水设计流量，L/s；

　Q_{dr}——旱流污水设计流量，L/s；

　n_o——截流倍数。

雨水泵站设计扬程，应根据设计流量时的集水池水位与受纳水体的平均水位差和管路系统的水头损失确定。

合流泵站设计扬程应根据设计流量时的集水池水位与出水管渠的水位差和水泵管路系统的水头损失以及安全水头确定，可按式（7-4）计算。

2. 水泵的选择

水泵的型号不宜太多，最好选择同一型号水泵。如果必须大、小搭配时，其型号也不宜超过两种。

大型雨水泵站可选用 ZLB、ZL、ZLQ 型水泵，合流泵站的污水部分除可选用污水泵外，也可选用小型立式轴流泵或丰产型混流泵。

雨水泵站的水泵台数不少于 2～3 台，最多不宜超过 8 台。如果考虑适应流量变化，采用一大一小 2 台水泵时，小泵的出水量不宜小于大泵出水水量的 1/2。如果采用一大两小 3 台水泵时，小泵的出水量不小于大泵出水量的 1/3。

雨水泵站可以不设备用水泵，因可以在旱季进行水泵检修和更换。合流泵站的污水泵要考虑设备用泵。立交道路的雨水泵房可视其重要性设置备用泵。

雨水泵站和合流泵站宜采用自灌式工作。

7.5.3　集水池

雨水泵站集水池一般不考虑调节作用。集水池容积一般按站内最大一台水泵 30s 出水量确定。

合流泵站集水池容积的确定分两种情况：当雨水与污水分开时，应根据雨水、污水使用的水泵分别按雨水、污水泵站集水池容积的计算标准确定；当集水池为雨水、污水共用时，要同时满足雨水、污水的容积要求。

集水池最高水位可以与进水管渠的管顶相平。当进水管为压力管时，集水池最高水位可以高于进水管渠的管顶，但不得使上游地面冒水。

城市雨水泵站集水池的作用，常常包含了沉砂池、格栅井、前池和集水池（吸水井）的功能，因此还要考虑清池挖泥。如果格栅安装在集水池内，还应满足格栅安装要求、满足水泵吸水喇叭口安装要求，保证良好的吸水条件。

雨水集水池在旱季进行清池挖泥，除了用污泥泵排泥外，还要为人工挖泥提供方便。对敞开式集水池，要设置通到池底的出泥楼梯，对封闭集水池，要设排气孔及人行通道。

雨水泵站大多采用轴流泵和混流泵。轴流泵无吸水管段，只有一个流线型喇叭口，集水池的水流状态会对水泵叶轮进口的水流条件产生直接影响，从而影响水泵性能。如果布置不当，池内因流态紊乱，就会产生漩涡而卷入空气，空气进入水泵后，会使水泵的出水量不足、效率下降、电动机过载等现象发生；也会产生气蚀现象，产生噪声和振动，使水泵运行不稳定，导致轴承磨损和叶轮腐蚀等。所以，要求集水池内的水流必须平稳、均匀地流向各水泵吸水喇叭口，避免因条件原因产生的旋流。集水池在设计时，应注意以下事项：

（1）集水池的水流要均匀地流向各台水泵。要求水流的流线不要突然扩大或突然改变方向。可在设计中控制水流的边界条件，如控制扩散角，设置导流墙等，见表7-7中Ⅰ、Ⅲ、Ⅳ。

（2）水泵的布置、吸水口位置和集水池形状的设计，不致引起漩涡，见表7-7中Ⅲ、Ⅳ、Ⅴ。

（3）集水池中水流速度尽可能缓慢。过栅流速一般采用 $0.8\sim1.0m/s$；栅后至集水池的流速最好不超过 $0.7m/s$；轴流泵不超过 $0.5m/s$；水泵入口的行进流速不超过 $0.3m/s$。

（4）在水泵与集水池壁之间，不应再有过多的空隙，以免产生漩涡，见表7-7中Ⅱ。

（5）在一台水泵的上游应避免设置其他水泵，见表7-7中Ⅳ。

（6）水泵喇叭口应在水下具有一定的淹没深度，以防止空气吸入水泵。

（7）集水池进水管要做成淹没出流，使水流平稳入池，避免带入空气，见表7-4中Ⅵ。

集水池的好例与坏例 表 7-7

序号	坏例	注意事项	好例
Ⅰ		(1)	
		(1)	
		(1)	
Ⅱ		(4)	
		(4),(10)	
Ⅲ		(1),(2),(10)	

续表

序号	坏例	注意事项	好例
IV		(1),(5)	
		(1),(2)	
		(1),(2)	
V		(2),(10)	
VI		(7)	
		(7)	
VII		(8)	
VIII		(9)	
IX		(8)	

（8）在封闭的集水池中应设透气管，用以排除积存的空气，见表 7-7 中 VII、IX。

（9）进水明渠应布置成不发生水跃的形式，见表 7-7 中 VIII。

（10）为了防止形成漩涡，必要时应设置适当的涡流防止壁与隔壁，见表 7-8。

涡流防止壁的形式、特征和用途　　　　　表 7-8

序号	形式	特征	用途
1		当吸水管与侧壁之间的空隙大时,可防止吸水管下水流的旋流;并防止随旋流而产生的涡流。但是,如设计涡流防止壁中的侧壁距离过大时,会产生空气吸入涡	防止吸水管下水流的旋流与涡流

续表

序号	形式	特征	用途
2	多孔板	防止因旋流淹没水深不足，所产生的吸水管下的空气吸入涡，但是不能防止旋流	防止吸水管下产生空气吸水涡
3	多孔板	预计到因各种条件在水面有涡流产生时，用多孔板防止涡流	防止水面空气吸入涡流

7.5.4 出流设施

雨水泵站的出流设施一般包括溢流井、超越管、出水井、出水管、排水口，如图7-21所示。

图 7-21　出流设施示意图
1—溢流井；2—超越管；3—泵站；4—出水井；
5—出水管；6—排水口

各台水泵出水管末端的拍门设在出水井中，当水泵工作时，拍门打开，雨水经出水井、出水管和排水中排入水体中。出水井一般设在泵房外面，多台泵可以共用一个，也可以每台泵各设一个，以共用居多。溢流管（超越管）的作用是：当水体水位不高，排水量不大时，可自流排出雨水；或者突然停电，水泵发生故障时排泄雨水。溢流井中应设置闸门，不用时应关闭。

雨水泵站出水口位置应避让桥梁等水中构筑物，出水口和护坡结构不得影响航道，水流不得冲刷河道和影响航运安全，所以应控制出口的水流速度和方向，可以采用八字墙以扩大出口断面。出水管的方向最好向河道下游倾斜，避免与河道垂直。出口流速宜小于为 0.5m/s，并取得航运部门的同意。泵站出水口处应设警示标志。

7.5.5 雨水泵站内部布置、构造特点

1. 雨水泵站内部布置

（1）机组及管路布置。雨水泵站中水泵多采用单排并列布置。相邻机组之间的间距要求可参考给水泵站。每台水泵各自从集水池中抽水，并独立地排入出水井中。

为了保证良好的吸水条件，要求吸水口与集水池底之间的距离应使吸水口和集水池底之间的过水断面积等于吸水喇叭口的面积，这个距离一般为 $D/2$ 时最好

（D 为吸水喇叭口直径），当增加到 D 时，水泵效率反而下降。如果要求这一距离必须大于 D 时，需在吸水喇叭口下设一涡流防止壁（导流锥），如图 7-22 所示。

图 7-22　雨水泵站剖面图

吸水喇叭口下边缘距池底的高度称为悬高。对于中小型立式轴流泵悬高可取 (0.3～0.5)D，但不宜小于 0.5m；对卧式水泵取 (0.6～0.8)D，但最小不得小于 0.3m。

喇叭口要有足够的淹没深度，一般取 0.5～1.0m。当进水管立装时不小于 0.5m；进水管水平安装时，则管口上缘淹没深度不小于 0.4m。淹没深度还要用水泵气蚀余量或水泵样本要求的淹没深度进行校核。

喇叭口侧边缘距池侧壁的净距称为边距。当池中只有一台水泵时，要求边距等于喇叭口直径 D；当池中有多台水泵，且 D＜1.0m 时，边距等于 D；当 D＞1.0m 时，边距为 (0.5～1.0)D。各台水泵吸水喇叭口中心距离应大于等于 2D。

由于轴流泵的扬程较低，所以压水管路要尽量短，以减少能量损失。轴流泵吸、压水管上不得设阀门，只设拍门，拍门前要设通气管，以便排除空气及防止管内产生负压。

水泵泵体与出水管之间用活接头连接，以便在检修水泵时不必拆除出水管，并且可以调整组装时的偏差。

水泵的传动轴要尽量缩短，最好不设中间轴承，以免出现泵轴不同心的现象，立式泵当传动轴超过 1.8m 长时，必须设置中间轴承及固定支架。

（2）雨水泵站中的辅助设施。

1）格栅。在集水池前应设置格栅。格栅可以单独设置在格栅井中，也可以设在集水池进水口处。单独设置的格栅井通常建成露天式，四周设围栏，也可以在井上设置盖板。雨水泵站及合流泵站最好采用机械清污装置。格栅的工作平台应高出集水池最高水位 0.5m 以上，平台的宽度应按清污方式确定（同污水泵站）。平台上应做渗水孔，并装自来水龙头以便冲洗。格栅宽度不得小于进水管渠宽度的两倍。格栅栅条间隙可以采用 50～100mm。

2）起重设备。设立式轴流泵的雨水泵站，电动机间一般设在水泵间的上层，应在电动机间设起重设备。当泵房跨度不大时，可以采用单梁吊车；当泵房跨度较大或起重量较大时，应设桥式吊车。在电动机间的地板上要设水泵吊装孔，且在孔上设盖板。电动机间应有足够的净空高度，当电动机功率小于 55kW 时，应不小于 3.5m；当电动机功率大于 100kW 时，应不小于 5.0m。

3）集水池清池与排泥设施。为便于排泥，在集水池内应设集泥坑，集水池以不小于 0.01 的坡度坡向集泥坑。并应设置污泥泵或污水泵进行清池排泥。

雨水泵房中的排水设施、采暖与通风设施、防潮等设施与污水泵站相同。

2. 雨水泵站构造特点

雨水泵站一般采用集水池、水泵间、电动机间合建的方式。集水池和机器间

225

的布置形状可以采用矩形、方形或圆形和下圆上方的结构形式。一般情况下，机器间宜布置成矩形，以便水泵安装及维护管理。采用沉井法施工时，地下部分多采用圆形结构，泵房筒体及底板采用钢筋混凝土连续整体法浇筑。

7.5.6 雨水泵站工艺设计实例

由于雨水地面径流量很大，所以雨水泵站的基建费用很高，而其使用率又很低，因此在雨水管道设计中应尽量避免建造雨水泵站。只有在地势平坦、管线很长、雨水管道出口较排放水体水位低或受海潮影响，雨水不能自流排泄时，才设置雨水泵站。

1. 概况

某雨水泵站雨水设计流量为 $7.4m^3/s$，雨水干管末端管底高程为 79.6m，埋深为 5.6m，管径为 $DN1600$ 的管 2 根，河流正常水位为 76.2m，历年平均洪峰水位为 80.0m，百年一遇的洪峰水位为 82.2m，洪峰时雨水需经提升后排入河流。请据此进行雨水泵站的设计。

2. 工艺设计

河流正常水位为 76.2m，低于雨水干管末端管底高程的 79.6m，因此在雨量不大时，雨水通过溢流管排入河流。当河流水位高于雨水末端管底时，开起水泵，雨水经提升后排入水体。此雨水泵房采用"干室式"，共分 3 层。上层为电动机间，主要安装立式电动机和其他电气设备；中层为机器间，安装泵轴和压水管，下层为集水池，集水池满足水泵安装和吸水的要求。

（1）选泵

1）水量计算

最高日雨水量 $Q_{max} = 7.4 \times 3600 m^3/d = 26640 m^3/d$，拟选定 4 台水泵，则每台泵的设计流量为 $Q = Q_{max}/4 = 7.4/4 = 1.85 m^3/s = 1850 L/s$。

2）扬程的估算

雨水泵站的位置距离河流约 100m。为了减少水泵出水管的水头损失，雨水经提升后先排到出水井，然后经明渠流至河流。设明渠的流速为 1m/s，坡度为 0.002，则明渠的坡降为 $0.002 \times 100 = 0.2m$，出水井水位为 $82.2 + 0.2 = 82.4m$。

集水池前设置格栅 3 道，过栅流速为 0.9m/s，通过整个格栅的水头损失为 0.3m，栅后渠底水位为 $79.6 - 0.3 = 79.3m$。为使水流平稳进入集水池，集水池最低水位取进水渠渠底标高，即 79.3m，则水泵静扬程为 $H_{静} = 82.4 - 79.3 = 4.1m$，水泵扬程 $H = H_{静} + 2.0 = 4.1 + 2.0 = 6.1m$（式中，2.0m 为泵站内总的水头损失）。

3）选泵

由 $Q = 1850 L/s$，$H = 5.8m$，拟选用 800ZLB-70 型轴流泵，该泵叶片装角为 $-6° \sim -4°$，流量为 1870L/s，扬程为 6.36m，转速 580r/min，轴功率 136.3kW，效率 85.5%，叶轮直径 700mm，满足要求。

（2）管路实际水头损失

1）局部水头损失

所选轴流泵出口直径为 1m，则选 $DN1000$ 压水管，则得管中水流速为

2.36m/s，1000i＝7.95。压水管以60°角上升接60°弯头垂直穿过墙至出水井，出水管出口设拍门一个，D1000mm、60°弯头阻力系数 $\zeta＝0.6$。

则局部水头损失为 $h_{局部}＝\dfrac{\sum \xi v_i^2}{2\times g}＝\dfrac{0.6\times 2.36^2}{2\times 9.8}\mathrm{m}＝0.17\mathrm{m}$

2）沿程损失

水泵提升后经压水管到出水井，出水井后接明渠排入水体，设压水管长为10m，则出水管沿程水头损失为：$h_{沿程}＝\sum il＝7.95/1000\times 10\mathrm{m}＝0.08\mathrm{m}$。

3）水泵扬程校核

$H＝H_{静}＋\sum h＝4.1＋0.17＋0.08＝4.35\mathrm{m}$，富余2m多的水头，足以顶开拍门出水，符合要求。

（3）集水池　集水池容积按一台水泵30s的出水流量计算。则有 $V＝30\times 1.85\mathrm{m}^3＝55.5\mathrm{m}^3$，取 $60.0\mathrm{m}^3$，泵前集水池面积 $F＝V/H＝60/1.6＝37.5\mathrm{m}^2$。进水干管管底标高为79.6m，管径1600mm，则集水池最高水位为 $79.6＋1.6－0.3＝80.9\mathrm{m}$，集水池最低水位标高为79.3m，根据水泵的安装要求，最低水位距池底为2.05m。则池底标高为 $79.3－2.05＝77.25\mathrm{m}$，集水池内最大水深为 $80.9－76.25＝4.65\mathrm{m}$。

为了便于排除集水池中沉砂和放空清洗集水池，设有污水泵一台。

（4）泵站的布置　泵房布置为矩形，四台机组并列排放。水泵基础尺寸为 $1800\mathrm{mm}\times 1450\mathrm{mm}$。

根据所选水泵的安装要求得知，水泵中心距墙的距离大于1.8m，取2m。为了减小泵房的长度，并且使每一台水泵在集水池内更好地工作，便于检修，将集水池设计成每台水泵各自有单独的进水隔间，在各进水隔墙上闸板，以便单独控制。由此可得泵房长为 $2\times 8＝16\mathrm{m}$。设宽为7m。为方便上下，水泵间设宽为1m的扶梯至上层，集水池内设踏步。

集水池长为16m，则集水池宽为 $F/B＝37.5/16＝2.34\mathrm{m}$，取2.5m。

雨水泵站平面布置，如图7-23所示。

（5）泵房高度的确定

1）地下部分。集水池底部要求在最低水位2.05m以下，取2.1m。则集水池底部标高为 $79.3－2.1＝76.2\mathrm{m}$，该轴流泵外形安装尺寸得知：池底距吸水口的距离为750mm，吸水口标高为76.95m；吸水口至泵底座的距离为1490mm，泵底座标高为79.44m。底座距泵出水口距离929.4mm，地面标高为84.7m。

2）地上部分。电动机间上部设单梁吊车一部，起质量为6t，起吊高度8～10m，选SG-10型单轨小车，其高度为0.443m。

地上部分高度 H_2 为

$$H_2＝n＋a＋c＋d＋e＋h＝0.1＋0.443＋1.5＋1＋2.0＋0.2＝5.043\mathrm{m}$$

取5.1m。

其中，n取0.1m；行车梁高度a取0.443m；行车梁底至起吊钩中心距离c，取1.5m；起重绳的垂直长度d取1m；最大一台水泵或电动机的高度e取2.0m；

吊起物底部与泵房进口处室内地坪的距离 h 取 0.2m。

图 7-23　雨水泵站平面布置图

雨水泵房剖面图，如图 7-24 所示。

图 7-24　雨水泵房剖面图

7.5.7　一体化预制泵站

一体化预制泵站是在工厂进行生产，运送至现场进行安装的泵站。它将集水池、吸水井、泵站、自控设施集合到一套装置内，节省建设、安装时间，集成化程度高，满足增压提升排水要求。泵站的主体结构由纤维缠绕玻璃钢（GRP）或更优质材料制成。

1. 预制泵站使用条件

一体化预制泵站输送的液体类型有城市污水、雨水、排水、废水和源水。

2. 预制泵站设计

水泵采用自耦湿式安装，水泵间和进水井集成在同一个井筒内，带内部维修平台和地面控制面板。要求操作及维护简单，在运输前进行预装和工厂测试，使现场安装时间最小化，提高系统可靠性。

3. 预制泵站的性能和优势

一体化预制泵站的主体结构由纤维缠绕玻璃钢（GRP）或更优质材料制成，坚固、持久耐用。泵站作为一体化单元运输，包含潜污泵、管道、阀门、控制系统电气设备和维修设施平台等。

与传统的混凝土结构泵站相比，可节约 25%～30% 的总建设成本。设计流程和施工过程简化，可节约大约两周的工程施工时间。泵站 100% 不漏水，对环境无污染且节约运行费用。

泵站整体由制造、测试，并按设计技术要求装配完整。筒体坚固，纤维缠绕玻璃钢的强度要求相当于传统的层压式玻璃钢的 2 倍或以上，可完全抵抗腐蚀、撕裂和其他破坏力，并保证在其寿命周期内防水。

4. 一体化预制泵站的组成

一体化预制泵站主体由井筒、潜水排污泵、提升链、管道、阀门、液位压力传感器、控制系统和提篮型格栅等部件组成，如图 7-25 所示。

图 7-25　一体化预制泵站

一体化预制泵站的标准配置说明，如表 7-9 所列。

泵站标准配置说明　　　　　　　　　　　表 7-9

序号	名称	数量	单位	标准配置
1	预制泵站筒体	1	套	SFRK-PPS 玻璃钢材质，直径 1200mm，1600mm，2000mm，2500mm，3000mm 可选
2	潜水排污泵	2 或 3	台	螺旋离心式叶轮，1 台备用
3	潜污泵耦合器	2 或 3	套	铸铁材质，与水泵配套

序号	名称	数量	单位	标准配置
4	水泵导轨	2或3	套	SUS304材质，与耦合器配套
5	格栅	1	套	粉碎格栅或提篮格栅
6	不锈钢导轨	1	套	SUS304材质，与格栅配套
7	止回阀	2或3	个	污水专用，铸铁材质，PN10
8	闸阀	2或3	个	软密封，铸铁材质，PN10
9	压力管道	2或3	套	SUS304材质，双法兰盘，PN10
10	橡胶接头	1	个	橡胶材质，进水管用，PN10
11	进水管	1	根	SUS304材质，双法兰盘，PN10
12	检修平台	1	个	镀锌钢格栅板，与筒体配套
13	爬梯	1	套	SUS304材质
14	井盖	1	套	SUS304材质，防滑
15	安全格栅	1	套	镀锌钢格栅板，与井盖配套
16	压力传感器及保护管	1	套	保护管SUS304
17	电控系统	1	套	SFRK-PIC手/自动控制，带远程报警
18	通风系统	1	套	SUS304材质，可选简易除臭装置
19	紧固件	1	批	热镀锌钢

5. 工程案例

【例】某市污水提升泵站的设计规模为 $2000m^3/d$，选用一体化预制泵站，主要结构为玻璃钢材质。主要设备为潜水泵 2 台，1 用 1 备，流量为 $Q=85m^3/h$，扬程 $H=18m$，功率 $N=11kW$，配套控制柜、检修平台、阀门、管件等。

集水池体积不小于最大单台水泵 5min 水量，5min 水泵水量为

$85/60×5=7.08m^3$

选用泵站直径为 2.0m，有效水深为 3m，集水池体积为

$3.14/4×2×2×3=9.42m^3$

$9.42m^3＞7.08m^3$。

一体化预制泵站如图 7-26 所示，进水水管管底标高为 $-5.400m$，进水管直径为 $DN800$，充满度为 0.50，最高水位为 $-5.000m$，池底水位为 $-8.000m$，检修平台为 $-4.000m$，出水口管底标高为 $-2.200m$。污水首先进入提篮格栅，防

止大的杂物堵塞水泵，格栅可以提升至地面。水泵采用耦合式潜污泵，可提升至地面进行维护。

7-7 一体化预制
泵站工艺动画

图 7-26　一体化预制泵站工艺图

注：图中所示各部件见表 7-10 所列

各部件规格数量与材质　　　　　　　　表 7-10

序号	名称	规格型号	数量	材质	备注
1	泵站筒体	φ2000×8000	1	GRP	缠绕
2	防积淤底座	φ2000	1	GRP	
3	通气管	φ150	1	SS304	
4	爬梯		1	SS304	
5	井盖		2	压花铝盖	
6	提篮格栅		1	SS304	
7	格栅导轨		1	SS304	
8	潜污泵		2	铸铁	

续表

序号	名称	规格型号	数量	材质	备注
9	耦合		2	铸铁	
10	泵导轨		2	SS304	
11	检修平台		1	SS304	
12	闸阀	DN100	2		
13	止回阀	DN100	2		
14	压力管道	DN100	2	SS304	
15	压力传感器及保护管	DN50	1	SS304	
16	出水管	DN200	1	SS304	
17	进水管	DN800	1	玻璃钢	
18	控制柜		1	SS304	
19	软连接		2		进水管软连接

思 考 题 与 习 题

1. 污水泵站主要由哪几部分组成？各部分的作用是什么？
2. 如何确定污水泵站、雨水泵站、合流泵站集水池的容积？
3. 污水泵站结构上有哪些特点？
4. 污水泵站内有哪些辅助设备？
5. 污水泵房内部高程如何确定？
6. 污水泵房水泵吸、压水管路布置要求是什么？
7. 雨水泵站集水池形状尺寸设计及吸水口布置有哪些要求？
8. 雨水泵站组成部分有哪些？
9. 雨水泵站的结构特点有哪些？
10. 如何进行污水、雨水泵站工艺设计？

知 识 拓 展

一体化预制泵站在我国不断刷新建设新纪录！

日前，2017年4月廊坊经济技术开发区和上海某公司，就直径6.5m一体化提升泵站项目进行签约，宣布一体化预制泵站项目正式启动。廊坊6.5m直径超大型一体化泵站意义重大、影响深远。项目建成后，可有效解决汛期排涝难题，实现泵站无人值守，为居民生活提供便利和保障。该项目泵站日排水量分别为26万t和31.4万t，是大直径的一体化预制泵站，也是当时世界最大直径、最大排量的一体化预制泵站。

此项目采用智能一体化预制泵站，配套采用3台132kW潜水轴流泵作为泵站排水主泵，占地面积小，建设周期短，大大节省了建设投资。

2018年10月，青岛某环保科技有限公司成功签约一体化预制泵站项目，该项目坐落于山东省德州禹城市，项目由7座泵站组成泵站群，其每日总流量共

139.536 万 t，其中每天单井筒排水量分别为 51.84 万 t、34.56 万 t、25.92 万 t、25.92 万 t、0.72 万 t、0.288 万 t、0.288 万 t，井筒直径分别为 $\phi 7.5 \times 11m$、$\phi 6.5 \times 11.4m$、$\phi 6.5 \times 10.35m$、$\phi 6.5 \times 7.55m$、$\phi 3 \times 7.85m$、$\phi 2 \times 7.1m$、$\phi 2 \times 8m$。

目前亚洲地区及国内已运行的预制泵站中，井筒的最大直径仅为 6.5m，禹城市预制泵站群项目中的西粮库雨水泵站，其井筒直径达到了惊人的 7.5m 直径。

给水泵站设计任务书示例

1. 设计任务

某省某中小城市新建给水处理厂，以满足城市用水需要。现根据有关部门批准的任务设计书，委托进行送水泵站（二级泵站）工艺设计。

2. 设计依据

Ⅰ 泵站最高日供水量（　）

（1）一级供水，每小时供水量为设计用水量的（　）%；

（2）二级供水，每小时供水量为设计用水量的（　）%。

Ⅱ 消防供水量

同一时间内火灾的次数为 2 次；一次灭火用水量为 20L/s。

Ⅲ 扬程

（1）一级供水时所需扬程为（　）m；

（2）二级供水时所需扬程为（　）m；

（3）消防时所需扬程为（　）m。

Ⅳ 地面标高

（1）泵站吸水井最低水位标高为（　）m；

（2）泵站处的地面标高为（　）m。

Ⅴ 气象与水文资料

最高气温为 30℃，最低气温为 −30℃；最大冻土深度为 −2.0m；地下水位为 −5.0m。

3. 设计工作量

设计说明书与计算书；绘制 1 号图纸一张，包括泵站平面布置图（1∶100）；纵剖面图（1∶100）；横剖面图（1∶100）；主要设备材料表和设计施工说明等。

4. 设计要求

必须独立完成设计；图面要整洁，字迹要工整，表达要正确；图纸一律用铅笔或 CAD 绘制；设计日期＿年＿月＿日至＿年＿月＿日。

5. 设计资料

（1）气象资料；

（2）水文地质资料；

（3）泵站站址 1/500～1/200 地形图；

（4）站址的工程地质资料；

（5）电源位置、电压等级等；

（6）与泵站有关的给水构筑物的位置和标高；

（7）水泵、电动机、管件和附属设备样本和标准图。

7-8 给水泵站
设计任务书

6. 参考资料及参考图

(1)《水泵与水泵站》教材；

(2) 给水排水设计手册；

(3) 给水排水国家标准图集；

(4)《室外给水设计标准》GB 50013；

(5) 有关参考图资料及工程实例。

附　　录

附录1　IS单级单吸离心泵

1. IS泵的用途及型号意义

IS型泵适用于工矿、企业城市给水排水和农田排灌。供输送防腐或物理及化学性质类似硝酸，醋酸的其他液体之用，温度不高于80℃。

IS型系列性能范围（按设计点计）：

转　　速：2900r/min和1450r/min

进口直径：50～200mm

流　　量：6.3～400m³/h

扬　　程：5～125m

例：IS 80 - 65 - 160

叶轮名义直径(mm)

排出口直径(mm)

吸入口直径(mm)

单级单吸清水离心泵

2. IS泵性能（附表1-1）

IS型单级单吸轴向吸入离心泵规格和性能　　　　　附表1-1

型号	转速	流量	扬程	效率	电动机功率	必需气蚀余量	质量
	r/min	m³/h	m	%	kW	m	kg
IS50-32-125	2900	7.5	22	47	2.2	2	32
		12.5	20	60		2	
		15	18.5	60		2	
IS50-32-125A	2900	7	20	46	1.5	2	32
		11.8	18	58		2	
		14	16.5	58		2.5	
IS50-32-125B	2900	6.5	17	44	1.1	2	32
		11	15.5	56		2	
		13	14.5	56		2.5	
IS50-32-160	2900	7.5	34.3	44	3	2	37
		12.5	32	54		2	
		15	29.6	56		2.5	
	1450	3.75	8.5	35	0.55	2	
		6.3	8	48		2	
		7.5	7.5	49		2.5	

续表

型号	转速	流量	扬程	效率	电动机功率	必需气蚀余量	质量
	r/min	m³/h	m	%	kW	m	kg
IS50-32-160A	2900	7.1	31	44	2.2	2	37
		12	28.5	53		2	
		14.2	27	56		2.5	
IS50-32-160B	2900	6.3	23	42	1.5	2	37
		10.5	22	51		2	
		12.5	20	54		2.5	
IS50-32-200	2900	7.5	52.5	38	5.5	2	41
		12.5	50	48		2	
		15	48	51		2.5	
	1450	3.75	13.1	33	0.75	2	
		6.3	12.5	42		2	
		7.5	12	44		2.5	
IS50-32-200A	2900	7	45.5	36	4	2	41
		11.5	43.5	46		2	
		14	41.5	49		2.5	
	1450	3.4	11	31	0.55	2	
		5.8	10.5	40		2	
		6.9	10	42		2.5	
IS50-32-200B	2900	6.3	39	34	3	2	41
		10.5	37	44		2	
		12	36	41		2.5	
IS50-32-250A	1450	3.4	17	21	1.1	2	72
		5.6	16.5	30		2	
		6.8	16	33		2.5	
IS50-32-250B	2900	6.4	59	25	5.5	2	72
		10.5	58	34		2	
		12.4	54	37		2.5	
IS65-50-125	2900	15	21.8	58	3	2	34
		25	20	69		2.5	
		30	18.5	68		3	
	1450	7.5	5.35	53	0.55	2	
		12.5	5	64		2.5	
		15	4.7	65		3	
IS65-50-125A	2900	13.8	18.5	56	2.2	2	34
		23	17	67		2.5	
		27.5	15.7	66		3	

237

续表

型号	转速	流量	扬程	效率	电动机功率	必需气蚀余量	质量
	r/min	m³/h	m	%	kW	m	kg
IS50-50-125B	2900	12.7	15.6	54	1.5	2	34
		21	14.3	65		2.5	
		25.4	13	64		3	
IS65-50-160	2900	15	35	54	5.5	2	40
		25	32	65		2	
		30	30	66		2.5	
	1450	7.5	8.8	50	0.75	2	
		12.5	8	60		2	
		15	7.2	60		2.5	
IS65-50-160A	2900	14	30	52	4	2	40
		23	27	63		2	
		28	25	64		2.5	
IS65-50-160B	2900	13	27.5	50	3	2	40
		22	25	61		2	
		26	23	62		2.5	
IS65-40-200	2900	15	53	49	7.5	2	43
		25	50	60		2	
		30	47	61		2.5	
	1450	7.5	13.2	43	1.1	2	
		12.5	12.5	55		2	
		15	11.8	57		2.5	
IS50-32-250	2900	7.5	82	28.5	11	2	72
		12.5	80	38		2	
		15	78.5	41		2.5	
	1450	3.75	20.5	23	1.5	2	
		6.3	20	32		2	
		7.5	19.5	35		2.5	
IS50-32-250A	2900	6.8	68	27	7.5	2	72
		11.5	67	36		2	
		13.6	65	39		2.5	
IS65-40-250	2900	15	82	37	15	2	74
		25	80	50		2	
		30	78	53		2.5	
	1450	7.5	21	35	2.2	2	
		12.5	20	46		2	
		15	19.4	48		2.5	

续表

型号	转速	流量	扬程	效率	电动机功率	必需气蚀余量	质量
	r/min	m³/h	m	%	kW	m	kg
IS65-40-250A	2900	13.8	70	35	11	2	74
		23.2	69	48		2	
		27.5	65.5	51		2.5	
IS65-40-250B	2900	12	54.5	33	7.5	2	74
		20.4	53	46		2	
		24.5	51.5	49		2.5	
IS65-40-315	2900	15	127	28	30	2.5	82
		25	125	40		2.5	
		30	123	44		3	
	1450	7.5	32.3	25	4	2.5	
		12.5	32	37		2.5	
		15	31.7	41		3	
IS65-40-315A	2900	14	113.5	26	122	2.5	82
		23.7	112	38		2.5	
		28.4	110	42		3	
IS65-40-315B	2900	13	97.5	24	18.5	2.5	82
		22	96	36		2.5	
		26	94	40		3	
IS80-65-125	2900	30	22.5	64	5.5	3	36
		50	20	75		3	
		60	18	74		3.5	
	1450	15	5.6	55	0.75	2.5	
		25	5	71		2.5	
		30	4.5	72		3	
IS50-32-200A	2900	13.7	44	47	5.5	2	43
		22.8	42	58		2	
		27.4	39	59		2.5	
	1450	6.9	11.3	41	0.75	2	
		11.5	10.5	53		2	
		13.3	9.3	55		2.5	
IS65-40-200B	2900	12	35	45	4	2	43
		20	33	56		2	
		24	31	57		2.5	
IS80-65-160A	1450	14	8	53	1.1	2.5	42
		23.4	7	67		2.5	
		28	6	66		3	

续表

型号	转速	流量	扬程	效率	电动机功率	必需气蚀余量	质量
	r/min	m³/h	m	%	kW	m	kg
IS80-65-160B	2900	25	26	57	4	2	42
		42	23	69		2	
		50	20	68		3	
IS80-50-200	2900	30	53	55	15	2.5	45
		50	50	69		2.5	
		60	47	71		3	
	1450	15	13.2	51	2.2	2.5	
		25	12.5	65		2.5	
		30	11.8	67		3	
IS80-50-200A	2900	28	47.5	53	11	2.5	45
		47	44.5	67		2.5	
		56	42	69		3	
	1450	14	11.5	49	1.5	2.5	
		23.4	11	63		2.5	
		28.5	10.5	65		3	
IS80-50-200B	2900	25.5	38	51	7.5	2.5	45
		42.5	36	65		2.5	
		50	33	67		3	
	1450	12.5	9.5	47	1.1	2.5	
		21.2	9	61		2.5	
		25.5	8.5	63		3	
IS65-50-250	2900	30	84	52	22	2.5	78
		50	80	63		2.5	
		60	75	64		3	
	1450	15	21	49	3	2.5	
		25	20	60		2.5	
		30	18.8	61		3	
IS80-65-125A	2900	28.5	20	62	4	3	36
		47.4	18	73		3	
		57	16	72		3.5	
IS80-65-125B	2900	26	17	60	3	3	36
		43.3	15	71		3	
		51	13	70		3.5	
IS80-65-160	2900	30	36	61	7.5	2.5	43
		50	32	73		2.5	
		60	29	72		3	
	1450	15	9	55	1.5	2.5	
		25	8	69		2.5	
		30	7.2	68		3	

续表

型号	转速	流量	扬程	效率	电动机功率	必需气蚀余量	质量
	r/min	m³/h	m	%	kW	m	kg
IS80-65-160A	2900	28	32	59	5.5	2	42
		47	28	71		2	
		56	25	70		3	
IS80-50-315B	2900	25	89	37	22	2.5	87
		41.5	87	50		2.5	
		50	85	53		3	
IS100-80-125	2900	60	24	67	11	4	42
		100	20	78		4.5	
		120	16.5	74		5	
	1450	30	6	64	1.5	2.5	
		50	5	75		2.5	
		60	4	71		3	
IS100-80-125A	2900	57	21.5	65	7.5	4	42
		95	18	76		4.5	
		114	14.5	72		3	
IS100-80-125B	2900	51.5	17.5	63	5.5	4	42
		86.6	15	74		4.5	
		103	12	70		5	
IS80-50-250A	2900	28	75	50	18.5	2.5	78
		47.4	72	61		2.5	
		56.5	67	62		3	
IS80-50-250B	2900	26	65	48	15	2.5	78
		44	62	59		2.5	
		52	57	60		3	
IS80-50-315	2900	30	128	41	37	2.5	87
		50	125	54		2.5	
		60	123	57		3	
	1450	15	32.5	39	5.5	2.5	
		25	32	52		2.5	
		30	31.5	56		3	
IS80-50-315A	2900	27.5	110	39	30	2.5	87
		46	107	52		2.5	
		55.5	106	55		3	
IS100-65-200B	2900	52	41	61	15	3	71
		86.6	38	72		3.6	
		104	35.5	73		4.8	
	1450	26	10	56	2.2	2	
		43.3	9.5	69		2	
		52	9	70		2.5	

续表

型号	转速	流量	扬程	效率	电动机功率	必需气蚀余量	质量
	r/min	m³/h	m	%	kW	m	kg
IS100-65-250	2900	60	87	61	3.7	3.5	84
		100	80	72		3.8	
		120	74.5	73		4.8	
	1450	30	21.3	55	5.5	2	
		50	20	68		2	
		60	19	70		2.5	
IS100-65-250A	2900	56	76	59	30	3.5	84
		93.5	70	70		3.5	
		112	65	71		4.8	
IS100-80-160	2900	60	36	70	15	3.5	60
		100	32	70		4	
		120	28	75		5	
	1450	30	9.2	67	2.2	2	
		50	8	75		2.5	
		60	6.8	71		3.5	
IS100-80-160A	2900	56	31	67	11	3.4	60
		93	27	74		3.6	
		112	24	72		4.5	
	1450	27.5	8	65	1.5	2	
		45	6.5	73		2.5	
		55.5	5.8	69		3.5	
IS100-80-160B	2900	49	24	65	7.5	3.4	60
		82	21	72		3.6	
		98	18.5	70		4.5	
	1450	24.5	6	63	1.1	2	
		41	5	71		2.5	
		49	4.5	67		3.6	
IS100-65-200	2900	60	54	65	22	3	71
		100	50	76		3.6	
		120	47	77		4.8	
	1450	30	13.5	60	4	2	
		50	12.5	73		2	
		60	11.8	74		2.5	
IS100-65-200A	2900	56.5	48	63	18.5	3	71
		94.6	44.7	74		3.6	
		113	42	75		4.8	
	1450	28	12	58	3	2	
		47.0	11	71		2	
		56.5	10.5	72		2.5	

续表

型号	转速	流量	扬程	效率	电动机功率	必需气蚀余量	质量
	r/min	m³/h	m	%	kW	m	kg
IS125-100-200B	1450	52	11	58	4	2.5	
		86.5	9.5	72		2.5	
		104	8	71		3	
IS125-100-250	2900	120	87	66	75	3.8	
		200	80	78		4.2	
		240	72	75		5	
	1450	60	21.5	63	11	2.5	
		100	20	76		2.5	
		120	18.5	77		3	
IS100-65-250B	2900	51	64	57	22	3.5	84
		86	59	68		3.8	
		102	54	69		4.8	
IS100-65-315	2900	60	133	55	75	3	100
		100	125	66		3.6	
		120	118	67		4.2	
	1450	30	34	51	11	2	
		50	32	63		2	
		60	30	64		2.5	
IS100-65-315A	2900	56	115	63	55	2.8	100
		93	109	64		3.2	
		112	102	65		3.8	
IS100-65-315B	2900	52.6	103	51	45	2.8	100
		88	97	62		3.2	
		105	91	63		3.8	
IS125-100-200	2900	120	57.5	67	45	4.5	
		200	50	81		4.5	
		240	44.5	80		5	
	1450	60	14.5	62	7.5	2.5	
		100	12.5	76		2.5	
		120	11	75		3	
IS125-100-200A	2900	111	50	65	37	4.5	
		186	43	79		4.5	
		223	38	78		5	
	1450	55.5	12.5	60	5.5	2.5	
		93.5	11	74		2.5	
		111	9.5	73		3	

243

续表

型号	转速	流量	扬程	效率	电动机功率	必需气蚀余量	质量
	r/min	m³/h	m	%	kW	m	kg
IS125-100-200B	2900	104	43.5	63	30	4.5	
		174	38	77		4.5	
		209	33.5	76		5	
IS150-125-250	1450	120	22.5	71	18.5	3	120
		200	20	81		3	
		240	17.5	78		3.5	
IS150-125-250A	1450	112	19.5	69	15	3	120
		187	17.5	79		3	
		224	115	76		3.5	
IS150-125-250B	2900	100	15.5	67	11	3	120
		167	14	77		3	
		200	12	74		3.5	
IS125-100-250A	2900	112	75	64	55	3.2	
		186	69	76		3.7	
		223	62	73		4.5	
IS125-100-250B	2900	104	65	62	45	3	
		173	60	74		3.5	
		208	54	71		4.2	
IS125-100-315	2900	120	132.5	60	110	4	
		200	125	75		4.5	
		240	120	77		5.0	
	1450	60	33.5	58	15	2.5	
		100	32	73		2.5	
		120	30.5	74		3	
IS125-100-315A	2900	111	115	58	90	4	
		186	108	73		4.5	
		223	104	75		5.0	
IS125-100-315B	2900	104	100	56	75	4	
		174	95	71		4.5	
		209	91	73		5	
IS125-100-315C	2900	160	80	69	55	4	
						4.5	
						5	
IS125-100-400	1450	60	52	53	30	2.5	
		100	50	65		2.5	
		120	48.5	67		3	

续表

型号	转速	流量	扬程	效率	电动机功率	必需气蚀余量	质量
	r/min	m³/h	m	%	kW	m	kg
IS200-150-315A	1450	224	32.5	68	45	3	190
		374	28	81		3.5	
		430	25	78		4	
IS200-150-315B	1450	208	27.5	66	37	3	190
		346	24	79		3.5	
		400	21.5	76		4	
IS200-150-400	1450	240	55	74	90	3	215
		400	50	81		3.8	
		460	45	76		4.5	
IS150-125-315	1450	120	34	70	30	2.5	140
		200	32	79		2.5	
		240	29	80		3	
IS150-125-315A	1450	112	29	68	22	2.5	140
		187	28	77		2.5	
		224	25	78		3	
IS150-125-315B	1450	104	25	66	18.5	2.5	140
		173	24	75		2.5	
		208	21.5	76		3	
IS150-125-400	1450	120	53	62	45	2	60
		200	50	75		2.8	
		240	46	74		3.5	
IS200-150-250	1450	240	23	76	37	3	160
		400	20	82		3.7	
		460	15.5	79		4.2	
IS200-150-250A	1450	225	20	74	30	3	160
		374	17.5	80		3.6	
		448	14	77		4.0	
IS200-150-250B	1450	207	17	72	22	3	160
		346	15	78		3.5	
		400	11.5	75		4.0	
IS200-150-315	1450	240	37	70	55	3	190
		400	32	83		3.5	
		460	28.5	80		4	

续表

型号	转速	流量	扬程	效率	电动机功率	必需气蚀余量	质量
	r/min	m³/h	m	%	kW	m	kg
IS200-150-400A	1450	226	48.5	72	75	3.2	215
		376	44	79		4	
		433	40	74		4.5	
IS200-150-400B	1450	209	42	70	55	3.5	215
		349	38	77		4	
		400	34	72		4.5	

3. IS 泵外形及安装尺寸

IS 泵外形尺寸见附图 1-1 和附表 1-2。

IS 泵安装尺寸见附图 1-2 和附表 1-3。

附图 1-1　IS 型泵外形尺寸图

附图 1-2　IS 型泵安装尺寸图

IS型泵外形尺寸表

附表 1-2

泵型号	泵体(mm)				泵脚座(mm)												轴身(mm)		吸入法兰(mm)			排出法兰(mm)		
	a	f	h_1	h_2	b	m_1	m_2	m_3	m_4	n_1	n_2	n_3	n_4	w	S_1	S_2	d	I	D_{g1}	D_1	$n\text{-}d_1$	D_{g2}	D_2	$n\text{-}d_2$
IS50-32-125	80	385	112	140	50	100	70	22	60	190	140	110	145	285	M12	M12	24	50	50	125	4-17.5	32	100	4-17.5
IS50-32-160	80	385	132	160	50	100	70	22	60	240	190	110	145	285	M12	M12	24	50	50	125	4-17.5	32	100	4-17.5
IS50-32-200	80	385	160	180	50	100	70	22	60	240	190	110	145	285	M12	M12	24	50	50	125	4-17.5	32	100	4-17.5
IS50-32-250	100	500	180	225	65	125	95	23	65	320	250	110	145	370	M12	M12	32	80	50	125	4-17.5	32	100	4-17.5
IS65-50-125	80	385	112	140	50	100	70	22	60	210	160	110	145	285	M12	M12	24	50	65	145	4-17.5	50	125	4-17.5
IS65-50-160	80	385	132	160	50	100	70	22	60	240	190	110	145	285	M12	M12	24	50	65	145	4-17.5	50	125	4-17.5
IS65-40-200	100	385	160	180	50	100	70	22	60	265	212	110	145	285	M12	M12	24	50	65	145	4-17.5	40	110	4-17.5
IS65-40-250	100	385	180	225	50	100	70	22	60	320	250	110	145	285	M12	M12	24	50	65	145	4-17.5	40	110	4-17.5
IS65-40-315	125	500	200	250	65	125	95	23	65	345	280	110	145	370	M12	M12	32	80	65	145	4-17.5	40	110	4-17.5
IS80-65-125	100	385	132	160	50	100	70	22	60	240	190	110	145	285	M12	M12	24	50	80	160	8-17.5	65	145	4-17.5
IS80-65-160	100	385	160	180	50	100	70	22	60	265	212	110	145	285	M12	M12	24	50	80	160	8-17.5	65	145	4-17.5
IS80-50-200	100	385	180	200	50	100	70	22	60	320	250	110	145	285	M12	M12	24	50	80	160	8-17.5	50	125	4-17.5
IS80-50-250	125	500	200	225	65	125	95	23	65	345	280	110	145	370	M12	M12	32	80	80	160	8-17.5	50	125	4-17.5
IS80-50-315	125	500	225	280	65	125	95	23	65	345	280	110	145	370	M12	M12	32	80	80	160	8-17.5	50	125	4-17.5

续表

泵型号	泵体(mm) a	f	h_1	h_2	泵脚座(mm) b	m_1	m_2	m_3	m_4	n_1	n_2	n_3	n_4	w	S_1	S_2	轴身(mm) d	I	吸入法兰(mm) D_{t1}	D_1	$n\times d_1$	排出法兰(mm) D_{t2}	D_2	$n\times d_2$
IS100-80-125	100	385	160	180	65	125	95	22	60	280	212			285	M12		24	50	100	180	4-17.5	80	160	8-17.5
IS100-80-160	100	385	180	200	65	125	95	22	60	280	212			285	M12	M12	32	80	100	180	4-17.5	80	160	8-17.5
IS100-65-200	125	500	200	225	80	160	120	23	65	320	250	110	145	370	M12	M12	32	80	100	180	4-17.5	65	145	8-17.5
IS100-65-250	125	500	225	250	80	160	120	23	65	360	280	110	145	370	M16	M12	42	110	100	180	4-17.5	65	145	8-17.5
IS100-65-315	125	530	225	280	80	160	120	25	65	400	315	110	145	370	M16	M12	42	110	100	180	4-17.5	65	145	8-17.5
IS125-100-200	125	500	200	280	80	160	120	23	65	360	280	110	145	370	M16	M12	32	80	125	210	8-17.5	100	180	8-17.5
IS125-100-250	125	500	225	315	80	160	120	23	65	400	315	110	145	370	M16	M12	32	80	125	210	8-17.5	100	180	8-17.5
IS125-100-315	125	530	250	315	100	200	150	25	65	500	400	110	145	370	M16	M12	42	110	125	210	8-17.5	100	180	8-17.5
IS125-100-400	125	530	280	355	100	200	150	25	65	500	400	110	145	370	M20	M12	42	110	125	210	8-17.5	100	180	8-17.5
IS150-125-250	140	530	250	355	80	160	120	25	65	400	315	110	145	370	M16	M12	42	110	150	240	8-22	125	210	8-17.5
IS150-125-315	140	530	280	400	100	200	150	25	65	500	400	110	145	370	M16	M12	42	110	150	240	8-22	125	210	8-17.5
IS150-125-400	140	530	315	375	100	200	150	25	65	500	400	110	145	370	M16	M12	42	110	150	240	8-22	125	210	8-17.5
IS200-150-250	160	670	280	400	100	200	150	36	80	550	450	140	200	500	M20	M16	48	110	200	295	12-22	150	240	8-22
IS200-150-315	160	670	315	450	100	200	150	36	80	550	450	140	200	500	M20	M16	48	110	200	295	12-22	150	240	8-22
IS200-150-400	160	670	315	450	100	200	150	36	80	550	450	140	200	500	M20	M16	48	110	200	295	12-22	150	240	8-22

IS 型泵外形及安装尺寸表　　　　　　附表 1-3

泵型号	电动机型号及功率(kW)	外形及安装尺寸(mm)																		
		a	A	L_1	L_2	L_3	L_4	L_5	B_1	B_2	B_3	$4-d$	H	H_1	H_2	H_3	X	D	D_1	$n-d_1$
IS50-32-125	Y802-2/1.1	80	80	760	150	420	285	766	150	360	320	18.5	172	312	252	100	16	50	125	4-17.5
	Y90S-2/1.5				170	450	310	791	155	390	350				272					
	Y90L-2/2.2						335	816												
IS50-32-160	Y801-4/0.55	80	80	720	150	420	285	766	150	360	320	18.5	192	352	282	100	16	50	125	4-17.5
	Y90S-2/1.5						310	791	155	390	350	18.5			292					
	Y90L-2/2.2			800	170	450	335	816												
	Y100L-2/3						380	861	180						337					
IS50-32-200	Y801-4/0.55	80	80	720	150	420	285	766	150	360	320	18.5	220	400	310	100	17	50	125	4-17.5
	Y802-4/0.75																			
	Y100L-2/3			800	170	450	380	861	180	390	350				365					
	Y112M-2/4		107	870	190	500	400	881	190	450	400	24	240	420	393					
	Y132S1-2/5.5		90				475	956	210						323					
IS50-32-250	Y90S-4/1.1	100	95	900	190	500	335	952	155	450	400	24	260	485	360	100	16	50	125	4-17.5
	Y90L-4/1.5																			
	Y132S1-2/5.5			1120	210	750	475	1092	210	490	440				443					
	Y132S2-2/7.5																			
	Y160M1-2/11				225	710	600	1217	255	540	490				485					
IS65-50-125	Y801-4/0.55	80	80	720	150	420	285	766	150	360	320	18.5	172	312	262	105	16	65	145	4-17.5
	Y90S-2/1.5						310	791	155	390	350				297					
	Y90L-2/2.2			800	170	450	335	816												
	Y100L-2/3						380	861	180						317					
IS65-50-160	Y802-4/0.75	80	80	720	150	420	285	766	150	360	320	18.5	192	352	282	105	16	65	145	4-17.5
	Y100L-2/3			800	170	450	380	861	180	390	350				337					
	Y112M-2/4		107	870	190	500	400	881	190	450	400	24	212	372	365					
	Y132S1-2/5.5		90				475	956	210						395					
IS65-40-200	Y802-4/0.75		95	780	170	450	285	786	150	390	350	18.5	220	400	310	105	17	65	145	4-17.5
	Y90S-4/1.1						310	811	155						320					
	Y112M-2/4	100	107				400	901	190						393					
	Y132S1-2/5.5		90	870	190	500				450	400	24	240	420						
	Y132S-2/7.5						475	976	210						423					
IS65-40-250	Y100L1-4/2.2		95	930	190	500	380	997	180	450	400				405	105	17	65	145	4-17.5
	Y132S2-2/7.5	100	100				475	1092	210			24	260	485	443					
	Y160M1-2/11			1120	225	710				540	490				485					
	Y160M2-2/15		95				600	1217	255											
IS65-40-315	Y112M-4/4		95	940	210	550	400	1045	190	490	440	24	280	530	433	105	20	65	145	4-17.5
	Y160L-2/18.5	125	125				645	1290	255						525					
	Y180M-2/22		120	1255	250	760	670	1315	285	610	550	28	300	550	550					
	Y200L1-2/30		110				775	1420	310						575					
IS80-65-125	Y802-4/0.75	100	80	720	150	420	285	766	150	360	320	18.5	192	352	282	110	16	80	160	8-17.5

续表

泵型号	电动机型号及功率(kW)	a	A	L₁	L₂	L₃	L₄	L₅	B₁	B₂	B₃	4-d	H	H₁	H₂	H₃	X	D	D₁	n-d₁
IS80-65-125	Y100L-2/3		107				380	881	180						357					
	Y112M-2/4	100	107	870	190	500	400	901	190	450	400	24	212	372	365	110	16	80	160	8-17.5
	Y132S1-2/5.5		90				475	976	210							395					
IS80-65-160	Y90S-4/1.1		95	780	170	450	310	811	155	390	350	18.5	220	400	320					
	Y90L-4/1.5						335	836												
	Y112M-2/4	100					400	901	190						393	110	16	80	160	8-17.5
	Y132S1-2/5.5		90	870	190	500	475	976	210	450	400	24	240	420	423					
	Y132S-2/7.5																			
IS80-50-200	Y90S-4/1.1		80	800	170	450	310	811	155	390	350	18.5	220	420	320		16			
	Y90L-4/1.5						335	836												
	Y100L1-4/2.2	100					380	881	180						465	120		80	160	8-17.5
	Y132S2-2/7.5		105				475	977	210						423					
	Y160M1-2/11		95	990	210	550				490	440	24	240	440			17			
	Y160M2-2/15						600	1102	255						465					
IS80-50-250	Y100L2-4/3			930	190	550	380	1022	180	450	400				405		17			
	Y160M2-2/15	125	95				600	1245	255			24	260	485	465	120	20	80	160	8-17.5
	Y160L-2/18.5			1160	225	710	645	1290		540	490									
	Y180M-2/22						670	1315	285						510					
IS80-50-315	Y132S-4/5.5			970	210	550	475	1117	210	490	440	24	305	585	488		17			
	Y180M-2/22	125	95				670	1317	285						575	120		80	160	8-17.5
	Y200L1-2/30			1240	250	760				610	550	28	220	605	600		22			
	Y200L2-2/37						775	1422	310											
IS100-80-125	Y90L-4/1.5			780	170	450	335	836	155	390	350	18.5	220	400	320		16			
	Y132S1-2/5.5	100	95	990	190	500	475	977	210	490	400	24	240	420	423	120	17	100	180	8-17.5
	Y132S2-2/7.5																			
	Y160M1-2/11				210	550	600	1102	255		440				465					
IS100-80-160	Y90S-4/1.1			930	190	500	310	927	155	450	400				340					
	Y90L-4/1.5						335	952												
	Y100L1-4/2.2	100	95				380	997	180			24	240	440	385	120	17	100	180	8-17.5
	Y132S2-2/7.5				210	550	475	1092	210	490	440				423					
	Y160M1-2/11			1160	225	710	600	1217	255	540	490				465					
	Y160M2-2/15																			
IS100-65-200	Y100L1-4/2.2			94-0	210	550	380	997	180	490	440				405		17			
	Y100L2-4/3																			
	Y112M-4/4	100	95				400	1017	190			24	260	485	413	115		100	180	8-17.5
	Y160M2-2/15						600	1217		540	490				485					
	Y160L-2/18.5			1160	225	710	645	1262	255								20			
	Y180M-2/22						670	1287	285						510					
IS100-65-250	Y132S-4/5.5	125	100	1040	210	550	475	1117	210	490	440	24	280	530	463	115	17	100	180	8-17.5

续表

泵型号	电动机型号及功率(kW)	外形及安装尺寸(mm)																		
		a	A	L_1	L_2	L_3	L_4	L_5	B_1	B_2	B_3	$4-d$	H	H_1	H_2	H_3	X	D	D_1	$n-d_1$
IS100-65-250	Y180M-2/22	125	110	1255	250	760	670	1317	285	610	550	28	330	550	550	115	22	100	180	8-17.5
	Y200L1-2/30						775	1422	310						570					
	Y200L2-2/37																			
IS100-65-315	Y160M-4/11	125	110	1160	225	710	600	1277	255	540	490	24	305	585	530	115	22	100	180	8-17.5
	Y225M-2/45			1480	270	800	815	1501	345	660	600				690		31			
	Y250M-2/55				320	900	930	1616	385	730	470	28	385	665	710					
	Y280S-2/75						1000	1686	410						745					
IS125-100-200	Y112M-4/4	125	110	1040	210	550	400	1042	190	490	440	24	280	560	433	150	17	125	210	8-17.5
	Y132S-4/7.5						475	1117	210						463					
	Y132M-4/7.5						515	1157												
	Y200L1-2/30			1280	250	760	775	1422	310	610	550	28	300	580	575		22			
	Y200L2-2/37																			
	Y225M-2/45						815	1462	345						605					
IS25-100-250	Y160M-4/11	140	110	1160	225	710	600	1277	255	540	490	24	305	585	530	150	22	125	210	8-17.5
	Y225M-2/45			1480	320	900	815	1516	345	730	670	28	385	665	690		31			
	Y250M-2/55						930	1613	385						710					
	Y280S-2/75						1000	1701	410						745					
IS125-100-315	Y160L-4/15	140	110	1205	250	760	645	1335	255	610	550	28	350	665	575	150	20	125	210	8-17.5
	Y250M-2/55			1565	320	900	930	1631	385						735		31			
	Y280S-2/75						1000	1701	410	800	740		410	725	770					
	Y280M-2/90						1050	1751												
	Y315S-2/110						1200	1901	530						855					
IS125-100-400	Y200L-4/30	140	130	1300	270	800	775	1467	310	660	600	28	380	735	655	150	22	125	210	8-17.5
IS150-125-250	Y160M-4/11	140	110	1205	250	760	600	1292	255	610	550	28	350	705	570	150	22	150	240	8-22
	Y160L-4/15						645	1337												
	Y180M-4/18.5						670	1362	285						600					
IS150-125-315	Y180M-4/18.5	140	130	1300	270	800	670	1362	285	660	600	28	380	735	635	150	22	150	240	8-22
	Y180L-4/22						710	1402												
	Y200L-4/30						775	1467	310						655					
IS50-125-400	Y225M-4/45	140	130	1370	270	800	845	1546	345	660	600	28	415	815	725	150	31	150	240	8-22
IS200-150-250	Y180L-4/22	160	130	1350	270	800	710	1431	285	660	600	28	380	755	630	150	31	150	240	8-22
	Y200L-4/30						775	1496	310						655					
	Y225S-4/37						820	1541	345						685					
IS200-150-315	Y225S-4/37	160	130	1580	320	90	820	1684	345	730	670	28	415	815	720	180	34	200	295	12-22
	Y225M-4/45						845	1709												
	Y250L-4/55						930	1794	385						740					
IS200-150-400	Y250M-4/55	160	130	1700	320	900	930	1794	385	730	670	28	415	865	640	180	34	200	295	12-22
	Y280S-4/75						1000	1864	410						775					
	Y280M-4/90						1059	1914												

附录2 Sh 单级双吸离心泵

1. Sh 泵性能（附表2-1）

Sh 型双吸离心泵性能   附表 2-1

型号	流量Q		扬程 $H(m)$	转速 $n(r/min)$	泵轴功率 $N(kW)$	配电动机		效率 $\eta(\%)$	允许吸上真空高度 $Hs(m)$	叶轮直径 D (mm)	泵重 (kg)
	m³/h	L/s				功率(kW)	电压(V)				
6Sh-6	126～198	35～55	84～70	2950	40～52.4	55		74～72	5	251	165
6Sh-6A	113～180	31.5～50	67～55	2950	30～38.5	40		68～72	5	223	165
6Sh-9	130～220	36～61	52～35	2950	24.8～31.3	40		67～79.8	5	200	155
6Sh-9A	111.6～180	31～50	43.8～35	2950	18.5～24.5	30		70～75	5	186	155
8Sh-6	180～288	50～80	100～82.5	2950	71.3～86.4	100		69～75	4.5	282	309
8Sh-9	216～351	60～97.5	69～50	2950	55～67.8	75		70.5～79.5	5.3～3	233	242
8Sh-9A	180～324	50～90	54.5～37.5	2950	41～51	55		65～70	3.8～5.5	218	241
8Sh-13	216～342	60～95	48～35	2950	35.6～42.4	55		77～82	5.0～1.8	204	195
8Sh-13A	198～310	55～86	43～31	2950	30.5～34.4	40		76～80	5.2～3.0	193	195
10Sh-6	360～612	100～170	71～56	1470	99.5～126	135		70～76.5	6.6～4.4	460	528
10Sh-6A	342～540	95～150	61～50	1470	72～98	145		75～80	6	430	528
10Sh-9	360～612	100～170	12.5～32.5	1470	55.5～68	75		75～81	6	367	428
10Sh-9A	324～576	90～160	35.5～25	1470	12.5～51	75		74～80	6	338	428
10Sh-13	360～576	100～160	27～19	1470	33.1～36.4	55		80～86	6	296	420
10Sh-13A	342～482	95～134	22.2～17.4	1470	25.8～28	40	380	80～83	6	270	419
10Sh-19	360～576	100～160	17.5～11	1470	21.7～22.7	30		76～82	6	240	405
10Sh-19A	320～504	89～140	13.7～8.6	1470	15.4～15.8	22		75～82	6	224	404
12Sh-6	590～936	164～260	98～82	1470	213～279	300		74～77.5	5.4～3.5	540	857
12Sh-6A	576～918	160～255	86～70	1470	190～246	260		71～74	5.5～3.6	510	857
12Sh-6B	540～900	150～250	72～57	1470	151～200	230		70～73	5.6～3.8	475	857
12Sh-9	576～972	160～270	65～50	1470	127.5～167.5	190		79～83.5	4.5	435	773
12Sh-9A	529～893	147～248	55～42	1470	99.2～131	155		78～83	4.5	402	773
12Sh-9B	504～835	140～232	17.2～37	1470	82.5～108	135		78～82	4.5	378	773
12Sh-13	612～900	170～250	36.4～29.5	1470	75.8～88	100		80～83.5	4.5	352	709
12Sh-13A	551～810	153～225	30～24	1470	56.7～65.8	75		79.3～82.5	4.5	322	709
12Sh-19	612～935	170～260	23～14	1470	47.9～51	55		75～82	4.5	290	478
12Sh-19A	504～900	140～250	20～11.5	1470	34.8～38.2	55		75～82	4.5	265	477
12Sh-28	612～900	170～250	14.5～10	1470	30.3～33	40		74～81	4.5	248	472
12Sh-28A	522～792	145～220	11.8～8.7	1470	23.3～25.5	30		72～77	4.5	225	471

续表

型号	流量 Q		扬程 H(m)	转速 n(r/min)	泵轴功率 N(kW)	配电动机		效率 η(%)	允许吸上真空高度 Hs(m)	叶轮直径 D(mm)	泵重 (kg)
	m³/h	L/s				功率(kW)	电压(V)				
14Sh-6	850～1660	236～461	140～100	1470	462～625	680		70～78	3.5	655	1580
14Sh-6A	803～1570	223～436	125～90	1470	392～562	570		70～68.5	3.5	620	1580
14Sh-6B	745～1458	207～405	108～77	1470	317～470	500		69～74	3.5	575	1580
14Sh-9	972～1440	270～400	80～65	1470	275～323	410		77～80	3.5	500	1200
14Sh-9A	900～1332	250～370	70～56	1470	220～257	300	3000	78～84	3.5	465	1200
14Sh-9B	828～1224	230～340	59～47.5	1470	178～206	260		75～82	3.5	428	1200
14Sh-13	972～1476	270～410	50～37	1470	164～180	230		79～84	3.5	410	1000
14Sh-13A	864～1332	240～370	41～30	1470	121～136	190		80～84	3.5	380	1000
14Sh-19	972～1440	270～400	32～22	1470	99.7～105	125		82～88	3.5	350	898
14Sh-19A	864～1296	240～360	26～16.5	1470	76.5～80	100		73～85	3.5	326	898
14Sh-28	972～1440	270～400	20～13.4	1470	66～71	75	380	74～81	3.5	290	790
14Sh-28A	864～1260	240～350	16～10	1470	50.8～49.0	75		70～78	3.5	270	790
20Sh-6	1450～2300	403～640	107.5～89	970	585～735	850		72.5～79.5	4	860	2513
20Sh-6A	1349～2140	375～595	93～77	970	490～607	650		70～77	3.6	809	2499
20Sh-6B	1746	485	73.7	970	450	520	3000	78	4	745	
20Sh-9	1550～2450	430～680	66～50	970	340～433	520		77～83	4	682	2747
20Sh-9A	1405～2270	390～630	58～42	970	300～360	380		72～75	4	640	2740
20Sh-9B	1763	490	42	970	273	310	6000	74	4	600	2735
20Sh-13	1550～2410	430～670	40～30	970	206～246.5	280		80～88	4	550	2340
20Sh-13A	1870	520	31	970	187	220	380	85	4	510	2330
20Sh-19	1620～2340	450～650	27～15	970	148～137	190		70～82	4	465	1950
20Sh-19A	1296～2010	360～560	23～14	970	111～101	135	8000	73～80	4	427	1946
20Sh-28	1620～2325	450～646	45.2～10	970	87～87.8	115	380	77～80	4	390	1887
24Sh-9	3420	950	71	970	727	780		91	1.3	765	3780
24Sh-9A	3168	880	61	970	585	680	6000	90	2.5	710	3770
24Sh-9B	3852	1070	80	960	933	1250	—	90	1.3	790	4500
24Sh-13	2502～3499	695～972	56～38	970	460～452	550		80～88	2.5	630	3780
24Sh-19	2520～3960	700～1100	37～22	970	295～279	380		85～89	2.5	540	2220
24Sh-19A	2304～3600	640～1000	31.5～20	970	235～231	280		84～85	2.5	500	2220
24Sh-19B	2340～3420	650～950	23.5～18	970	193～210	240	6000	77.5～82.5	2.5	470	
24Sh-19C	2196～3168	610～880	19～13.5	970	149.5～153	185		76～82	2.5	430	
24Sh-28	2340～3420	650～950	23.5～18	970	187～207	220		80～84.5	2.5	450	2480
24Sh-28A	2340～3420	650～950	17.5～13	970	145～154	190		77～82	2.5	415	2180
32Sh-19	1700～6460	1305～1795	35～25.4	730	575～557	625	8000	78～84	3.5	740	4557
32Sh-19A	1550～6250	1260～1735	31～23	730	492～487	500	3000	78～80.4	3.5	715	4548
32Sh-19B	5040	1400	27.6	730	455	500		83.4	—	680	5100

型号	流量 Q		扬程 H(m)	转速 n(r/min)	泵轴功率 N(kW)	配电动机		效率 η(%)	允许吸上真空高度 Hs(m)	叶轮直径 D(mm)	泵重(kg)
	m^3/h	L/s				功率(kW)	电压(V)				
48Sh-22	9000～12500	2500～3472	28.5～23.6	485	874～914	1150	6000	80～88	4.3～3.2	985	13900
48Sh-22A	8500～12000	2360～3340	19.6～14.3	485	564～586	710	3000	80.5～86	4.4～3.4	912	13900
400ShG-41	972～1488	270～330	12.7～39.2	980	134～147	185		34.5～86	7.0	555	
400ShG-41A	828～1116	230～310	38.5～34.5	980	105～120	130	380	82.5～86.5	7.0	520	
400ShG-41B	792～1080	220～300	34～30	980	88.9～102	115		82.5～86.5	7.0	490	

2. Sh 泵外形尺寸及安装尺寸

Sh 泵外形及安装尺寸见附图 2-1、附图 2-2、附表 2-2、附表 2-3。

附图 2-1　Sh 型泵外形及安装尺寸（带底座）

附图 2-2　Sh 型泵外形及安装尺寸（不带底座）

注：泵出口短管长度 $L=L_9$

附表 2-2

Sh 型泵外形及安装尺寸（带底座）

型号	电动机型号	泵外形尺寸(mm)																		安装尺寸(mm)						
		L_1	L_2	L_4	B	B_1	B_3	H	H_1	H_3	H_4	$4\text{-}d$	L	L_7	L_9	L_{10}	L_{11}	L_{12}	L_{13}	B_5	B_6	H_5	H_6	H_7	C	$4\text{-}d$
6Sh-6	JO₂-91-2	697	383	200	530	250	220	480	280	130	165	18	1690	514	1350	163		900	300	375	660	630	120	120	3	25
6Sh-6A																		874			600	560	135	150		
6Sh-9	JO₂-82-2				450	200		456			140		1620	482.5	1300			700	375	510	530	505	120	175	5	
6Sh-9A	JO₂-72-2												1485	414.5	1195						750	630	135	225		25
8Sh-6	JO₂-93-2	839	460	300	750	350	300	600	370	185	200	23	1884	539.5	1585	235		1005	375	510	670	630	120	190	3.5	
8Sh-9	JO₂-92-2	812	445	300	620	270	300	566	350	175	172.5		1855.5	514	1505	210		1000		450						
8Sh-9A	JO₂-91-2							542					1805.5													
8Sh-13	JO₂-91-2	764	420	300	550	250	300	542	350	160	165	23	1758	414.5	1280	209		822	375	460	560	560	—	225	4	25
8Sh-13	Y225M-2	765	416					549					1584	482.5	1370			900								
8Sh-13A	JO₂-82-2	764	420					542					1688	395.5	1266	210		815.5		450	600	475	110	210		30
8Sh-13A	Y200L₂-2	765	416					549					1544	539.5			105									
10Sh-9	JO₂-92-4	971	540	360	890	440	480	750	440	200	260	27	2015	514	1665	259		1060	300	480	560	630	—	250	4	25
10Sh-9A	JO₂-91-4	988.5	520	380	850	400		754				25	1982.5	444.5	1635	242					750	530	130	290		
10Sh-13	JO₂-91-4	941	510	380	850	400	480	723	440	230	230	25	1935	482.5	1665	259		1060	300	750	612	560	—	335	4	23
10Sh-13	Y225M-4	964	531					728					1813	432	1510	267		979.5		765	790	530	135	325		
10Sh-13A	JO₂-82-4	941	510	380				723					1865	414.5	1600	280		1000		790	612	560	135	335		25
10Sh-13A	Y225S-4	964	531					728					1788	402	1510	267		979.5		765		530				23
10Sh-19	JO₂-72-4	904	490	350	750	350	350	667	400	200	240	18	1693		1395	240		950	300	580	580	505	130	305	4	
10Sh-19A	JO₂-71-4												1668													
12Sh-13	JO₂-93-4	1190	650	520	1040	500	600	850	520	275	305	41	2234	539.5	1890	361		1200	300	930	720	630	150	390	4	25

续表

型号	电动机型号	泵外形尺寸（mm）											安装尺寸（mm）													
		L_1	L_2	B	B_1	B_3	H	H_1	H_3	H_4	4-d	L	L_7	L_9	L_{10}	L_{11}	L_{12}	L_{13}	B_5	B_6	H_5	H_6	H_7	C	4-d
12Sh-13	Y280M-4	1209	662	1040	500	600	854	520	275	305	25	2263	529.5	1949	380	—	1200	300	910	752	640	—	390	4	23
12Sh-13A	JO₂-92-4	1190	650				850				41	2234		1890	361				930	720	630	150			25
12Sh-13A	Y280S-4	1209	662				854				25	2213		1949	380				910	752	640	—			23
12Sh-19	JO₂-91-4	1000	540	1000			826		250	230	25	1994	514	1725	359		1060		930	720	630	—	370		25
12Sh-19A																									
12Sh-28	JO₂-82-4											1924	482.5	1676			1030			655	560	130	400		
12Sh-28A	JO₂-72-4											1789	414.5	1575			1000			590	505		425		
14Sh-19A	JO₂-93-4	1252	680	1100	550	560	927	560	300	310	30	2296		1910			1060	300	870	870	630	170	450		
14Sh-28	JO₂-92-4	1182	645				889		250	300	23	2226	539.5		337										
14Sh-28A																									

附表 2-3

Sh 型泵外形及安装尺寸（不带底座）

型号	电动机型号	泵外形尺寸（mm）												安装尺寸（mm）									
		L_1	L_2	L_4	B	B_1	B_3	H	H_1	H_3	H_4	4-d	L	L_6	L_7	L_8	L_9	B_5	b	H_5	H_8	C	4-d_1
8Sh-13	Y225M-2	765	416	300	550	250	300	549	350	160	165	23	1584	529	414.5	311	375	375	356	530	225	4	19
8Sh-13A	Y200L₂-2	765	416	300	550	250	300	549	350	160	165	23	1544	513	395.5	305			318	475	200	4	19
10Sh-6	JS-1115-4	1121	618	320	900	480	480	837	480	240	300	25	2405	922	755	590	500	500	620	860	375	5	26
10Sh-6	JR-115-4	1102	605					830					2890	910						855		4	
													2827										
10Sh-6A	JS-1115-4	1121	618					837					2405	922	705	490				860		5	
10Sh-6A	JR-115-4	1102	605					830					2890	910						855			
	JR-114-4												2727										

续表

型号	电动机型号	L₁	L₂	L₄	B	B₁	B₃	H	H₁	H₃	H₄	4-d	L	L₆	L₇	L₈	L₉	b	H₅	H₈	C	4-d₁
10Sh-13	Y225M-4	964	531	380	850	400	480	728	440	230	230	25	1313	634	444.5	311	300	356	530	225	4	19
10Sh-13A	Y225S-4	964	531	380	850	400	480	728	440	230	230	25	1788	634	432	286	300	356	530	225	5	32
12Sh-6	JS-136-4	1185.5	660	380	1080	520	560	955	550	260	340	25	2635.5	920	825	760	550	790	1110	500	5	32
12Sh-6	JR-136-4	1145	625	380	1080	520	560	950	550	260	340	25	3115.5	884	825	760	550	790	1125	500	4	23
12Sh-6	JR-136-4	1165.5	640	380	1080	520	560	—	550	260	340	25	3020	930	825	760	550	790	—	500	4	23
12Sh-6	JS-128-4	1185.5	660	380	1080	520	560	955	550	260	340	25	2600.5	950	800	650	550	710	990	450	5	32
12Sh-6	JR-128-4	1185.5	660	380	1080	520	560	955	550	260	340	25	2570.5	950	800	650	550	710	990	450	5	23
12Sh-6	JS-128-4	1185.5	660	380	1080	520	560	955	550	260	340	25	3060.5	950	800	650	550	710	995	450	5	32
12Sh-6	JR-128-4	1185.5	660	380	1080	520	560	955	550	260	340	25	2570	950	800	650	550	710	990	450	5	23
12Sh-6	JS-128-4	1185.5	660	380	1080	520	560	955	550	260	340	25	3020	950	800	650	550	710	995	450	5	32
12Sh-6	JR-128-4	1185.5	660	380	1080	520	560	955	550	260	340	25	2635.5	950	800	650	550	710	990	450	5	23
12Sh-6	JS-128-4	1185.5	660	380	1080	520	560	955	550	260	340	25	3060.5	950	800	650	550	710	995	450	5	32
12Sh-6	JR-128-4	1185.5	660	380	1080	520	560	955	550	260	340	25	2570.5	950	800	650	550	710	990	450	5	23
12Sh-6A	JS-127-4	1158.5	660	380	1080	520	560	955	550	260	340	25	3060.5	950	800	650	550	710	995	450	5	32
12Sh-6A	JR-127-4	1185	660	380	1080	520	560	950	550	260	340	25	2570	914	750	550	550	710	990	450	4	23
12Sh-6A	JS-127-4 / JR-127-4	1185	625	380	1080	520	560	950	550	260	340	25	3020	914	750	550	550	710	995	450	4	32
12Sh-6A	JS-137-4 / JR-137-4	1185	625	380	1080	520	560	955	550	260	340	25	2979	914	750	550	550	710	995	450	4	32
12Sh-6A	JR-127-4	1145	625	380	1080	520	560	955	550	260	340	25	2470	950	800	650	550	710	990	450	5	23
12Sh-6B	JS-126-4	1185	660	380	1080	520	560	955	550	260	340	25	2920	950	800	650	550	710	995	450	5	32
12Sh-6B	JR-126-4	1185.5	660	380	1080	520	560	955	550	260	340	25	2570.5	950	800	650	550	710	990	450	5	23
12Sh-6B	JS-127-4	1185.5	660	380	1080	520	560	955	550	260	340	25	2570.5	950	800	650	550	710	990	450	5	32

泵外形尺寸(mm)：L₁、L₂、L₄、B、B₁、B₃、H、H₁、H₃、H₄、4-d、L
安装尺寸(mm)：L₆、L₇、L₈、L₉、b、H₅、H₈、C、4-d₁

续表

型号	电动机型号	泵外形尺寸(mm)											安装尺寸(mm)									
		L_1	L_2	L_4	B	B_1	B_3	H	H_1	H_3	H_4	$4\text{-}d$	L	L_6	L_7	L_8	L_9	b	H_5	H_8	C	$4\text{-}d_1$
12Sh-6B	JR-127-4	1185.5	660	380	1080	520	560	955	550	260	340	25	3060.5	950	800	650	500	710	990	450	5	32
	JR-127-4	1145	625					950					2979	914					995		4	
12Sh-9	JS-117-4	1144	639	320	1020	500	520	890	520	265	304	25	2934	944	780	640		620	875	375	5	26
	JS-126-4	1143.5											2428.5	959	750	550		710	990			32
	JR-126-4							885					2918.5	925					995			
	JR-126-4	1103	605										2838	944					860			
12Sh-9A	JS-116-4	1143.5	639					890					2428.5	955	755	590		620	875	450		
	JR-116-4	1144											2913.5	944					855			
	JS-116-4							885					2884	910					860			
	JR-116-4	1103	605										2828						875			
12Sh-9B	JS-115-4	1143.5	639					890					2428.5						855	375		
	JR-115-4	1144											2913.5									
	JS-115-4							885					2784									
	JR-115-4	1103	605										2828									
12Sh-13	Y280M-4	1209	662	520	1040	500		854	520	270	305	25	2263	730	539.5	419	300	451	640	280	4	24
12Sh-13A	Y280S-4												2213		514	368						
	3kV JS-136-4 6kV												2826		825	860			1125	500	5	32
14Sh-13	JS-136-4	1291	713	600	1180	560	600	1005	620	320	383	34	3276	863	875	650	300	790	990	450	4	
	JS-127-4							1134					2676	893	800			710	995			
	JR-127-4	1252	681					980				40	3166	860								
	JR-127-4												3086									

续表

型号	电动机型号	泵外形尺寸 (mm)												安装尺寸 (mm)								
		L_1	L_2	L_4	B	B_1	B_3	H	H_1	H_3	H_1	$4-d$		L_6	L_7	L_8	L_9	b	H_5	H_8	C	$4-d_1$
14Sh-13A	JS-116-4	1291	713	600	1180	560	600	1005	620	320	383	34	2576	878	755	590	300	620	855	375	5	26
	JR-116-4							1005					3016	878	755	590	300	620	855	375	5	26
	JS-126-4	1252	681					1134					2576	893	750	550		710	990	450	5	32
	JR-126-4							1134					3066	893	750	550		710	990	450	5	32
	JR-126-4							980					2986	860		590		620	995	375	4	26
14Sh-19	JS-116-4	1271	693	480	1100	500	560	1071	560	300	310	34	2555	917	755	590	300	620	860	375	4	26
	JR-116-4							1071					3040	917	755	590	300	620	860	375	4	26
14Sh-6	JSQ-158-4	1523	865	560	1240	540	600	1125	635	320	433	34	3428	1130	1050	1020	750	1100	1280	630	5	42
	JRQ-158-4	1731	937					1245				40	4053	1204	1000	970	1000		1430		7	
	JRQ-1410-4	1523	865					1125				34	3843	1130	1050	870	750		1280		5	
	JRQ-1410-4	1672	885					1101				40	3976	1174			1000				4	
14Sh-6A	JSQ-148-4	1523	865					1125				34	3293	1155	1050	970	750		1130		5	34
	JRQ-148-4	1672	885					1001				40	3728	1174	1100	870	1000		1260		4	
	JRQ-148-4	1523	865					1125				34	3876	1155	1050	970	750		1130		5	
14Sh-6B	JSQ-1410-4	1731	937					1245				34	3393	1279	1100	970	1000	940	1260	560	7	34
	JRQ-1410-4	1523	865					1125					4038	1155	1050	870	750		1130		5	
	JRQ-147-4	1672	885					1101				40	3828	1174	1050	870	1000				4	
	JRQ-147-4												3876									
14Sh-9	JSQ-147-4	1311	741	440	1300	650	720	1060	560	260	360	34	3081	1091	1000	870	1000	790	1130	500	5	34
	JRQ-147-4												3516									
	JS-138-4	1533	822					1106					3084	1053	875	860	500		1110		6	32
	JR-138-4	1470	770					963					3564	999	825	760			1125		4	
	JR-138-4	1533	822					1106					3454	1053	875	860			1110		6	
14Sh-9A	JS-136-4	1533	822					1106					2984	1053	875	860			1110	500	6	32
	JR-136-4	1311	741					1060					3464	971	875	860			1125		5	34
	JS-138-4												2846									

续表

型号	电动机型号	泵外形尺寸(mm)												安装尺寸(mm)								
		L_1	L_2	L_4	B	B_1	B_3	H	H_1	H_3	H_4	$4\text{-}d$	L	L_6	L_7	L_8	L_9	b	H_5	H_8	C	$4\text{-}d_1$
14Sh-9A	JR-138-4	1311	741	440	1300	650	720	1060	560	260	360	34	3296	971	875	860	500	790	1125	500	5	34
	JS-128-4	1533	822					1106					2919	1083					990	450	6	32
	JR-128-4	1470	770										3400	1029	800	650		710	995		4	
	JR-128-4	1533	822					963					3304	1083					990		6	
14Sh-9B	JS-127-4	1311	741					1060					2919	1001					995		5	34
	JR-127-4	1470	770					963					2696	1020							4	32
	JR-127-4												3304									
20Sh-6	JRQ-1510-6	1880	1000	780	1550	750	800	1505	900	425	545	48	4199	1154	1050	1026	1000	1100	1280	630	8	42
	JSQ-1512-6	1713	961					1513					3621	1119								
	JRQ-1512-6	1909.5	1025					1614					4036	1183								
20Sh-6A	JRQ-158-6	1909.5	1025					1513				41	4232	1119					1430			
	JRQ-1510-6	1713	961										3621	1119					1280			
	JSQ-1510-6	1909.5	1025										4036									
20Sh-6B	JRQ-1410-6	1843	970					1641			500	46	4217	1205		970		940	1260	560	4	
	JSQ-158-6	1713	961					1513					3621	1119		1020		1100	1280	630	7	
	JRQ-158-6												4036									
20Sh-9	JRQ-1410-6	1843	970					1440				41	4147	1149	950	970		940	1130	560	4	42
	JRQ-157-6	1693	950					1457					3400	1107		820		1100	1280	630	7	
	JRQ-157-6												3815									
20Sh-9A	JRQ-147-6	1843	970					1440				46	3947	1149	1050	770		940	1130	560	4	
	JSQ-1410-6	1693	950					1457				41	3565	1132		970					7	

续表

型号	电动机型号	L1	L2	L4	B	B1	B3	H	H1	H3	H4	4-d	L	L6	L7	L8	L9	b	H5	H8	C	4-d1
20Sh-9A	JRQ-1410-6	1693	950	780	1550	750	800	1457	900	4250	500	41	4000	1132	1050	970	1000	940	1130	560	7	42
	JRQ-1410-6	1673	930					1680					3980	1112				1400	—			
20Sh-9B	JSQ-148-6	1693	950					1457					3465	1132	1000	870	1000	940	1130		4	
	JRQ-148-6												3000									
	JRQ-148-6	1843	970					1440				46	4047	1149								
20Sh-13	JS-137-6	1675	897	600	1450	650	720	1400	800	450	450	41	3186	1108	885	760	800	790	1110	500	6	32
	JR-137-6												3660									
	JS-137-6	1467	824					1290					2963	1035					1125		4	
	JR-137-6	1620	860					1262					3412	1069								
	JR-137-6							1460				34	3564									
	JS-138-6	1675	897					1290				41	3180	1108	815	650		710	1110	450	6	
	JR-138-6												3666									
20Sh-13A	JS-128-6	1467	824					1400					2863	1020	835	660	800	790	1110	500	6	
	JR-128-6												3313									
	JS-136-6	1675	897					1262				34	3086	1069							4	
	JR-136-6												3566	1108								
	JR-136-6	1620	860										3464									
20Sh-19	JS-128-6	1692	890		1380			1431		430	455	41	3092	1085	815	650	600	710	990	450	5	
	JR-128-6	1667	870					1285				34	3582	1064					995		4	
	JR-128-6												3516									
20Sh-19A	JS-126-6	1692	890					1431				41	2992	1085	765	550	—		990		5	

续表

型号	电动机型号	泵外形尺寸(mm)											安装尺寸(mm)									
		L_1	L_2	L_4	B	B_1	B_3	H	H_1	H_3	H	$4-d$	L	L_4	L_7	L_8	L_9	b	H_5	H_8	C	$4-d_1$
20Sh-19A	JR-126-6	1667	870	600	1380	650	720	1285	800	430	455	34	3416	1064	765	550	600	710	995	450	4	32
20Sh-28	JS-117-6	1692	890		1380	650		1431				41	2977	1055	755	590	—	620	860	375	5	26
	JR-117-6												3462									
	JS-117-6	1500	828		1560	780		1250					2785	993								
	JR-117-6	1667	870		1380	650		1285			455	34	3225	1034			600		855		4	26
	JR-117-6/JS												3391									
24Sh-9	JSQ-1510-6	1833	1021	900	1800	800	1000	1575	950	532	663	41	3740	1118	1050	1020	600	1100	1280	630	7	42
	JRQ-1510-6	2019	1075					1580				42	4155	1171							6	
	JRQ-1512-6	1833	1021					1575				41	4340	1118							7	
	JRQ-1512-6	2019	1075					1580				42	3740	1171							6	
	JRQ-1512-6												4155									
24Sh-9A	JRQ-158-6	2029	1085		1800	800		1706				41	4340	1182					—		7	
	JSQ-1510-6	1833	1021					1575					4351	1118					1280		6	
	JSQ-1510-6												3740									
24Sh-13	JSQ-158-6	2019	1075		1800	800		1580				42	4155	1196		970	600		1280		5	
	JRQ-158-6											41	4325								6	
	JRQ-1410-6												3442									
24Sh-19	JSQ-1410-6	1572	872	760	1590	750		1475	900	500	530	42	3877	1062			—	940	1130	560	5	
	JSQ-1410-6	1791	955					1586				41	4097	1146					1260		6	
	JRQ-1410-6																					

续表

型号	电动机型号	泵外形尺寸(mm)											安装尺寸(mm)									
		L_1	L_2	L_4	B	B_1	B_3	H	H_1	H_3	H_4	$4\text{-}d$	L	L_6	L_7	L_8	L_9	b	H_5	H_8	C	$4\text{-}d_1$
20Sh-19A	JRQ-147-6	1766	935	760	1590	750	1000	1450	900	500	530	41	3872	1126	950	770	—	940	1130	560	6	42
24Sh-19A	JS-137-6	1791	955	760	1590	750	1000	1580	900	500	530	41	3302	1086	885	760	—	790	1110	500	6	32
	JR-137-6	1572	872					1580					3782	1086	885	760		790	1110	500	6	32
	JS-137-6	1766	935					1475					3067	1002	835	700		790	1125	500	5	32
24Sh-19A	JR-137-6	1791	955					1450					3517	1096	885	760		790	1110	500	6	32
	JR-137-6	1572	872					1586					3712	1086	835	660		790	1125	500	5	32
	JS-138-6	1791	955					1475					3302	1002	885	760		790	1110	500	6	32
	JR-138-6	1766	935					1586					3782	1086	835	660		790	1125	500	5	32
24Sh-19B	JS-136-6	1791	955					1450					2967	1066	835	660		790	1110	500	6	32
	JR-136-6	1766	935					1586					3417	1066	835	660		790	1110	500	6	32
24Sh-28	JS-136-6	1791	955	760	1590	750	1000	1450	900	500	530	41	3202	1071	815	660	—	710	1125	450	6	32
	JR-136-6	1766	935					1450					3682	1071	815	660		710	1125	450	6	32
	JR-136-6	1766	935					1450					3612	1071	815	660		710	1125	450	6	32
24Sh-28A	JS-128-6	1791	955	760	1590	750	1000	1450	900	500	530	41	3192	1051	815	650	—	710	990	450	6	32
	JR-128-6	1766	935					1450					3682	1051	815	650		710	990	450	6	32
	JR-128-6	1766	935					1450					3617	1051	815	650		710	990	450	6	32
32Sh-19	JRQ-1510-8	2295	1200	1000	2150	750	900	1902	1200	720	660	40	4614	1244	1050	1020	—	1100	1280	630	4	42
400SHG-41	JR/JS-127-6	1500	815	600	1340	660	710	1209	660	300	393	34	2895	1010	815	650	—	710	995	450	5	32
400SHG-41A	JR/JS-125-6			600	1340	660	710	1209	660	300	393	34	2800	1010	765	550	300	710	995	450	5	32
400SHG-41B	JR/JS-117-6			600	1340	660	710	1209	660	300	393	34	2785	980	755	590	—		—	375	5	26

附录 3　WL 立式污水泵

1. WL 立式污水泵性能（附表 3-1）

WL 系列立式排污泵性能参数表　　　　　附表 3-1

型　　号	流量		扬程	转速	功率(kW)		效率	气蚀余量	质量	排出口径/吸入口径
	m³/h	L/s	m	r/min	轴功率	配用功率	%	m	kg	mm
100WL80-8-4	80	22.2	8	1440	2.5	4	71	1.6	250	100/150
100WL126-5.3-4	126	35	5.3	960	2.5	4	73	1.4	250	100/150
100WL120-8-5.5	120	33.3	8	1440	3.6	5.5	73	2.2	340	100/150
100WL100-10-5.5	100	27.8	10	1440	3.8	5.5	71	1.8	340	100/150
100WL30-25-5.5	30	8.3	25	1450	3.5	5.5	60	2.5	340	100/150
150WL215-4.7-5.5	215	59.7	4.7	960	3.7	5.5	75	2.0	400	150/200
150WL198-6.1-5.5	198	55	6.1	960	4.4	5.5	74	1.8	400	150/200
150WL280-5.5-7.5	280	77.8	5.2	970	5.2	7.5	76	2.4	490	150/200
150WL210-7-7.5	210	58.3	7	970	5.3	7.5	75	1.9	490	150/200
150WL145-10-7.5	145	40.3	10	1440	5.4	7.5	73	2.4	490	150/200
150WL380-5.4-11	380	105.6	5.4	970	7.3	11	77	3.0	960	150/200
150WL360-6.4-11	360	100	6.4	970	8.2	11	76	2.8	960	150/200
150WL140-14.5-11	140	38.9	14.5	1460	7.7	11	72	2.0	490	150/200
150WL70-22-11	70	19.4	22	1460	7.3	11	71	1.3	960	150/200
150WL170-16.5-15	170	47.2	16.5	1460	10.6	15	72	2.5	1000	150/200
150WL210-11.2-15	210	58.3	11.2	970	11.5	15	73	1.7	1000	150/200
150WL300-11-15	300	83.3	11	1460	11.9	15	76	4.1	1000	150/200
200WL360-7.4-15	360	100	7.4	730	9.5	15	75	1.8	1012	200/250
200WL520-6.7-15	520	144.4	6.7	970	12.2	15	78	3.7	1012	200/250
150WL190-18-18.5	190	52.8	18	1470	12.9	18.5	72	2.7	874	150/200
150WL292-13.3-18.5	292	81.1	13.3	1470	14.1	18.5	75	3.9	874	150/200
200WL450-8.4-18.5	450	125	8.4	730	13.6	18.5	76	2.1	894	200/250
100WL80-35-22	80	22.2	35	1470	18	22	75	1.3	960	100/150
150WL250-18-22	250	69.4	18	970	18	22	76	1.8	980	150/200
150WL300-16-22	300	83.3	16	1470	17.5	22	75	3.9	980	150/200
150WL414-11.4-22	414	115	11.4	1470	16.8	22	77	5.3	980	150/200
250WL600-8.4-22	600	166.7	8.4	730	17.9	22	77	2.6	1100	250/300
250WL680-6.8-22	680	188.9	6.8	730	16.2	22	78	2.9	1100	250/300
150WL262-19.9-30	262	72.8	19.9	980	20	30	71	1.8	940	150/200
250WL675-10.1-30	675	187.5	10.1	730	24.2	30	77	2.7	1110	250/300
250WL725-9.4-30	725	201.4	9.4	740	24.8	30	75	3.0	1180	250/300
300WL1000-7.1-30	1000	277.8	7.1	730	24.6	30	79	3.9	1180	300/350

续表

型　　号	流量		扬程	转速	功率(kW)		效率	气蚀余量	质量	排出口径/吸入口径
	m³/h	L/s	m	r/min	轴功率	配用功率	%	m	kg	mm
150WL350-20-37	350	97.2	20	980	26.3	37	73	2.3	980	150/200
200WL400-17.5-37	400	111.1	17.5	980	25.8	37	74	2.6	1150	200/250
200WL480-13-37	480	133.3	13	980	25	37	76	3.1	1150	200/250
300WL1000-8.5-37	1000	277.8	8.5	740	29.5	37	78	3.9	1200	300/350
150WL320-26-45	320	88.8	26	1480	31.5	45	73	3.7	1280	150/200
200WL500-20.5-45	500	138.9	20.5	980	36.8	45	76	2.9	1320	200/250
200WL600-15-45	600	166.7	15	980	34	45	75	3.6	1320	200/250
250WL750-12-45	750	208.3	12	740	32	45	77	2.9	1350	250/300
100WL100-70-55	100	27.7	70	1480	42.2	55	76	1.3	1950	100/150
250WL800-15-55	800	222.2	15	9800	42.2	55	77	4.5	2123	250/300
300WL900-12-55	900	250	12	740	38.1	55	77	3.3	2400	300/350
350WL1500-8-55	1500	416.7	8	980	46.7	55	79	8.3	2180	350/400
400WL1750-7.6-55	1750	486.1	7.6	980	45.5	55	80	9.4	2130	400/450
200WL350-40-75	350	97.2	40	980	54.5	75	70	2.6	2210	200/250
200WL400-30-75	400	111.1	30	990	46	75	71	2.4	2210	200/250
200WL460-35-75	460	127.8	35	990	59.6	75	74	2.5	2210	200/250
250WL600-25-75	600	166.7	25	990	60.05	75	74	3.3	2240	250/300
250WL900-18-75	900	250	18	990	57.8	75	77	4.8	2240	250/300
300WL938-15.8-75	938	260.6	15.8	740	52.8	75	75	3.3	2390	300/350
350WL1400-12-75	1400	388.9	12	990	57.1	75	78	7.3	2340	350/400
400WL2000-7-75	2000	555.6	7	740	50.2	75	76	5.4	2480	400/450
300WL1328-15-90	1328	368.9	15	990	69	90	79	6.7	2480	300/350
350WL1500-13-90	1500	416.7	13	990	69.8	90	78	7.6	2480	350/400
250WL792-27-110	792	220	27	990	77.6	110	75	4.0	2620	250/300
250WL1000-22-110	1000	227.8	22	990	81.4	110	77	5.0	2620	250/300
350WL1714-15.3-110	1714	476.1	15.3	590	91.6	110	78	3.7	2900	350/400
500WL2490-9-110	2490	691.7	9	490	76.3	110	80	4.1	3050	500/550
600WL3322-7.5-110	3322	922.8	7.5	490	83.7	110	81	5.3	3150	600/650
200WL600-50-132	600	166.7	50	1450	107.6	132	76	6.7	3100	200/250
250WL820-35-132	820	227.8	35	990	105.6	132	74	3.9	3190	250/300
400WL2200-12-132	2200	611.1	12	745	95.9	132	80	6.7	3240	400/450
250WL900-40-160	900	250	40	990	132.8	160	74	4.4	3280	250/300
300WL1300-25-160	1300	361.1	25	990	114.5	160	77	6.0	3350	300/350

续表

型 号	流量		扬程	转速	功率(kW)		效率	气蚀余量	质量	排出口径/吸入口径
	m³/h	L/s	m	r/min	轴功率	配用功率	%	m	kg	mm
300WL1250-28-160	1250	347.2	28	990	124.1	160	77	5.7	2250	300/350
350WL1900-20-160	1900	527.8	20	745	132.2	160	78	5.4	3390	350/400
400WL2100-16-160	2100	583.3	16	745	119.3	160	79	6.1	4700	400/450
500WL3000-13-160	3000	833.3	13	745	132.6	160	80	8.4	4250	500/550
600WL4000-8.5-160	4000	1111.1	8.5	490	113.9	160	81	5.9	4300	600/650
600WL5000-10-185	5000	1388.9	10	590	157	185	81	9.2	4520	600/650
500WL3900-15-200	2900	805.6	15	590	148.6	200	80	5.5	4630	500/550
600WL4000-11-200	4000	111.1	11	590	147.6	200	81	7.6	4680	600/650
700WL5500-8.5-220	5500	1527.8	8.5	420	155.7	200	82	6.0	4690	700/800
350WL1200-42-220	1200	333.3	42	990	169.7	220	78	5.1	4680	350/400
350WL1500-32-220	1500	416.7	32	990	169.7	220	77	6.4	4680	350/400
350WL2150-24-220	2150	597.2	24	745	179.8	220	78	5.7	4650	350/400
500WL3000-19-220	3000	833.3	19	740	189.5	220	82	6.1	4690	500/550
400WL1100-52-250	1100	305.6	52	980	199.8	220	78	5.6	4720	400/450
500WL3400-17-250	3400	944.4	17	590	197.1	250	78	6.1	4720	500/550
600WL4820-12.3-250	4820	1338.9	12.3	590	198.3	250	81	8.6	4750	600/650
700WL6100-10-250	6100	1694.4	10	590	205.1	250	81	10.3	4810	700/800
700WL6500-9.5-250	6500	1805.5	9.5	4200	205.1	250	82	6.7	4880	700/800
400WL2600-28-315	2600	722.2	28	990	251.1	315	79	10.1	4700	400/500
500WL3740-20.2-315	3740	1038.9	20.2	745	256.2	315	80	9.2	4750	500/550
700WL6400-11.6-315	6400	1777.8	11.6	490	247	315	82	8.1	4800	700/800
500WL3550-23-355	3550	986.1	23	745	278.4	355	80	8.6	4750	500/550
600WL5000-17-355	5000	1388.9	17	590	289	355	81	8.3	4800	600/650
400WL2540-35.6-400	2540	705.6	35.6	990	313.6	400	79	9.4	4760	400/450
700WL7580-13-400	7580	2105.6	13	490	327	400	82	9.0	5120	700/800
800WL8571-11.8-400	8571	2380.8	11.8	420	334.9	400	82	8.0	5210	800/900
500WL4240-26.4-450	4240	1177.8	26.4	735	380.9	450	80	9.4	4950	500/550
600WL6000-19-450	6000	1666.7	19	735	380.6	450	82	13.2	5020	600/650
700WL7700-16.8-560	7700	2138.9	16.8	590	429.7	560	82	11.6	5210	700/800
800WL10800-13.5-630	10800	3000	13.5	420	481.1	630	83	9.3	5830	800/900
800WL10000-16-630	10000	2777.8	16	490	529.1	630	82	10.8	5830	800/900
700WL9200-19-710	9200	2555.6	16	590	579.1	710	82	13.1	5940	700/800

2. WL立式污水泵外形及安装尺寸

WLⅠ型泵外形及安装尺寸见附图3-1和附表3-2。

WLⅡ型泵外形及安装尺寸见附图3-2和附表3-3。

附图 3-1　WLⅠ型泵安装尺寸图

WLⅠ型泵安装尺寸　　　　　　　　　　　附表 3-2

型　号	出口法兰				进口法兰				$n_3-\phi i$	A	B	C	D	E	F	G	H	I
	ϕ_a	ϕ_b	ϕ_c	$n_1-\phi d$	ϕe	ϕf	ϕg	$n_2-\phi d$										
150WL145-10-7.5	150	225	265	8-17.5	200	280	320	8-17.5	4-22	312	755	490	400	590	670	355	470	—
150WL380-5.4-11	150	225	265	8-17.5	200	280	320	8-17.5	4-22	320	755	490	400	590	670	355	470	—
150WL380-6.4-11	150	225	265	8-17.5	200	280	320	8-17.5	4-22	320	750	490	450	590	670	355	470	—
150WL140-14.5-11	150	225	265	8-17.5	200	280	320	8-17.5	4-22	320	750	490	450	590	670	355	470	—
150WL170-22-11	150	225	265	8-17.5	200	280	320	8-17.5	4-22	280	740	490	320	355	470	590	670	—
150WL170-16.5-15	150	225	265	8-17.5	200	280	320	8-17.5	4-22	320	750	535	450	590	670	355	470	—
150WL210-11.2-15	150	225	265	8-17.5	200	280	320	8-17.5	4-22	320	755	535	450	355	470	590	670	—
150WL300-11-15	150	225	265	8-17.5	200	280	320	8-17.5	4-22	312	755	535	400	590	670	355	470	—
200WL360-7.4-15	200	225	340	8-22	250	335	375	12-17.5	4-27	312	985	535	483	500	640	750	840	—
200WL520-6.7-15	150	225	340	8-22	250	335	375	12-17.5	4-27	410	950	535	450	500	640	750	840	—
150WL190-13-18.5	150	225	265	8-17.5	200	280	320	8-17.5	4-22	420	950	560	450	590	670	355	470	—
150WL292-13.3-18.5	150	225	265	8-17.5	200	280	320	8-17.5	4-22	320	950	560	450	590	670	355	470	—
200WL450-8.4-18.5	200	295	340	8-22	250	335	375	12-17.5	4-27	320	950	560	480	500	640	750	840	—
100WL80-35-22	100	180	220	8-17.5	150	225	265	8-17.5	4-22	277	907	600	350	355	475	590	670	—
150WL250-18-22	150	225	265	8-17.5	200	280	320	8-17.5	4-27	364	951	600	450	500	640	750	840	—
150WL300-18-22	150	225	265	8-17.5	200	280	320	8-17.5	4-27	364	951	600	450	355	470	590	670	—
150WL414-11.4-22	150	225	265	8-17.5	200	280	320	8-17.5	4-22	320	950	600	450	590	670	355	470	—
250WL600-8.4-22	250	350	395	12-22	300	395	440	12-22	4-27	450	1100	600	520	790	880	610	700	—
250WL680-6.8-22	250	350	395	12-22	300	395	440	12-22	4-27	450	1006	600	460	610	700	790	880	—
150WL262-19.9-30	150	225	265	8-17.5	200	280	320	8-17.5	4-27	380	950	665	450	500	640	750	840	—

续表

型 号	出口法兰				进口法兰				$n_3\text{-}\phi i$	A	B	C	D	E	F	G	H	I
	ϕ_a	ϕ_b	ϕ_c	$n_1\text{-}\phi d$	ϕe	ϕf	ϕg	$n_2\text{-}\phi d$										
250WL675-10.1-30	250	350	395	12-22	300	395	440	12-22	4-27	480	1441	665	600	780	900	735	856	—
250WL725-9.4-30	250	350	395	12-22	300	395	440	12-22	4-40	500	1435	1030	645	780	900	735	855	—
300WL1000-7.1-30	300	400	445	12-22	350	445	490	12-22	4-40	450	1300	665	650	780	900	730	850	—
150WL350-20-37	150	225	265	8-17.5	200	280	320	8-17.5	4-27	380	950	895	450	500	640	750	840	—
200WL400-17.5-37	200	295	340	8-22	250	355	375	12-17.5	4-27	420	970	895	550	500	640	750	840	—
200WL480-13-37	200	295	340	8-22	250	335	375	12-17.5	4-27	410	953	895	483	500	640	750	840	—
300WL1000-8.5-37	300	400	445	12-22	350	445	490	12-22	4-40	450	1300	980	650	780	900	730	850	—
150WL320-26-45	150	225	265	8-17.5	200	280	320	8-17.5	4-27	377	925	795	400	500	640	750	840	—
200WL500-20.5-45	200	295	340	8-22	250	335	375	12-17.5	4-27	420	950	980	550	500	640	750	840	—
200WL600-15-45	200	295	340	8-22	250	335	370	12-17.5	4-27	414	973	980	550	500	640	750	840	—
250WL750-12-45	250	350	395	12-22	300	395	440	12-22	4-40	500	1405	1030	645	780	900	735	855	—
100WL100-70-55	100	180	220	8-17.5	150	225	265	8-17.5	4-40	355	1195	890	570	780	900	730	850	—
250WL800-15-55	250	350	395	12-22	300	395	440	12-22	4-40	480	1400	1030	600	780	900	735	855	—
300WL900-12-55	300	400	445	12-22	350	445	490	12-22	4-40	455	1285	1220	750	780	900	730	855	—
350WL1500-8-55	350	460	505	16-22	400	495	540	16-22	4-40	500	1305	1030	550	840	970	745	875	—
400WL1750-7.6-55	400	515	565	16-27	450	550	595	16-12	4-40	555	1310	1030	620	840	970	745	875	—
200WL350-40-75	200	295	340	8-22	250	335	375	12-17.5	4-40	440	1825	1200	640	780	900	735	855	—
200WL400-30-75	200	295	340	8-22	250	335	375	12-17.5	4-27	420	1400	1220	600	780	900	735	855	—
200WL460-35-75	200	295	340	8-22	250	335	375	12-17.5	4-27	450	1450	1220	620	780	900	735	855	—
250WL600-25-75	250	350	395	12-22	300	395	440	12-22	4-40	454	1416	1220	620	780	900	735	855	—
250WL900-18-75	250	350	395	12-22	300	395	440	12-22	4-40	480	1441	1220	600	780	900	735	855	—
300WL938-15.8-75	300	400	45	12-22	350	445	490	12-22	4-40	480	1300	1320	700	780	900	730	850	—
350WL1400-12-75	350	460	505	16-22	400	495	540	16-22	4-40	500	1300	1220	700	780	900	730	850	—
400WL2000-7-75	400	515	565	16-27	450	550	595	16-22	4-40	555	1370	1030	620	840	970	745	875	—
300WL1328-15-90	300	400	445	16-22	350	445	490	12-22	4-40	500	1400	1320	700	780	900	730	850	—
350WL1500-13-90	350	460	505	12-22	400	495	540	16-22	4-40	550	1425	1490	620	840	970	745	875	—
250WL1000-22-110	250	350	395	16-22	300	395	440	12-22	4-40	500	1405	1320	645	780	900	735	855	—
350WL1714-15.3-110	350	460	505	16-22	400	495	540	16-22	4-40	600	1400	1505	800	840	970	745	875	—
500WL2490-9-110	500	620	670	20-27	550	655	705	20-26	6-40	600	1780	1480	850	1080	1210	1030	1160	540
600WL3322-7.5-110	600	725	780	20-30	650	760	820	20-26	6-40	700	1780	1480	900	1210	1340	1160	1290	605
200WL600-50-132	200	295	340	8-22	250	335	375	12-17.5	4-27	555	1359	1170	500	745	875	840	970	—
250WL820-35-132	250	350	395	12-22	300	395	440	12-22	4-40	500	1450	1320	650	780	900	735	855	—
400WL2200-12-132	400	515	565	16-27	450	550	595	16-22	4-40	555	1304	1505	800	840	970	745	875	—
250WL900-40-160	250	350	395	12-22	300	395	440	12-22	4-40	500	1450	1505	700	780	900	735	855	—
300WL1300-25-160	300	400	445	12-22	350	445	490	12-22	4-40	480	1400	1505	700	780	900	730	850	—
300WL1250-28-160	300	400	445	12-22	350	445	490	12-22	4-40	500	1400	1505	700	780	900	730	850	—
350WL1900-20-160	350	460	505	16-22	400	495	540	16-22	4-40	550	1300	1505	750	840	970	745	875	—
400WL2100-16-160	400	515	565	16-27	450	550	595	16-22	4-40	555	1465	1505	800	840	970	745	875	—
500WL3000-13-160	500	620	670	20-27	550	655	705	20-26	6-40	600	1520	1505	900	1080	1210	1030	1160	540
600WL4000-8.5-160	600	725	780	20-30	700	840	895	24-30	6-40	600	1520	1505	900	1080	1210	1030	1160	540

型　号	出口法兰				进口法兰				n_3-ϕi	A	B	C	D	E	F	G	H	I
	ϕ_a	ϕ_b	ϕ_c	n_1-ϕd	ϕe	ϕf	ϕg	n_2-ϕd										
600WL5000-10-185	600	725	780	20-30	650	760	810	20-26	6-40	570	1355	1415	1200	510	780	1320	1450	255
500WL2900-15-200	500	620	670	20-27	550	655	705	20-26	6-40	650	1355	1415	950	510	780	1320	1450	255
600WL4000-11-200	600	725	780	20-30	650	760	810	20-24	6-40	700	1355	1415	900	510	780	1320	1450	255
700WL5500-8.5-200	700	840	895	24-30	800	950	1015	24-33	6-40	800	1355	1415	1100	1000	1270	1600	1730	500
350WL1200-42-220	350	460	505	16-22	400	495	540	16-22	4-40	600	1360	1505	800	840	970	745	965	—
350WL1500-32-220	350	460	505	16-22	400	495	540	16-22	4-40	600	1400	1505	800	840	970	745	875	—
350WL2150-24-220	350	460	505	16-22	400	495	540	16-22	4-40	600	1400	1505	800	840	970	745	875	—
500WL3000-19-220	500	620	670	20-27	550	655	705	20-26	6-40	530	1590	1430	925	1080	1210	1030	1160	540
500WL3400-17-250	500	620	670	20-27	550	655	705	20-26	6-40	700	2070	1710	1000	510	780	1320	1450	255
400WL1100-52-250	400	515	565	16-27	450	550	595	16-22	4-40	600	1400	2444	800	840	970	745	965	—
600WL4820-12.3-250	600	725	780	20-30	700	810	860	24-26	6-40	700	2070	1710	1000	1000	1270	1600	1730	500

附图 3-2　WLⅡ型泵安装尺寸图

附表3-3

WLⅡ型泵安装尺寸表

型　　号	出口法兰				进口法兰				n_3-ϕi	A	B	C	D	E	F	G	H	I	M	O	P	Q	n_6-ϕk
	ϕa	ϕb	ϕc	n_1-ϕd	ϕe	ϕf	ϕg	n_2-ϕh															
100WL100-10-5.5	100	180	220	8-17.5	150	225	265	8-17.5	4-22	300	430	395	300	355	435	590	670	—	555	300	600	700	6-27
100WL30-25-5.5	100	180	220	8-17.5	150	225	265	8-17.5	4-22	301	430	400	340	355	435	590	670	—	555	300	600	700	6-27
150WL210-7-7.5	150	225	265	8-17.5	220	280	320	8-17.5	4-22	312	430	495	400	590	670	355	470	—	654	300	600	700	6-27
150WL190-18-18.5	150	225	265	8-17.5	200	280	3200	8-17.5	4-22	320	430	560	450	590	670	355	470	—	840	300	600	700	6-27
150WL292-13.3-18.5	150	225	265	8-17.5	200	280	320	8-17.5	4-22	320	430	560	450	590	670	355	470	—	840	300	600	700	6-27
200WL450-8.4-18.5	200	295	340	8-22	250	335	375	12-17.5	4-22	320	430	560	480	500	640	750	840	—	810	300	600	700	6-27
100WL80-35-22	100	180	220	8-17.5	150	225	265	8-17.5	4-22	320	430	600	450	355	435	490	670	—	800	300	600	700	6-27
150WL250-18-22	150	225	265	8-17.5	200	280	320	8-17.5	4-22	320	430	600	450	590	670	355	470	—	844	300	600	700	6-27
150WL300-16-22	150	225	265	8-17.5	200	280	320	8-17.5	4-22	320	430	600	450	590	670	355	470	—	840	300	600	700	6-27
150WL414-11.4-22	150	225	265	8-17.5	200	280	320	8-17.5	4-22	320	430	600	450	590	670	355	470	—	840	300	600	700	6-27
250WL600-8.4-22	250	350	395	12-22	300	395	440	12-22	4-27	450	430	600	520	790	880	610	700	—	854	300	600	700	6-27
250WL680-6.8-22	250	350	395	12-22	300	395	440	12-22	4-27	450	430	600	480	610	700	740	880	—	854	300	600	700	6-27
150WL262-19.9-30	150	225	265	8-17.5	200	280	320	8-17.5	4-27	380	430	665	450	500	640	750	840	—	810	300	600	700	6-27
250WL675-10.1-30	250	350	395	12-22	300	395	440	12-28	4-27	450	430	665	480	790	880	610	700	—	854	300	600	700	6-27
250WL720-9.4-30	250	350	395	12-22	300	395	440	12-22	4-40	500	430	1030	645	780	900	735	855	—	1160	300	600	700	6-27
300WL1000-7.1-30	300	400	445	12-22	350	445	490	12-22	4-40	450	430	665	650	780	900	735	855	—	1160	300	600	700	6-27
150WL350-20-37	150	225	265	8-17.5	200	280	320	8-17.5	4-27	380	430	895	450	500	640	750	840	—	810	300	600	700	6-27
200WL400-17.5-37	200	280	320	8-22	250	335	375	12-17.5	4-27	410	430	895	460	500	640	750	840	—	810	300	600	700	6-27
200WL480-13-37	200	280	320	8-22	250	335	375	12-17.5	4-27	410	430	895	483	500	640	750	840	—	820	300	600	700	6-27

续表

型号	出口法兰 φa	φb	φc	n1-φd	进口法兰 φe	φf	φg	n2-φd	n3-φi	A	B	C	D	E	F	G	H	I	M	O	P	Q	n6-φk
300WL1000-8.5-37	300	400	445	12-22	350	445	490	12-22	4-40	450	430	980	650	780	900	750	850	—	1160	300	600	700	6-27
150WL320-26-45	150	225	265	8-17.5	200	280	320	8-17.5	4-27	377	430	795	400	500	640	750	840	—	800	300	600	700	6-27
200WL500-20.5-45	200	295	340	8-22	250	335	375	12-17.5	4-27	414	430	980	550	500	640	750	840	—	818	300	600	700	6-27
200WL600-15-45	200	295	340	8-22	250	335	375	12-17.5	4-27	414	430	980	550	500	640	750	840	—	840	300	600	700	6-27
250WL750-12-45	250	350	395	12-22	300	395	440	12-22	4-40	500	430	1030	645	780	900	735	855	—	1231	300	600	700	6-27
100WL100-70-55	100	180	220	8-17.5	150	225	265	8-17.5	4-40	355	430	890	570	780	900	730	850	—	1045	300	600	700	6-27
250WL800-15-55	250	350	395	12-22	300	395	440	12-22	4-40	480	430	1030	600	780	900	735	855	—	1260	300	600	700	6-27
300WL900-12-55	300	400	445	12-22	350	445	490	12-22	4-40	455	430	1220	750	790	900	730	850	—	1140	300	600	700	6-27
350WL1500-8-55	350	460	505	16-22	400	495	540	16-22	4-40	500	430	1030	550	840	970	745	875	—	1150	300	600	700	6-27
400WL1750-7.6-55	400	515	565	16-26	450	550	595	16-22	4-40	555	430	1030	620	840	970	745	875	—	1160	300	600	700	6-27
200WL350-40-75	220	295	340	8-22	250	335	375	12-17.5	4-40	440	530	1220	640	780	900	735	855	—	1230	—	840	970	4-40
200WL400-30-75	200	295	340	8-22	250	335	375	12-17.5	4-27	420	530	1220	600	780	900	735	855	—	1230	—	840	970	4-40
200WL460-35-75	200	295	340	8-22	250	335	375	12-17.5	4-27	450	530	1220	620	780	900	735	855	—	1215	—	840	970	4-40
250WL600-25-75	250	350	395	12-22	300	395	440	12-22	4-40	484	530	1220	620	780	900	735	855	—	1239	—	840	970	4-40
250WL900-18-75	250	350	395	12-22	300	395	440	12-22	4-40	480	530	1220	600	780	900	735	855	—	1240	—	840	970	4-40
300WL938-15.8-75	300	400	445	16-22	350	445	490	12-22	4-40	480	530	1320	700	780	900	735	855	—	1230	—	840	970	4-40
350WL1400-12-75	350	460	505	16-22	400	495	540	16-22	4-40	500	530	1220	700	780	900	730	850	—	1130	—	840	970	4-40
400WL2000-7-15	400	515	565	16-27	450	550	595	16-22	4-40	555	530	1030	550	840	970	745	875	—	1160	300	600	700	6-27
300WL1328-15-90	300	400	445	12-22	350	445	490	12-22	4-40	500	530	1320	700	780	900	730	850	—	1130	—	840	970	4-40
350WL1500-13-90	350	460	505	16-22	400	495	540	16-22	4-40	550	530	1320	840	840	970	745	875	—	1251	—	840	970	4-40
250WL792-27-110	250	350	395	12-22	300	395	540	12-22	4-40	500	530	1320	645	780	900	735	855	—	1132	—	840	970	4-40

续表

型号	出口法兰				进口法兰				$n_3-\Phi i$	A	B	C	D	E	F	G	H	I	M	O	P	Q	$n_6-\Phi k$
	ϕa	ϕb	ϕc	$n_1-\Phi d$	ϕe	ϕf	ϕg	$n_2-\Phi d$															
250WL1000-22-110	250	350	395	12-22	300	395	440	12-22	4-40	500	530	1320	645	780	900	735	855	—	1235	—	840	970	4-40
350WL1714-15.3-110	350	460	505	16-22	400	495	540	16-22	4-40	600	530	1505	800	840	970	745	875	—	1190	—	840	970	4-40
500WL2490-9-110	500	620	670	20-27	550	655	705	20-26	6-40	600	530	1480	1080	1080	1210	1030	1160	540	1570	—	840	970	4-40
600WL3322-7.5-110	600	725	780	20-30	700	840	895	24-30	6-40	700	530	1480	900	1210	1340	1160	1290	605	1600	—	840	970	4-40
200WL600-50-132	200	295	340	8-22	250	335	375	12-17.5	4-27	555	530	1170	500	745	875	840	970	—	1280	—	840	970	4-40
250WL820-35-132	350	380	395	12-22	300	395	440	12-22	4-40	555	530	1320	650	780	900	735	855	—	1280	—	840	970	4-40
400WL2200-12-132	400	515	565	16-27	450	550	595	16-22	4-40	555	530	1525	800	840	970	745	875	—	1255	—	840	970	4-40
250WL900-40-160	250	350	395	12-22	300	395	440	12-22	4-40	500	530	1505	700	780	900	735	855	—	1280	—	840	970	4-40
300WL1300-25-160	300	400	445	12-22	350	445	490	12-22	4-40	480	530	1505	700	780	900	730	850	—	1230	—	840	970	4-40
300WL1250-28-160	300	400	445	12-22	350	445	490	12-22	4-40	480	530	1505	700	780	900	730	850	—	1230	—	840	970	4-40
300WL1900-20-160	300	400	445	12-22	350	445	490	12-22	4-40	480	530	1505	700	780	900	730	850	—	1230	—	840	970	4-40
400WL2100-16-160	400	515	565	16-27	450	550	595	16-22	4-40	555	530	1505	800	840	970	745	875	—	1290	—	840	970	4-40
500WL3000-13-160	500	620	670	20-27	550	655	705	20-26	6-40	600	530	1505	900	1080	1210	1030	1160	540	1336	—	840	970	4-40
600WL4000-8.5-160	600	725	780	20-30	650	760	810	20-26	6-40	570	530	1505	1000	1080	1210	1030	1160	540	1330	—	840	970	4-40
600WL5000-10-185	600	725	780	20-30	650	760	810	20-26	6-40	570	530	1415	1200	510	780	1320	1450	255	1355	—	840	970	4-40
500WL2900-15-200	500	620	670	20-27	550	655	705	20-26	6-40	600	530	1505	900	1080	1210	1030	1160	540	1300	—	840	970	4-40
600WL4000-11-200	600	725	780	20-30	700	840	895	24-30	4-40	600	780	1505	1000	1080	1210	1030	1160	540	1300	—	1050	1150	4-40
70WL5500-8.5-200	700	840	895	24-30	800	950	1015	24-33	6-40	600	780	1505	1100	1080	1210	1030	1160	540	1350	—	1050	1150	4-40
350WL1200-42-220	350	460	505	16-22	400	495	540	16-22	4-40	600	780	1505	800	840	970	745	875	—	1190	—	1050	1150	4-40
350WL1500-32-220	350	460	505	16-22	400	495	540	16-22	6-40	600	780	1505	800	1080	1210	1030	1160	540	1330	—	1050	1150	4-40

续表

型号	出口法兰					进口法兰				A	B	C	D	E	F	G	H	I	M	O	P	Q	n_6-ϕk
	ϕa	ϕb	ϕc	n_1-ϕd	ϕe	ϕf	ϕg	n_2-ϕd	n_3-ϕi														
350WL2150-24-220	350	460	505	16-22	400	495	540	16-22	6-40	600	780	1505	900	1080	1210	1030	1160	540	1330	—	1050	1150	4-40
500WL3000-19-220	500	620	670	20-27	550	655	705	20-26	6-40	530	780	1430	925	1080	1210	1030	1160	540	1330	—	1050	1150	4-40
400WL1100-52-250	400	515	565	16-27	450	550	595	16-22	6-40	600	1400	2444	800	840	970	745	965	—	1900	—	1050	1150	4-40
500WL3400-17-250	500	620	670	20-27	550	655	705	20-26	6-40	600	780	1710	900	1080	1270	1030	1160	540	1900	—	1050	1150	4-40
600WL4820-12.3-350	600	725	780	20-30	700	840	895	24-30	6-40	600	780	1710	1000	1000	1270	1600	1730	500	1900	—	1050	1150	4-40
700WL6100-10-250	700	840	895	24-30	800	950	1015	24-33	6-40	600	780	1710	1200	1000	1270	1600	1730	500	1900	—	1050	1150	4-40
700WL6500-9.5-250	700	840	895	24-30	800	950	1015	24-33	6-40	600	780	1710	1200	1000	1270	1600	1730	500	1900	—	1050	1150	4-40
400WL2600-28-315	400	515	565	16-27	450	550	595	16-22	6-40	600	780	1710	1100	1000	1270	1600	1730	500	1900	—	1050	1150	4-40
500WL3740-20.2-315	500	620	670	20-26	550	655	705	20-26	6-40	600	780	1710	1200	1000	1270	1600	1730	500	1900	—	1050	1150	4-40
700WL6400-11.6-315	700	840	895	24-30	800	950	1015	24-33	6-40	600	780	1710	1300	1000	1270	1600	1730	500	1900	—	1050	1150	4-40
500WL3550-23-355	500	620	670	20-27	550	655	705	20-26	6-40	600	780	1710	1300	1000	1270	1600	1730	500	1900	—	1050	1150	4-40
600WL5000-17-355	600	725	780	20-30	700	810	860	24-26	6-40	600	780	1710	1200	1000	1270	1600	1730	500	1900	—	1050	1150	4-40
400WL2540-35.6-400	400	515	565	16-22	450	550	595	16-22	6-40	600	780	1850	1200	1000	1270	1600	1730	500	1900	—	1050	1150	4-40
700WL7580-13-400	700	840	895	24-30	800	950	1015	24-33	6-40	700	780	2100	1400	1100	1370	1800	1930	550	2000	600	1200	1350	6-40
800WL8571-11.8-400	800	950	1015	24-33	900	1020	1075	24-33	6-40	700	780	2100	1400	1100	1370	1800	1930	550	2000	600	1200	1350	6-40
500WL4240-26.4-450	500	620	670	20-27	550	655	705	20-26	6-40	700	780	2000	1300	1100	1370	1800	1930	550	2000	600	1050	1150	4-40
600WL6000-19-450	600	725	780	20-30	700	810	860	24-26	6-40	700	780	2000	1300	1100	1370	1800	1930	550	2000	—	1050	1150	4-40
700WL7700-16.8-560	700	840	895	24-30	800	950	1015	24-33	6-44	700	780	2200	1350	1300	1600	2000	2200	650	2200	600	1200	1350	6-40
800WL10800-13.5-630	800	950	1016	24-33	900	1020	1075	24-33	6-40	700	780	2350	1400	1300	1600	2000	2200	650	2200	600	1200	1350	6-40
800WL10000-16-630	800	950	1015	24-33	900	1020	1075	24-33	6-40	700	780	2350	1400	1300	1600	2000	2200	650	2200	600	1200	1350	6-40
700WL9200-19-710	700	840	895	24-30	800	950	1015	24-33	6-40	700	780	2350	1400	1300	1600	2000	2200	650	2200	600	1200	1350	6-40

附录 4　QW 系列潜水排污泵

1. QW 系列潜水排污泵性能（附表 4-1）

QW 系列潜水排污泵性能参数表　　　　　　　　附表 4-1

序号	型　　号	排出口径 (mm)	流量 (m³/h)	扬程 (m)	转速 (r/min)	功率 (kW)	效率 (%)	重量 (kg)
1	500QW18-15-1.5	50	18	15	2840	1.5	62.8	60
2	50QW25-10-1.5	50	25	10	2840	1.5	67.5	60
3	50QW15-22-2.2	50	15	22	2840	2.2	58.4	70
4	50QW27-15-2.2	50	27	15	2840	2.2	64.3	70
5	50QW42-9-2.2	50	42	9	2840	2.2	74.8	70
6	80QW50-10-3	80	50	10	1430	3	72.3	125
7	100QW70-7-3	100	70	7	1430	3	75.4	125
8	50QW24-20-4	50	24	20	1440	4	69.2	121
9	50QW25-22-4	50	25	22	1440	4	56.2	121
10	50QW40-15-4	50	40	15	1440	4	67.7	121
11	80QW60-13-4	80	60	13	1440	4	72.1	121
12	100QW70-10-4	100	70	10	1440	4	74.4	130
13	100QW100-7-4	100	100	7	1440	4	77.4	130
14	50QW25-30-5.5	50	25	30	1440	5.5	54.2	190
15	80QW45-22-5.5	80	45	22	1440	5.5	55.4	190
16	100QW30-22-5.5	100	30	22	1440	5.5	57.4	190
17	100QW65-15-5.5	100	65	15	1440	5.5	71.4	190
18	150QW120-10-5.5	150	120	10	1440	5.5	77.2	190
19	150QW140-7-5.5	150	140	7	1440	5.5	79.1	190
20	50QW30-30-7.5	50	30	30	1440	7.5	62.2	200
21	100QW70-20-7.5	100	70	20	1440	7.5	63.3	200
22	150QW145-10-7.5	150	145	10	1440	7.5	78.2	208
23	150QW210-7-7.5	150	210	7	1440	7.5	80.5	208
24	100QW40-36-11	100	40	36	1460	11	59.1	293
25	100QW50-35-11	100	50	35	1460	11	62.05	293
26	100QW70-22-11	100	70	22	1460	11	69.5	293
27	150QW100-15-11	150	100	15	1460	11	75.1	280
28	200QW360-6-11	200	360	6	1460	11	72.4	290
29	50QW20-75-15	50	20	75	1460	15	52.6	290

续表

序号	型　号	排出口径 (mm)	流量 (m³/h)	扬程 (m)	转速 (r/min)	功率 (kW)	效率 (%)	重量 (kg)
30	100QW87-28-15	100	87	28	1460	15	69.1	360
31	100QW100-22-15	100	100	22	1460	15	72.2	360
32	150QW140-18-15	150	140	18	1460	15	73	360
33	150QW150-15-15	150	150	15	1460	15	76.2	360
34	150QW200-10-15	150	200	10	1460	15	79.4	360
35	200QW400-7-15	200	400	7	970	15	82.1	360
36	150QW70-40-18.5	150	70	40	1470	18.5	54.2	520
37	150QW200-14-18.5	150	200	14	1470	18.5	68.3	520
38	200QW250-15-18.5	200	250	15	1470	18.5	77.2	520
39	300QW720-5.5-18.5	300	720	5.5	970	18.5	74.1	520
40	200QW300-10-18.5	200	300	10	970	18.5	81.2	520
41	150QW130-30-22	150	130	30	970	22	66.8	520
42	150QW150-22-22	150	150	22	970	22	69	820
43	250QW250-17-22	250	250	17	970	22	66.7	820
44	200QW400-10-22	200	400	10	980	22	77.8	820
45	250QW600-7-22	250	600	7	970	22	83.5	820
46	300QW720-6-22	300	720	6	970	22	74	820
47	150QW100-40-30	150	100	40	980	30	60.1	900
48	150QW200-30-30	150	200	30	980	30	71	900
49	150QW200-22-30	150	200	22	980	30	73.5	900
50	200QW360-15-30	200	360	15	980	30	77.9	900
51	250QW500-10-30	250	500	10	80	30	78.3	900
52	400QW1250-5-30	400	1250	5	980	30	78.9	960
53	150QW140-45-37	150	140	45	980	37	63.1	1100
54	200QW350-20-37	200	350	20	980	37	77.8	1100
55	250QW700-11-37	250	700	11	980	37	83.2	1150
56	300QW900-8-37	300	900	8	980	37	84.5	1150
57	350QW1440-5.5-37	350	1440	5.5	980	37	76	1250
58	200QW250-35-45	200	250	35	980	45	71.3	1400
59	200QW400-24-45	200	400	24	980	45	77.53	1400
60	250QW600-15-45	250	600	15	980	45	82.6	1456
61	350QW1100-10-45	350	1100	10	980	45	74.6	1500
62	150QW150-56-55	150	150	56	980	55	68.6	1206

序号	型　　号	排出口径 (mm)	流量 (m³/h)	扬程 (m)	转速 (r/min)	功率 (kW)	效率 (%)	重量 (kg)
63	200QW250-40-55	200	250	40	980	55	70.62	1280
64	200QW400-34-55	200	400	34	980	55	76.19	1280
65	250QW600-20-55	250	600	20	980	55	80.5	1350
66	300QW800-15-55	300	800	15	980	55	82.78	1350
67	400QW1692-7.25-55	400	1692	7.25	740	55	75.7	1350
68	150QW108-60-75	150	108	60	980	75	52.2	1400
69	200QW350-50-75	200	350	50	980	75	73.64	1420
70	250QW600-25-75	250	600	25	980	75	80.6	1516
71	400QW1500-10-75	400	1500	10	980	75	82.07	1670
72	400QW2016-7.25-75	400	2016	7.25	740	75	76.2	1700
73	250QW600-30-90	250	600	30	990	90	78.66	1860
74	250QW700-22-90	250	700	22	990	90	79.2	1860
75	350QW1200-18-90	350	1200	18	990	90	82.5	2000
76	350QW1500-15-90	350	1500	15	990	90	82.1	2000
77	250QW600-40-110	250	600	40	990	110	67.5	2300
78	250QW700-33-110	250	700	33	990	110	79.12	2300
79	300QW800-36-110	300	800	36	990	110	69.7	2300
80	300QW950-24-110	300	950	24	990	110	81.9	2300
81	450QW2200-10-110	450	2200	10	990	110	86.64	2300
82	550QW3500-7-110	550	3500	7	745	110	77.5	2300
83	250QW600-50-132	250	600	50	990	132	66	2750
84	350QW1000-28-132	350	1000	28	745	132	83.2	2830
85	400QW2000-15-132	400	2000	15	745	132	85.34	2900
86	350QW1000-36-160	350	1000	36	745	160	78.65	3150
87	400QW1500-26-160	400	1500	26	745	160	82.17	3200
88	400QW1700-22-160	400	1700	22	745	160	83.36	3200
89	500QW2600-15-160	500	2600	15	745	160	86.05	3214
90	550QW3000-12-160	550	3000	12	745	160	86.05	3250
91	600QW3500-12-185	600	3500	12	745	185	87.13	3420
92	400QW1700-30-200	400	1700	30	740	200	83.36	3850
93	550QW3000-16-200	550	3000	16	740	200	86.18	3850

续表

序号	型　　号	排出口径 (mm)	流量 (m³/h)	扬程 (m)	转速 (r/min)	功率 (kW)	效率 (%)	重量 (kg)
94	500QW2400-22-220	500	2400	22	740	220	84.65	4280
95	400QW1800-32-250	400	1800	32	740	250	82.07	4690
96	500QW2650-24-250	500	2650	24	740	250	85.01	4690
97	600QW3750-17-250	600	3750	17	740	250	86.77	4690
98	400QW1500-47-280	400	1500	47	980	280	85.1	4730

2. QW 系列潜水排污泵自动耦合式安装尺寸（附图 4-1 与附表 4-2）。

附图 4-1　QW 型系列泵自动耦合式安装形式

注：1. K_1 尺寸为出口中心距出口池壁最小距离；K_2 尺寸为泵中心距进口池壁最小距离。

2. 在选型时，应注明泵的型号、安装方式、池深、泵控制保护方式，以便提供最优的系统。

3. 如用户有特别需要，厂家可提供特种材料的泵。

附表 4-2

QW 系列潜水排污泵自动耦合式安装尺寸表（mm）

序号	型号	φA	φB	φC	n₁-φf	δ	e	f	g	h	H₁	h₁	n₂-φk	L	M	m	n	p	k	H	l	T₁	T₂	H₃min	H₂	J	E	K₁	K₂
1	50QW18-15-1.5	50	110	140	4-13.5	25	320	390	320	390	400	25	4-20	472	407	100	60	18	280	610	108	92	160	300	215	200	550×550	600	450
2	50QW25-10-1.5	50	110	140	4-13.5	25	320	390	320	390	400	25	4-20	472	407	100	60	18	265	605	108	92	145	300	262	200	550×550	600	450
3	50QW15-22-2.2	50	110	140	4-13.5	25	320	390	320	390	400	25	4-20	472	407	100	60	18	265	683	108	92	145	300	258	200	600×550	600	450
4	50QW27-15-2.2	50	110	140	4-13.5	25	320	390	320	390	400	25	4-20	472	407	100	60	18	265	683	108	92	145	300	260	200	600×550	600	450
5	50QW42-9-2.2	50	110	140	4-13.5	25	320	390	320	390	400	25	4-20	472	407	100	60	18	285	710	108	92	165	300	280	200	650×600	600	450
6	80QW50-10-3	80	150	190	4-13.5	25	320	390	360	400	480	25	4-24	472	407	100	60	18	327	806	108	92	177	300	325	200	700×600	600	450
7	100QW70-7-3	100	170	210	4-17.5	25	350	420	360	425	480	25	4-24	505	440	100	60	18	350	860	128	105	233	300	350	233	700×600	650	500
8	50QW24-20-4	50	110	140	4-13.5	25	320	390	320	390	400	25	4-20	472	407	100	60	18	420	740	108	92	300	300	350	200	750×650	600	500
9	50QW25-22-4	50	110	140	4-13.5	25	320	390	320	390	400	25	4-20	472	407	100	60	18	387	670	108	92	267	300	360	200	700×600	600	500
10	50QW40-15-4	50	110	140	4-13.5	25	320	390	320	390	400	25	4-20	472	407	100	60	18	357	684	108	92	237	300	400	200	700×600	600	500
11	80QW60-13-4	80	150	190	4-17.5	25	350	420	360	400	480	25	4-24	472	407	100	60	18	420	750	108	92	270	300	350	200	750×650	600	500
12	100QW70-10-4	100	170	210	4-17.5	25	350	420	360	425	480	25	4-24	505	440	100	60	18	380	760	128	105	263	300	386	233	750×650	650	500
13	100QW100-7-4	100	170	210	4-17.5	25	350	420	360	425	480	25	4-24	505	440	100	60	18	420	770	128	105	303	300	350	233	750×650	650	450
14	50QW25-30-5.5	50	110	140	4-13.5	25	320	390	320	390	400	25	4-20	472	407	100	60	18	400	800	108	92	280	300	350	200	750×650	600	500
15	80QW45-22-5.5	80	150	190	4-17.5	25	350	420	360	425	480	25	4-24	472	407	100	60	18	387	735	108	92	237	300	400	200	750×650	600	500
16	100QW30-22-5.5	100	170	210	4-17.5	25	350	420	360	425	480	25	4-24	505	440	100	60	18	362	802	128	105	245	300	390	233	750×650	650	500
17	100QW65-15-5.5	100	170	210	4-17.5	25	350	420	360	425	480	25	4-24	505	440	100	60	18	437	724	128	105	320	300	392	233	750×650	650	500
18	150QW120-10-5.5	150	225	265	8-17.5	25	350	420	360	425	480	25	4-24	505	440	100	60	18	420	820	128	125	323	300	360	253	850×700	750	500
19	150QW140-7-7.5	150	225	265	8-17.5	25	350	420	360	425	480	25	4-24	505	440	100	60	18	420	820	128	125	323	300	360	253	850×700	750	500
20	50QW30-30-7.5	50	110	140	4-13.5	25	320	390	320	390	400	25	4-20	472	407	100	60	18	407	718	108	92	287	300	280	200	850×700	600	500
21	100QW70-20-7.5	100	170	210	4-17.5	25	350	420	360	425	480	25	4-24	505	440	100	60	18	437	680	128	105	320	300	407	233	850×700	650	550
22	150QW145-10-7.5	150	225	265	8-17.5	25	350	420	360	425	480	25	4-24	505	440	100	60	18	407	890	128	125	310	300	410	253	850×700	750	550
23	150QW210-7-7.5	150	225	265	8-17.5	25	350	420	360	425	480	25	4-24	505	440	100	60	18	407	890	128	125	310	300	410	253	850×700	750	550
24	100QW40-36-11	100	170	210	4-17.5	25	350	420	360	425	480	25	4-24	505	440	100	60	18	475	980	128	105	358	300	392	233	900×750	650	550
25	100QW50-35-11	100	170	210	4-17.5	25	350	420	360	425	480	25	4-24	505	440	100	60	18	480	960	128	105	363	300	360	233	900×750	650	550

续表

序号	型号	φA	φB	φC	n₁-φf	δ	e	f	g	h	H₁	h₁	n₂-φk	L	M	m	n	p	k	H	l	T₁	T₂	H₃min	H₂	J	E	K₁	K₂
26	100QW70-22-11	100	170	210	4-17.5	25	350	420	360	425	480	25	4-24	505	440	100	60	18	337	937	128	105	220	300	407	233	900×750	650	500
27	150QW100-15-11	150	225	265	8-17.5	25	350	420	360	425	480	25	4-24	505	440	100	60	18	364	980	128	125	267	300	362	253	900×750	750	500
28	200QW360-6-11	200	280	320	8-17.5	25	560	640	550	640	615	30	4-33	700	605	100	60	22	443	1037	274	180	337	300	414	454	900×750	800	550
29	50QW20-75-15	50	110	140	4-13.5	25	320	390	320	390	400	25	4-20	472	407	100	60	18	330	1043	108	92	210	300	335	200	900×750	600	550
30	100QW87-28-15	100	170	210	4-17.5	25	350	420	360	425	480	25	4-24	505	440	100	60	18	480	980	128	105	363	300	360	233	900×750	650	550
31	100QW100-22-15	100	170	210	4-17.5	25	350	420	360	425	480	25	4-24	505	440	100	60	18	460	1100	128	105	343	300	360	233	900×800	650	550
32	150QW140-18-15	150	225	265	8-17.5	25	480	560	520	600	525	35	4-33	640	560	100	60	22	515	980	213	152	400	400	372	365	900×800	750	550
33	150QW150-15-15	150	225	265	8-17.5	25	480	560	520	600	525	35	4-33	640	560	100	60	22	440	1100	213	152	325	400	400	365	900×800	750	550
34	150QW200-10-15	150	225	265	8-17.5	25	480	560	520	600	525	35	4-33	640	560	100	60	22	417	1064	213	152	302	400	393	365	900×800	750	500
35	200QW400-7-15	200	280	320	8-17.5	25	560	640	550	640	615	30	4-33	700	605	100	60	22	543	1106	274	180	437	400	465	454	900×800	800	600
36	150QW70-40-18.5	150	225	265	8-17.5	25	480	560	520	600	525	35	4-33	640	560	100	60	22	515	1196	213	152	400	400	385	365	1000×800	750	550
37	150QW200-14-18.5	150	225	265	8-17.5	25	480	560	520	600	525	35	4-33	640	560	100	60	22	595	1214	213	152	480	400	480	365	1150×850	750	650
38	200QW250-15-18.5	200	280	320	8-17.5	25	560	640	550	640	615	30	4-33	700	605	100	60	22	595	1285	274	180	489	400	419	454	1150×850	800	600
39	300QW720-5.5-18.5	300	395	440	12-22	30	770	870	780	880	765	45	4-40	888	800	150	90	27	627	1602	383	250	490	400	600	633	1150×850	950	650
40	200QW300-10-18.5	200	280	320	8-17.5	25	560	640	550	640	615	35	4-33	700	605	100	60	22	593	1616	274	180	487	400	489	454	1150×850	800	600
41	150QW130-30-22	150	225	265	8-17.5	25	480	560	520	600	525	35	4-33	640	560	100	60	22	637	1516	213	152	522	400	405	365	1150×850	750	650
42	150QW150-22-22	150	225	265	8-17.5	25	480	560	520	600	525	35	4-33	640	560	100	60	22	567	1559	213	152	452	400	396	365	1150×850	750	600
43	250QW250-17-22	250	335	375	12-17.5	27	650	750	700	800	720	42	4-40	798	710	150	90	27	677	1597	303	185	515	400	595	488	1300×900	950	600
44	200QW400-10-22	200	280	320	8-17.5	25	560	640	550	640	615	30	4-33	700	605	100	60	22	603	1240	274	180	497	400	480	454	1300×900	800	650
45	250QW600-7-22	250	335	375	12-17.5	27	650	750	700	800	720	42	4-40	798	710	150	90	27	637	1640	303	185	475	400	600	488	1200×900	950	650
46	300QW720-6-22	300	395	440	12-22	30	770	870	780	880	765	45	4-40	888	800	150	90	27	627	1602	383	250	490	400	600	633	1200×900	950	650
47	150QW100-40-30	150	225	265	8-17.5	25	480	560	520	600	525	35	4-33	640	560	100	60	22	677	1185	213	152	562	400	387	365	1150×900	750	650
48	150QW200-30-30	150	225	265	8-17.5	25	480	560	520	600	525	35	4-33	640	560	100	60	22	605	1185	213	152	490	400	400	365	1150×900	750	650
49	150QW200-22-30	150	225	265	8-17.5	25	480	560	520	600	525	35	4-33	640	560	100	60	22	597	1170	213	152	482	400	403	365	1150×900	750	700
50	200QW360-15-30	200	280	320	8-17.5	25	560	640	550	640	615	30	4-33	700	605	100	60	22	600	1250	274	180	494	400	420	454	1150×900	800	700

续表

序号	型号	φA	φB	φC	n₁-φf	δ	e	f	g	h	H₁	h₁	n₂-φk	L	M	m	n	p	k	H	l	T₁	T₂	H₃min	H₂	J	E	K₁	K₂
51	250QW500-10-30	250	335	375	12-17.5	27	650	750	700	800	720	42	4-40	798	710	150	90	27	737	1234	303	185	575	500	570	488	1300×1000	950	750
52	400QW1250-5-30	400	515	565	16-26	30	850	950	780	880	800	50	6-40	630	542	150	90	27	975	1305	390	240	755	500	590	630	1400×1200	1100	800
53	150QW140-45-37	150	225	265	8-17.5	25	480	560	520	600	525	35	4-33	640	560	100	60	22	667	2029	213	152	552	400	420	365	1300×900	750	750
54	200QW350-20-37	200	280	320	8-17.5	25	560	640	550	640	615	30	4-33	700	605	100	60	22	750	1840	274	180	644	400	450	454	1300×900	800	750
55	250QW700-11-37	250	335	375	12-17.5	27	650	750	700	800	720	42	4-40	798	710	150	90	27	737	2053	303	185	575	500	570	488	1300×1000	950	800
56	300QW900-8-37	300	395	440	12-22	30	770	870	780	880	765	45	4-40	888	800	150	90	27	760	1860	383	250	623	500	660	633	1300×1000	950	750
57	350QW1440-5.5-37	350	445	490	12-22	30	770	870	780	880	765	45	4-40	888	800	150	90	27	777	2089	383	250	640	500	660	633	1300×1000	1000	750
58	200QW250-35-45	200	280	320	8-17.5	25	560	640	550	640	615	30	4-33	700	605	100	60	22	780	1950	274	180	674	400	650	454	1350×1000	800	700
59	200QW400-24-25	200	280	320	8-17.5	25	560	640	550	640	615	30	4-33	700	605	100	60	22	653	1970	274	180	547	400	500	454	1350×1000	800	750
60	250QW600-15-45	250	335	375	12-17.5	27	650	750	700	800	720	42	4-40	798	710	150	90	27	727	2152	303	185	565	400	620	488	1350×1000	950	750
61	350QW1100-10-45	350	445	490	12-22	30	770	870	780	880	765	45	4-40	888	800	150	90	27	727	2151	383	250	590	400	580	633	1350×1000	1000	750
62	150QW150-56-55	150	225	265	8-17.5	25	480	560	520	600	525	35	4-33	640	560	100	60	22	687	1993	213	152	572	500	405	365	1400×1200	750	900
63	200QW250-40-55	200	280	320	8-17.5	25	560	640	550	640	615	30	4-33	700	605	100	60	22	705	2087	274	180	599	500	485	454	1400×1200	800	900
64	200QW400-34-55	200	280	320	8-17.5	25	560	640	550	640	615	30	4-33	700	605	100	60	22	693	2012	274	180	587	500	456	454	1400×1200	800	900
65	250QW600-20-55	250	335	375	12-17.5	27	650	750	700	800	720	42	4-40	798	710	150	90	27	800	2120	303	185	638	500	680	488	1400×1200	950	950
66	300QW800-15-55	300	395	440	12-22	30	770	870	780	880	765	45	4-40	888	800	150	90	27	732	2099	383	250	595	500	588	633	1400×1200	950	850
67	400QW1692-7.25-55	400	515	565	16-26	30	850	950	780	880	800	50	6-40	630	542	150	90	27	975	2464	390	240	755	500	650	630	1450×1200	1100	950
68	150QW108-60-75	150	225	265	8-17.5	25	480	560	520	600	525	35	4-33	640	560	100	60	22	687	2053	213	152	572	500	397	365	1450×1200	750	900
69	200QW350-50-75	200	280	320	8-17.5	25	560	640	550	640	615	30	4-33	700	605	100	60	22	783	2072	274	180	677	500	430	454	1450×1200	800	900
70	250QW600-25-75	250	335	375	12-17.5	27	650	750	700	800	720	42	4-40	798	710	150	90	27	797	2110	303	185	635	500	574	488	1400×1200	950	1000
71	400QW1500-10-75	400	515	565	16-26	30	850	950	780	880	800	50	6-40	630	542	150	90	27	915	2360	390	240	695	500	590	630	1450×1200	1100	950
72	400QW2016-7.25-75	400	515	565	16-26	30	850	950	780	880	800	50	6-40	630	542	150	90	27	975	2464	390	240	755	500	650	630	1450×1200	1100	1050
73	250QW600-30-90	250	335	375	12-17.5	27	650	750	700	800	720	42	4-40	798	710	150	90	27	870	2120	303	185	708	500	630	488	1450×1200	950	1000
74	250QW700-22-90	250	335	375	12-17.5	27	650	750	700	800	720	42	4-40	798	710	150	90	27	797	1505	303	185	635	500	610	488	1450×1200	950	900
75	350QW1200-18-90	350	445	490	12-22	30	770	870	780	880	765	45	4-40	888	800	150	90	27	897	2271	383	250	760	500	592	633	1450×1200	1000	1000

续表

序号	型号	φA	φB	φC	n₁-φf	δ	e	f	g	h	H₁	h₁	n₂-φf	L	M	m	n	p	k	H	l	T₁	T₂	Hmin	H₂	J	E	K₁	K₂
76	350QW1500-15-90	350	445	490	12-22	30	770	870	780	880	765	45	4-40	888	800	150	90	27	880	2140	383	250	743	500	680	633	1450×1200	1000	1000
77	250QW600-40-110	250	335	375	12-17.5	27	650	750	700	800	720	42	4-40	798	710	150	90	27	977	2303	303	185	815	500	575	488	1750×1350	950	1050
78	250QW700-33-110	250	335	375	12-17.5	27	650	750	700	800	720	42	4-40	798	710	150	90	27	980	2320	303	185	818	500	630	488	1600×1300	950	1050
79	300QW800-36-110	300	395	440	12-22	30	770	870	780	880	765	45	4-40	888	800	150	90	27	777	2314	383	250	640	500	555	633	1600×1300	950	1000
80	300QW950-24-110	300	395	440	12-22	30	770	870	780	880	765	45	4-40	888	800	150	90	27	950	2340	383	250	813	500	700	633	1650×1300	950	1000
81	450QW2200-10-110	450	565	615	20-26	30	1145	1265	810	930	1350	40	4-40	902	833	100	84	26	900	2404	700	252	707	600	1033	952	1550×1350	1200	1050
82	550QW3500-7-110	550	675	730	20-30	32	1180	1300	1090	1210	1200	55	6-48	798	710	150	90	27	1188	2696	665	290	963	600	1065	955	1800×1150	1300	1200
83	250QW600-50-132	250	335	375	12-17.5	27	650	750	700	800	720	42	4-40	798	710	150	90	27	977	2303	303	185	815	600	575	488	1750×1350	950	1050
84	350QW1000-28-132	350	445	490	12-22	30	770	870	780	880	765	45	4-40	888	800	150	90	27	877	2433	383	250	740	600	580	633	1800×1400	1000	1000
85	400QW2000-15-132	400	515	565	16-26	30	850	950	780	880	800	50	6-40	630	542	150	90	27	930	2500	390	240	710	600	650	630	1750×1350	1100	1150
86	350QW1000-36-160	350	445	490	12-22	30	770	870	780	880	765	45	4-40	888	800	150	90	27	1100	2600	383	250	963	600	700	633	1900×1500	1000	1200
87	400QW1500-26-160	400	515	565	16-26	30	850	950	780	880	800	50	6-40	630	542	150	90	27	1180	2600	390	240	960	600	620	630	1900×1500	1100	1150
88	400QW1700-22-160	400	515	565	16-26	30	850	950	780	880	800	50	6-40	630	542	150	90	27	1175	2742	390	240	955	600	590	630	1900×1500	1100	1150
89	500QW2600-15-160	500	620	670	20-26	32	1140	1260	830	950	1350	50	6-48	798	710	150	90	27	1030	2775	595	300	785	600	1005	895	1950×1600	1300	1100
90	550QW3000-12-160	550	675	730	20-30	32	1180	1300	1090	1210	1200	55	6-48	798	710	150	90	27	1108	2674	665	290	883	600	942	955	1800×1550	1300	1100
91	600QW3500-12-185	600	725	780	20-30	32	1180	1300	1090	1210	1400	55	6-48	888	800	150	90	27	1140	3025	635	320	915	600	1040	955	2000×1600	1300	1050
92	400QW1700-30-200	400	515	565	16-26	30	850	950	780	880	800	50	6-40	630	542	150	90	27	1175	3010	390	240	955	600	590	630	1850×1600	1100	1150
93	550QW3000-16-200	550	675	730	20-30	32	1180	1300	1090	1210	1200	55	6-48	798	710	150	90	27	1230	2680	665	290	1005	600	1120	955	2100×1700	1300	1200
94	500QW2400-22-220	500	620	670	20-26	32	1140	1260	830	950	1350	50	6-48	798	710	150	90	27	1280	3010	595	300	1035	600	950	895	2100×1750	1300	1200
95	400QW1800-32-250	400	515	565	16-26	30	850	950	780	880	800	50	6-40	630	542	150	90	27	1175	3010	390	240	955	600	590	630	2100×1700	1100	1150
96	500QW2650-24-250	500	620	670	20-26	32	1140	1260	830	950	1350	50	6-48	798	710	150	90	27	1260	2880	595	300	1015	600	1120	895	2100×1750	1300	1200
97	600QW3750-17-250	600	725	780	20-30	32	1180	1300	1090	1210	1400	55	6-48	888	800	150	90	27	1280	2900	635	320	1055	600	1150	955	2100×1800	1300	1250
98	400QW1500-47-280	400	515	565	16-26	30	850	950	780	880	800	50	6-40	630	542	150	90	27	1050	2923	390	240	830	600	1200	630	1450×1200	1100	1150

数字资源列表

参 考 文 献

［1］ 中华人民共和国住房和城乡建设部．室外给水设计标准：GB 50013—2018［S］．北京：中国计划出版社，2018.

［2］ 中华人民共和国住房和城乡建设部．室外排水设计标准：GB 50014—2021［S］．北京：中国计划出版社，2021.

［3］ 中华人民共和国住房和城乡建设部．泵站设计标准：GB 50265—2022［S］．北京：中国计划出版社，2022.

［4］ 边喜龙．给排水工程施工技术(第四版)［M］．北京：中国建筑工业出版社，2021.

［5］ 许仕荣．泵与水泵站(第七版)［M］．北京：中国建筑工业出版社，2021.

［6］ 于景洋，谷峡．水泵与水泵站(第三版)［M］．北京：中国建筑工业出版社，2014.

［7］ 田会杰．水泵与水泵站(第二版)［M］．北京：中国建筑工业出版社，2013.

［8］ 边喜龙．水泵与水泵站［M］．郑州：黄河水利出版社，2013.

［9］ 张景成．水泵与水泵站(第三版)［M］．哈尔滨：哈尔滨工业大学出版社，2010.

［10］ 李亚峰．水泵与水泵站［M］．北京：机械工业出版社，2010.

［11］ 刘竹溪．水泵及水泵站［M］．北京：中国水利水电出版社，2009.

［12］ 黄兆奎．水泵风机与站房［M］．北京：中国建筑工业出版社，2008.